高等学校计算机专业教材精选·计算机原理

微型计算机原理与接口技术

李伯成　编著

清华大学出版社

北京

内 容 简 介

　　本书系统讲述微型计算机组成与接口技术。全书共 6 章,详细介绍了构成微型计算机的主要组成部分的工作原理和在工程上的实现方法。本书在内容上强调基本概念、工程上分析和解决问题的方法,在说明一些常用的典型接口芯片的基础上,重点放在利用这些概念和方法设计常见外设的接口。

　　本书是为本科及高职高专院校学生编写的教学用书,也可供一般工程技术人员所参考。

图书在版编目(CIP)数据

　　微型计算机原理与接口技术/李伯成编著. —北京:清华大学出版社,2012.7(2025.2重印)
　　(高等学校计算机专业教材精选·计算机原理)
　　ISBN 978-7-302-27603-6

　　Ⅰ. ①微… Ⅱ. ①李… Ⅲ. ①微型计算机—理论 ②微型计算机—接口技术 Ⅳ. ①TP36

　　中国版本图书馆 CIP 数据核字(2011)第 272496 号

责任编辑:张　民　战晓雷
封面设计:傅瑞学
责任校对:焦丽丽
责任印制:宋　林

出版发行:清华大学出版社
　　　网　　　址:https://www.tup.com.cn,https://www.wqxuetang.com
　　　地　　　址:北京清华大学学研大厦 A 座　　　　　邮　　编:100084
　　　社 总 机:010-83470000　　　　　　　　　　　邮　　购:010-62786544
　　　投稿与读者服务:010-62776969,c-service@tup.tsinghua.edu.cn
　　　质量反馈:010-62772015,zhiliang@tup.tsinghua.edu.cn
　　　课件下载:https://www.tup.com.cn,010-62795954
印 装 者:北京建宏印刷有限公司
经　　销:全国新华书店
开　　本:185mm×260mm　　　　印　　张:14.5　　　　字　　数:352 千字
版　　次:2012 年 7 月第 1 版　　　　　　　　　　印　　次:2025 年 2 月第 10 次印刷
定　　价:29.00 元

产品编号:044765-02

出 版 说 明

我国高等学校计算机教育近年来迅猛发展,应用所学计算机知识解决实际问题,已经成为当代大学生的必备能力。

时代的进步与社会的发展对高等学校计算机教育的质量提出了更高、更新的要求。现在,很多高等学校都在积极探索符合自身特点的教学模式,涌现出一大批非常优秀的精品课程。

为了适应社会的需求,满足计算机教育的发展需要,清华大学出版社在进行大量调查研究的基础上,组织编写了《高等学校计算机专业教材精选》。本套教材从全国各高校的优秀计算机教材中精挑细选了一批很有代表性且特色鲜明的计算机精品教材,把作者们对各自所授计算机课程的独特理解和先进经验推荐给全国师生。

本系列教材特点如下。

(1)编写目的明确。本套教材主要面向广大高校的计算机专业学生,使学生通过本套教材,学习计算机科学与技术方面的基本理论和基本知识,接受应用计算机解决实际问题的基本训练。

(2)注重编写理念。本套教材作者群为各高校相应课程的主讲,有一定经验积累,且编写思路清晰,有独特的教学思路和指导思想,其教学经验具有推广价值。本套教材中不乏各类精品课配套教材,并努力把不同学校的教学特点反映到每本教材中。

(3)理论知识与实践相结合。本套教材贯彻从实践中来到实践中去的原则,书中的许多必须掌握的理论都将结合实例来讲,同时注重培养学生分析问题、解决问题的能力,满足社会用人要求。

(4)易教易用,合理适当。本套教材编写时注意结合教学实际的课时数,把握教材的篇幅。同时,对一些知识点按教育部教学指导委员会的最新精神进行合理取舍与难易控制。

(5)注重教材的立体化配套。大多数教材都将配套教师用课件、习题及其解答,学生上机实验指导、教学网站等辅助教学资源,方便教学。

随着本套教材陆续出版,我们相信它能够得到广大读者的认可和支持,为我国计算机教材建设及计算机教学水平的提高,为计算机教育事业的发展做出应有的贡献。

清华大学出版社

前　言

微型计算机已广泛应用于各行各业，促进了社会的发展和进步。作为当代的工程技术人员，必须很好地掌握微型计算机的概念与技术。本书是为本科和高职高专院校理工科专业教学及一般工程技术人员学习微型计算机而编写的专业教材。

如何学习并掌握微型计算机的有关知识，并运用所学的知识解决具体的工程问题，是本书在编写过程中所特别关注的。微型计算机技术发展异常迅速，就硬件处理器而言，有各种类型的通用 CPU、单片微型计算机、数字信号处理器(DSP)、片上系统(SOC)以及专用处理器芯片，有多个厂商的相应产品可供选择，而且，新的处理器芯片还在不断地涌现。我们认为可以采取从特殊到一般的学习方法，即选择某一种典型的处理器(CPU、单片机或 DSP)，认真学习并掌握其中的基本概念和基本方法。掌握了一种典型的处理器，再迁移到其他型号的处理器就很容易掌握。这是因为它们的基本概念、基本思路和基本方法都是相同的，共性非常强。同时，为了能在有限的时间里把基本问题描述清楚，应以比较简单的处理器作为实例来解释复杂的概念(太复杂的处理器不适宜时间较短的课堂教学)。为此，本书以 8086 为对象进行分析与描述。

在学习本书的内容时，一开始会出现许多过去没有遇到过的名词和概念，初学者会感到头绪多、概念新、内容繁杂。在学习过程中可采取不断循环、逐步深入的方法。也就是在学习后面的内容时，不断地返回到前面的章节，将前后内容联系到一起，从而加强对内容的理解。

本书的目的侧重于培养学生的工程思维能力，在描述清楚基本概念的基础上，着重解决具体的工程应用问题。要求读者能利用所学的基本概念，提出解决工程问题的思路和方法，提高分析具体工程问题和解决问题的能力。全书课堂教学可安排 50～60 学时，实验实训可安排 20～24 学时。

本书力求以简明扼要的语言，重点突出地描述清楚基本概念和基本方法。作者尽了很大努力使本书通俗易懂，以适合大中专院校、高职高专院校的学生阅读使用。同时，在内容中融入作者以往的教学和科研工作的实例与经验。尽管如此，由于作者水平及时间上的限制，错误和不当之处在所难免，敬请批评指正。

作者

2011 年 7 月

目　录

第1章 微处理器及 PC 系统

本章将详细介绍 8086 处理器,并以此为基础说明微型计算机的构成。同时,将描述 PC 的结构及各组成部分的功能,为本书后续内容的学习打下必要的基础。

1.1 8086(88)处理器

本节将详细介绍 8086(88) CPU 的外部引脚、该处理器的一些必须了解的内部寄存器以及 8086(88) CPU 的时序,并在此基础上说明系统总线的形成。

1.1.1 微型计算机的组成及各部分的功能

下面介绍微型计算机的组成以及各部分的功能。基本目的在于使读者从总体上对微型计算机有所了解。而关于各部分的细节则是本书后面各章的内容。

微型计算机是由硬件系统和软件系统两大部分构成的。

1. 硬件系统

微型计算机硬件系统如图 1.1 所示。

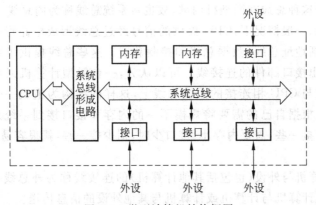

图 1.1　微型计算机结构框图

通常,将图 1.1 中用虚线框起来的部分称为微型计算机。若将该部分集成在一块集成电路芯片上,则称为单片微型计算机,简称单片机。若在该部分的基础上,再包括构成微型计算机所必需的外设,则构成了微型计算机系统,实际上是指硬件系统。

微型计算机主要由如下几部分组成:微处理器或称中央处理单元(CPU)、内部存储器(简称内存)、输入/输出接口(简称接口)及系统总线。

1) CPU

CPU 是一个复杂的电子逻辑元件,它包含了早期计算机中的运算器、控制器及其他功能,能进行算术、逻辑运算及控制操作。现在经常见到的 CPU 均采用超大规模集成技术做成单片集成电路。它的结构很复杂,功能很强大。后面将详细地对它加以说明。

2）内存

内存是指微型计算机内部的存储器。从图 1.1 中可以看到,内存是直接连接在系统总线上的,因此内存的存取速度比较快。内存价格较高,因此其容量一般较小,这与作为外设(外部设备)的外部存储器刚好相反,后者容量大而速度慢。

内存用来存放微型计算机要执行的程序及数据。在微型计算机工作过程中,CPU 从内存中取出程序执行或取出数据进行加工处理。这种由内存取出程序或数据的过程称为读出内存,而将程序或数据存放于内存的过程就称为写入内存。

存储器由许多单元组成,每个单元存放一组二进制数。8086(88)微处理器规定每个存储单元存放 8 位二进制数,将 8 位二进制数定义为一个字节。为了区分各个存储单元,为每个存储单元编上不同的号码,把存储单元的号码称为地址。内存的地址编号是从 0 开始的,按顺序向下编排。例如,后面将要介绍的 8086 CPU 的内存地址范围是 00000H ～ FFFFFH,共 1M 个存储单元,简称内存为 1 兆字节(1MB)。

存储单元的地址一般用十六进制数表示,而每一个存储器地址中又存放着一组以二进制(或以十六进制)表示的数,通常称为该地址的内容。值得注意的是,内存单元的地址和地址中的内容两者不同。前者是存储单元的编号,表示存储器中的一个位置;而后者表示在这个位置存放的数据。可以将这两个概念比喻为一个是房间号码,另一个是房间里住的人。

3）系统总线

目前,微型计算机都采用总线结构。所谓总线就是用来传送信息的一组通信线。由图 1.1 可以看到,系统总线将构成微型机的各个部件连接到一起,实现了微型机内各部件间的信息交换。由于这种总线在微型机内部,故也将系统总线称为内总线。

如图 1.1 所示,一般情况下,CPU 提供的信号经过总线形成电路形成系统总线。概括地说,系统总线包括地址总线、数据总线和控制总线。这些总线提供了微处理器(CPU)与存储器和输入/输出接口部件的连接线。可以认为,一台微型计算机以 CPU 为核心,其他部件全都"挂接"在与 CPU 相连接的系统总线上,这样的结构为组成一个微型计算机带来了方便。人们可以根据自己的需要将规模不一的内存和接口接到系统总线上。需要内存大、接口多时,可多接一些;需要内存小、接口少时,则少接一些,就很容易构成各种规模的微型机。

另外,微型计算机与外设(也包括其他计算机)的连接线称为外总线,也称做通信总线。它的功能就是实现计算机与计算机或计算机与其他外设的信息传送。

微型计算机在工作时,通过系统总线将指令读到 CPU;CPU 的数据通过系统总线写入内存单元。CPU 将要输出的数据经系统总线写到接口,再由接口通过外总线传送到外设;当外设有数据输入时,经由外总线传送到接口,再由 CPU 通过内总线读接口,再读到 CPU 中。

4）接口

微型计算机广泛地应用于各个部门和领域,所连接的外部设备是各种各样的。它们不仅要求不同的电平和电流,而且要求不同速率,有时还要考虑是模拟信号还是数字信号。同时,计算机与外部设备之间还需要询问和应答信号,用来通知外设做什么或将外设的情况或状态告诉计算机。为了使计算机与外设能够联系在一起,相互匹配、有条不紊地工作,就需要在计算机和外部设备之间接上一个中间部件,称为输入/输出接口。

为了便于 CPU 对接口进行读写,就必须为接口编号,称为接口地址。8086(88)接口地址可按 0000H~FFFFH 编址,共 64K。

在图 1.1 中,虚线方框内的部分构成了微型计算机,方框以外的部分称为外部世界。微型计算机与外部世界相连接的各种设备统称外部设备,如键盘、打印机、显示器和磁盘等。另外,在微型计算机的工程应用中所使用的各种开关、继电器、步进电机、A/D 及 D/A 变换器等均可看作微型计算机的外部设备(简称外设)。微型机与外设通过接口部件协调地工作。

2. 软件系统

上面简要地说明了构成微型计算机的硬件组成部分。任何微型计算机要正常工作,只有硬件是不够的,必须配上软件。只有软、硬件相互配合,相辅相成,微型计算机才能实现人们所期望的功能。可以说,硬件是系统的躯体,而软件(即各种程序的集合)是整个系统的灵魂。不配备任何软件的微型机称为物理机或裸机。一台微型机,如果只给它配备简单的软件,它就只能做简单的工作;如果给它配上功能强大的软件,它就可以完成复杂的工作。

微型计算机软件系统包括系统软件和应用软件两大类。

1) 系统软件

系统软件用来对构成微型计算机的各部分硬件,如 CPU、内存和各种外设进行管理和协调,使它们有条不紊、高效率地工作。同时,系统软件还为其他程序的开发、调试和运行提供一个良好的环境。

提到系统软件,首先就是操作系统。它是由软件厂商研制并配置在微型计算机上的。一旦微型计算机接通电源,就进入操作系统。在操作系统的支持下,可以实现人机交互;在操作系统的控制下,能够实现对 CPU、内存和外部设备的管理以及各种任务的调度与管理。

在操作系统平台下运行的各种高级语言、数据库系统、各种功能强大的工具软件以及本书将要涉及的汇编语言均是系统软件的组成部分。

在操作系统及其他有关系统软件的支持下,微型计算机的用户可以开发他们的应用软件。

2) 应用软件

应用软件是针对不同的应用、实现用户要求的功能软件。例如,Internet 网站上的 Web 页面、各部门的 MIS(管理信息系统)程序、CIMS(计算机集成制造系统)中的应用软件以及在由微型计算机构成的应用系统中的生产过程监测控制程序等。

1.1.2 微型计算机的工作过程

如前所述,微型计算机在硬件和软件相互配合之下才能工作。仔细观察微型计算机的工作过程就会发现,微型计算机为完成某一任务,总是将任务分解成一系列基本动作,然后一个一个地去完成每一个基本动作。当这一任务所有的基本动作都完成时,整个任务也就完成了。这是计算机工作的基本思路。

CPU 进行简单的算术运算或逻辑运算,从存储器取数或将数据存放于存储器,或由接口取数或向接口送数,这些都是一些基本动作,也称为 CPU 的操作。

尽管 CPU 的每一种基本操作都很简单,但几百、几千、几十万以至更多的基本操作组合在一起就可以完成非常复杂的任务。

命令微处理器进行某种操作的代码称为指令。微处理器只能识别由 0 和 1 电平组成的二进制编码,因此,指令就是一组由 0 和 1 构成的数字编码。在微处理器的总线上,在任何一个时刻只能进行一种操作。为了完成某种任务,就需要把任务分解成若干基本操作,明确完成任务的基本操作的先后顺序,然后用计算机可以识别的指令来编排完成任务的操作顺序。计算机按照事先编好的操作步骤,每一步操作都由特定的指令来指定,一步接一步地进行工作,从而达到预期的目的。这种完成某种任务的一组指令就称为程序,计算机的工作就是执行程序。

下面通过一个简单程序的执行过程对微型计算机的工作过程做简要介绍。

用微型计算机求解"7+10=?"这样一个极为简单的问题,必须利用指令告诉计算机该做的每一个步骤,即先做什么,后做什么。具体步骤如下:

$$7 \rightarrow AL$$
$$AL+10 \rightarrow AL$$

其含义就是把 7 这个数送到 AL 中,然后将 AL 中的 7 和 10 相加,把要获得的结果存放在 AL 中。把它们变成计算机可直接识别并执行的程序如下:

```
10110000 ⎫
         ⎬ 第一条指令
00000111 ⎭

00000100 ⎫
         ⎬ 第二条指令
00001010 ⎭

11110100   第三条指令
```

即上面的问题用 3 条指令即可解决。这些指令均用二进制编码来表示,微型计算机可以直接识别和执行。因此,人们常将这种二进制编码表示的、CPU 能直接识别并执行的指令称为机器代码或机器语言。但直接用这种二进制代码编程序会给程序设计人员带来很大的不便,因为它们不好记忆,不直观,容易出错,而且在出错时也不易修改。

为了克服机器代码带来的不便,人们用缩写的英文字母来表示指令,它们既易理解又好记忆。这种缩写的英文字母称为助记符。利用助记符加上操作数来表示指令就方便得多了。上面的程序可写成:

```
MOV  AL,7
ADD  AL,10
HLT
```

程序中第一条指令将 7 放在 AL 中;第二条指令将 AL 中的 7 加上 10 并将相加之和放在 AL 中;第三条指令是停机指令。当顺序执行上述指令时,AL 中就存放着要求的结果。

微型计算机在工作之前,必须将用机器代码表示的程序存放在内存的某一区域里。微型计算机在执行程序时,通过总线首先将第一条指令取进微处理器并执行它,然后取第二条指令,执行第二条指令,依次类推。计算机就是这样按照事先编排好的顺序依次执行指令。这里要再次强调,计算机只能识别机器代码,而不认识助记符。因此,用助记符编写的程序必须转换为机器代码才能为计算机所直接识别。有关这方面的知识将在后面的章节中说明。

1.1.3　8086(88) CPU 的特点

8086(88) CPU 比同时代的其他微处理器具有更高的性能,在制造过程中采取了一些特殊的技术措施。

(1) 设置指令预取队列(指令队列缓冲器)。

8086(88) CPU 集成了两种功能单元:总线接口单元(BIU)和指令执行单元(EU)。前者只负责不断地将指令从内存读到 CPU 中,而后者只负责执行读入 CPU 的指令。两者可以同时进行,并行工作。

为此,在 8086 CPU 中设置了一个 6B 的指令预取队列(8088 CPU 中的指令预取队列为 4B)。EU 要执行的指令是由 BIU 从内存取出先放在队列中,而 EU 从队列中取出指令执行。一旦 BIU 发现队列中空出两个字节以上的位置,它就会从内存中读取指令代码放到预取队列中,从而提高了 CPU 执行指令的速度。

(2) 设立地址段寄存器。

8086(88) CPU 内部的地址线只有 16 位,因此,能够由 CPU 提供的最大地址空间只能为 64KB。为了扩大地址宽度,将存储器的空间分成若干段,每段为 64KB。为此,在微处理器中还设立一些段寄存器,用来存放段的起始地址(16 位)。8086(88)微处理器实际物理地址是由段地址和 CPU 提供的 16 位偏移地址按一定规律相加而形成的 20 位地址($A_0 \sim A_{19}$),从而使 8086(88)微处理器的地址空间扩大到 1MB。

(3) 在结构上和指令设置方面支持多微处理器系统。

利用 8086(88)的指令系统进行复杂的运算,如多字节的浮点运算、超越函数的运算等,往往是很费时间的。为了弥补这一缺陷,当时的 CPU 设计者开发了专门用于浮点运算的协处理器 8087。将 8086(88)和 8087 结合起来,就可以组成运算速度很高的处理单元。为此,8086(88)在结构上和指令方面都已考虑了能与 8087 相连接的措施。

同时,为了能用 8086(88)微处理器构成一个共享总线的多微处理器系统结构,以提高微型计算机的性能,在微处理器的结构和指令系统方面也做了统一考虑。

总之,8086(88)微处理器不仅将微处理器的内部寄存器扩充至 16 位,从而使寻址能力和算术逻辑运算能力有了进一步提高,而且由于采取了上述措施,使微处理器的综合性能与 8 位微处理器相比有了明显的提高。

1.1.4　8086 CPU 引脚及其功能

8086 CPU 是具有 40 条引脚(或称引出线)的集成电路芯片,其各引脚的定义如图 1.2 所示。为了减少芯片的引脚,有许多引脚具有双重定义和功能,采用分时复用方式工作,即在不同时刻,这些引脚上的信号是不相同的。同时,8086 CPU 上有 MN/$\overline{\text{MX}}$ 输入引脚,用以决定 8086 CPU 工作在哪种工作模式之下。当 MN/$\overline{\text{MX}}$=1 时,8086 CPU 工作在最小模式之下。此时,构成的微型计算机中只包括一个 8086 CPU,且系统总线由 CPU 的引脚形成,微型机所用的芯片少。当 MN/$\overline{\text{MX}}$=0 时,8086 CPU 工作在最大模式之下。在此模式下,构成的微型计算机中除了有 8086 CPU 之外,还可以接另外的 CPU(如 8087、8089 等),构成多微处理器系统。同时,这时的系统总线要由 8086 CPU 的引脚和总线控制器(8288)

共同形成,可以构成更大规模的系统。

1. 最小模式下的引脚

在最小模式下,8086 CPU 的引脚如图 1.2 所示(不包括括号内的信号)。下面介绍各引脚的功能。

$A_{16} \sim A_{19}/S_3 \sim S_6$:是 4 条时间复用、三态输出的引脚。在 8086 CPU 执行指令的过程中,某一时刻从这 4 条线上送出地址的最高 4 位 $A_{16} \sim A_{19}$。而在另外时刻,这 4 条线送出状态 $S_3 \sim S_6$。在这些状态信息中,S_6 始终为低,S_5 指示状态寄存器中的中断允许标志的状态,它在每个时钟周期开始时被更新,S_4 和 S_3 用来指示 CPU 现在正在使用的段寄存器,其信息编码如表 1.1 所示。

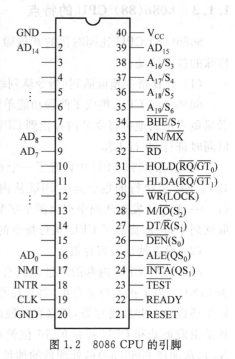

图 1.2 8086 CPU 的引脚

表 1.1 S_4 和 S_3 的状态编码

S_4	S_3	编码所代表的段寄存器
0	0	数据段寄存器
0	1	堆栈段寄存器
1	0	代码段寄存器或不使用
1	1	附加段寄存器

在 CPU 进行对接口的输入/输出操作时不使用这 4 位地址,故在送出接口地址的时间内,这 4 条线的输出均为低电平。

在一些特殊情况下(如复位或 DMA 操作时),这 4 条线还可以处于高阻(浮空或三态)状态。

$AD_0 \sim AD_{15}$:是地址、数据时分复用的输入/输出信号线,其信号是经三态门输出的。由于 8086 微处理器只有 40 条引脚,而它的数据线为 16 位,地址线为 20 位,因此引脚数不能满足信号输入/输出的要求。于是在 CPU 内部就采用时分多路开关,将 16 位地址信号和 16 位数据信号综合后,通过这 16 条引脚输出(或输入)。利用定时信号来区分是数据信号还是地址信号。通常,CPU 在读写存储器和外设时,总是先给出存储器单元的地址或外设端口地址,然后才读写数据,因而地址和数据在时序上是有先后的。如果在 CPU 外部配置一个地址锁存器,当这 16 条引脚出现地址信号时把地址信号锁存在锁存器中,利用锁存器的输出来选通存储器的单元或外设端口,那么在下一个时序间隔中,这 16 条引脚就可以作为数据线进行数据的输出或输入操作了。

$M/\overline{IO}$:是 CPU 的三态输出控制信号,用来区分当前操作是访问存储器还是访问 I/O 端口。若该引脚输出为低电平,则访问的是 I/O 端口;若该引脚输出为高电平,则访问的是存储器。

$\overline{WR}$:是 CPU 的三态输出控制信号。该引脚输出为低电平时,表示 CPU 正处于写存储器或写 I/O 端口的状态。

$DT/\overline{R}$:是 CPU 的三态输出控制信号,用于确定数据传送的方向。高电平为发送方向,即 CPU 写数据到内存或接口;低电平为接收方向,即 CPU 由内存或接口读数据。该信号通常用于数据总线驱动器 8286/8287(74245)的方向控制。

$\overline{\text{DEN}}$：是 CPU 经三态门输出的控制信号。该信号有效时,表示数据总线上有有效的数据。它在每次访问内存或接口以及在中断响应期间有效。它常用作数据总线驱动器的片选信号。

ALE：是三态输出控制信号,高电平有效。当它有效时,表明 CPU 经其引脚送出有效的地址信号。因此,它常作为锁存控制信号将 $A_0 \sim A_{19}$ 锁存于地址锁存器的输出端。

$\overline{\text{RD}}$：是读选通三态输出信号,低电平有效。当其有效时,表示 CPU 正在进行存储器或 I/O 读操作。

READY：是准备就绪输入信号,高电平有效。当 CPU 对存储器或 I/O 进行操作时,在 T_3 周期开始采样 READY 信号。若为高电平,表示存储器或 I/O 设备已准备好;若其为低电平,表明被访问的存储器或 I/O 设备还未准备好数据,则应在 T_3 周期以后插入 T_{WAIT} 周期 (等待周期),然后再在 T_{WAIT} 周期中继续采样 READY 信号,直至 READY 变为有效(高电平),插入 T_{WAIT} 周期的过程才可以结束,进入 T_4 周期,完成数据传送。

INTR：是可屏蔽中断请求输入信号,高电平有效。CPU 在每条指令执行的最后一个 T 状态采样该信号,以决定是否进入中断响应周期。这条引脚上的请求信号可以用软件复位内部状态寄存器中的中断允许位(IF)而加以屏蔽。

$\overline{\text{TEST}}$：是可用 WAIT 指令对该引脚进行测试的输入信号,低电平有效。当该信号有效时,CPU 继续执行程序;否则 CPU 就进入等待状态(空转)。该信号在每个时钟周期的上升沿由内部电路进行同步。

NMI：是非屏蔽中断输入信号,边沿触发,正跳变有效。这条引脚上的信号不能用软件复位内部状态寄存器中的中断允许位(IF)予以屏蔽,所以由低到高的变化将使 CPU 在现行指令执行结束后就引起中断。

RESET：是 CPU 的复位输入信号,高电平有效。为使 CPU 完成内部复位过程,该信号至少要在 4 个时钟周期内保持有效。复位后 CPU 内部寄存器的状态如表 1.2 所示,各输出引脚的状态如表 1.3 所示。表中从 $\overline{\text{DEN}}$(S_0)到 $\overline{\text{INTA}}$ 各引脚均处于浮动状态。当 RESET 返回低电平时,CPU 将重新启动。

表 1.2　复位后内部寄存器的状态

内部寄存器	内　容	内部寄存器	内　容
状态寄存器	清除	SS 寄存器	0000H
IP	0000H	ES 寄存器	0000H
CS 寄存器	FFFFH	指令队列寄存器	清除
DS 寄存器	0000H		

表 1.3　复位后各引脚的状态

引　脚　名	状　　态	引　脚　名	状　　态
$AD_0 \sim AD_7$	浮动	$\overline{\text{RD}}$	输出高电平后浮动
$A_8 \sim A_{15}$	浮动	$\overline{\text{INTA}}$	输出高电平后浮动
$A_{16} \sim A_{19}/S_3 \sim S_6$	浮动	ALE	低电平
$\overline{\text{BHE}}/S_7$	高电平	HLDA	低电平

引脚名	状 态	引脚名	状 态
$\overline{DEN}(S_0)$	输出高电平后浮动	$\overline{RQ}/\overline{GT_0}$	高电平
$DT/\overline{R}(S_1)$	输出高电平后浮动	$\overline{RQ}/\overline{GT_1}$	高电平
$M/\overline{IO}(S_2)$	输出高电平后浮动	QS_0	低电平
$\overline{WR}(LOCK)$	输出高电平后浮动	QS_1	低电平

$\overline{INTA}$：是 CPU 输出的中断响应信号，是 CPU 对外部输入的 INTR 中断请求信号的响应。在响应中断的过程中，由$\overline{INTA}$引出端送出两个负脉冲，可用作外部中断源的中断向量码的读选通信号。

HOLD：是高电平有效的输入信号，用于向 CPU 提出保持请求。当某一部件要占用系统总线时，可通过这条输入线向 CPU 提出请求。

HLDA：是 CPU 对 HOLD 请求的响应信号，是高电平有效的输出信号。当 CPU 收到有效的 HOLD 信号后，就会对其做出响应：一方面使 CPU 的所有三态输出的地址信号、数据信号和相应的控制信号变为高阻状态（浮动状态）；同时还输出一个有效的 HLDA，表示处理器现在已放弃对总线的控制。当 CPU 检测到 HOLD 信号变低后，就立即使 HLDA 变低，同时恢复对总线的控制。

$\overline{BHE}/S_7$：是时间复用的三态输出信号。该信号低电平有效，用于读/写数据的高字节($D_8 \sim D_{15}$)。用以保证 8086 可以一次读/写一个字节（高字节或低字节）或读/写一个字（16 位）。

CLK：是时钟信号输入端。由它提供 CPU 和总线控制器的定时信号。8086 CPU 的标准时钟频率为 5MHz。

V_{CC}：是+5V 电源输入引脚。

GND：是接地端。

2. 最大模式下的引脚

当 MN/$\overline{MX}$加上低电平时，8086 CPU 工作在最大模式之下。此时，除引脚 24～34 这几条引脚之外，其他引脚与最小模式完全相同，图 1.2 中括号内的信号就是最大模式下重新定义的信号。

S_2、S_1、S_0：是最大模式下由 8086 CPU 经三态门输出的状态信号。这些状态信号加到 Intel 公司提供的总线控制器 8288 上，可以产生系统总线所需要的各种控制信号。S_2、S_1 和 S_0 的状态编码表示某时刻 8086 CPU 的状态，其编码如表 1.4 所示。

表 1.4 S_2、S_1 和 S_0 的状态编码

S_2	S_1	S_0	性 能	S_2	S_1	S_0	性 能
0	0	0	中断响应	1	0	0	取指
0	0	1	读 I/O 端口	1	0	1	读存储器
0	1	0	写 I/O 端口	1	1	0	写存储器
0	1	1	暂停	1	1	1	无作用

从表 1.4 可以看到，当 8086 CPU 进行不同操作时，其输出的 S_2、S_1 和 S_0 的状态是不一样的。因此，可以简单地理解为 8288 对这些状态进行译码，产生相应的控制信号。在本章的后面可以看到，8288 总线控制器利用 S_2、S_1 和 S_0 为构成系统总线提供了足够的控制

信号。

$\overline{RQ}/\overline{GT}_0$，$\overline{RQ}/\overline{GT}_1$：是总线请求/允许引脚。每一个引脚都具有双向功能，既是总线请求输入，也是总线响应输出。但是$\overline{RQ}/\overline{GT}_0$比$\overline{RQ}/\overline{GT}_1$具有更高的优先权。这些引脚内部都有上拉电阻，所以在不使用时可以悬空。正常使用时的工作顺序大致如下。

（1）由其他总线控制设备（如数字协处理器8087）产生宽度为一个时钟周期的负向总线请求脉冲，将它送给$\overline{RQ}/\overline{GT}$引脚，相当于HOLD信号。

（2）CPU检测到这个请求后，在下一个T_4或T_1期间，在同一个引脚输出宽度为一个时钟周期的负向脉冲给请求总线的设备，作为总线响应信号，相当于HLDA信号。这样从下一个时钟周期开始，CPU就释放总线，总线请求设备便可以利用总线完成某种操作。

（3）总线请求设备在对总线操作结束后，再产生一个宽度为一个时钟周期的负向脉冲，通过该引脚送给CPU，它表示总线请求已结束。CPU检测到该结束信号后，从下一个时钟周期开始又重新控制总线，继续执行刚才因其他总线设备请求总线而暂时停止的操作。

$\overline{LOCK}$：是一个总线封锁信号，低电平有效。该信号有效时，其他总线控制设备的总线请求信号将被封锁，不能获得对系统总线的控制。$\overline{LOCK}$信号由前缀指令LOCK使其有效，直至下一条指令执行完毕。

QS_1、QS_0：是CPU输出的队列状态信号。根据该状态信号输出，从外部可以跟踪CPU内部的指令队列。QS_1和QS_0的编码如表1.5所示。队列状态在CLK周期期间有效。

表 1.5　QS_1 和 QS_0 的状态编码

QS_1	QS_0	性能	QS_1	QS_0	性能
0	0	无操作	1	0	队列空
0	1	队列中操作码的第一个字节	1	1	队列中非第一个操作码字节

如上所述，引脚24～31及引脚33和34随着不同模式有不同的定义，而$\overline{RD}$信号线不再使用。

1.1.5　8088 CPU 引脚

8086 CPU 和 8088 CPU 内部总线及内部寄存器均为 16 位，是完全相同的。但是，8088 的外部数据线是 8 位的，即 $AD_0 \sim AD_7$，每一次传送的数据只能是 8 位；而 8086 是真正的 16 位处理器，每一次传送的数据既可以是 16 位也可以是 8 位（高 8 位或低 8 位）。它们有相同的内部寄存器和指令系统，在软件上是互相兼容的。8088 CPU 的引脚如图 1.3 所示。

对照图 1.2 和图 1.3，可以发现它们之间的主要不同表现在引脚上。

（1）由于 8088 CPU 外部一次只传送 8 位数据，其引脚 $A_8 \sim A_{15}$ 仅用于输出地址信号。而 8086 则将此 8 条引脚变为双向分时复用的 $AD_8 \sim AD_{15}$，即

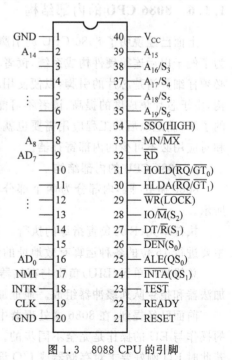

图 1.3　8088 CPU 的引脚

某一时刻送出地址 $A_8 \sim A_{15}$，而另一时刻则用这 8 条引脚传送数据的高 8 位 $D_8 \sim D_{15}$。在进行 16 位数据操作时，8088 CPU 一定需要两个总线周期才能完成 16 位的数据操作，而 8086 CPU 可能只用一个总线周期、一次总线操作就可完成，因此，8086 的速度比 8088 要快一些。

(2) 8086 CPU 上的 $\overline{BHE}/S_7$ 信号在 8088 上变为 $\overline{SSO}$(HIGH)信号。这是一条状态输出线。它与 $IO/\overline{M}$ 和 $DT/\overline{R}$ 信号一起决定 8088 CPU 在最小模式下现行总线周期的状态。它们的不同电平所表示的处理器操作情况如表 1.6 所示。

表 1.6　$IO/\overline{M}$、$DT/\overline{R}$ 和 $\overline{SSO}$ 的状态编码

$IO/\overline{M}$	$DT/\overline{R}$	$\overline{SSO}$	性　　能	$IO/\overline{M}$	$DT/\overline{R}$	$\overline{SSO}$	性　　能
1	0	0	中断响应	0	0	0	取指
1	0	1	读 I/O 端口	0	0	1	读存储器
1	1	0	写 I/O 端口	0	1	0	写存储器
1	1	1	暂停	0	1	1	无作用

HIGH：在最大模式时始终为高电平输出。

(3) 8088 的引脚 28 是 $IO/\overline{M}$，即 CPU 访问内存时该引脚输出低电平，访问接口时则输出高电平。对 8086 而言，该引脚的状态刚好相反，即变为 $M/\overline{IO}$。

当然，两者内部的指令预取队列长度不一样，这在前面已经提到，8088 CPU 为 4B 而 8086 CPU 为 6B。从应用来说，这一差异并不重要。

以上讲述了 8086(88) CPU 的外部引脚。在描述外部引脚功能时涉及许多新的概念，其中绝大多数概念在本书以后各章中还会详细说明，因此，有些问题可以稍后逐一解决。

1.1.6　8086 CPU 的内部结构

上面已经说明了 8086 CPU 的引脚及功能。要特别强调的是，从工程应用的角度来说，为了便于以后连接硬件构成系统，读者在学习任何集成芯片时(包括本章的 8086 CPU)，都必须仔细弄清楚芯片的引脚，以便使用芯片时顺利地将它们连接起来。至于芯片的内部结构，由于芯片集成度的提高，读者不可能也不必要弄清其结构细节，只要对它们有最低限度的了解，满足以后的工程应用需要也就足够了。为此，下面简单介绍 8086 CPU 的内部结构和对应用必不可少的内部寄存器。

1. 8086 CPU 的内部结构

8086 微处理器内部分为两个部分：执行单元(EU)和总线接口单元(BIU)，如图 1.4 所示。

执行单元(EU)负责指令的执行。它包括 ALU(运算器)、通用寄存器和状态寄存器等，主要进行 16 位的各种运算有效地址的计算。

总线接口单元(BIU)负责与存储器和 I/O 设备的接口。它由段寄存器、指令指针、地址加法器和指令队列缓冲器组成。地址加法器将段和偏移地址相加，生成 20 位的物理地址。

前面已经提到，在 8086 微处理器中，取指令和执行指令是可以在时间上重叠的，即 BIU 的操作与 EU 的操作是完全不同步的。通常，由 BIU 将指令先读入到指令队列缓冲器中。若此时 EU 刚好要求对存储器或 I/O 设备进行操作，则在执行中的取指存储周期结束后，下

一个周期将执行 EU 所要求的存储器操作或 I/O 操作。只要指令队列缓冲器不满,而且 EU 没有存储器或 I/O 操作要求,BIU 总是要从存储器中取后续的指令。当指令队列缓冲器满且 EU 又没有存储器或 I/O 操作请求时,BIU 将进入空闲状态。在执行转移、调用和返回指令时,指令队列缓冲器的内容将被清除。

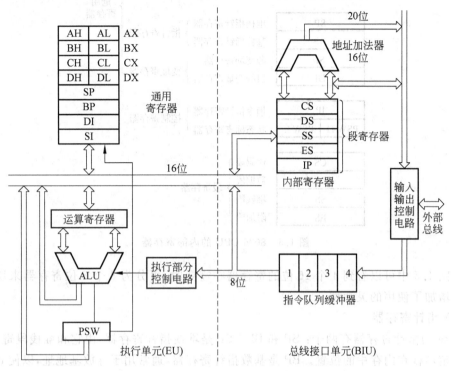

图 1.4　8086 微处理器的内部结构

2. 8086 处理器中的内部寄存器

在 8086 处理器中,用户能用指令改变其内容的主要是一组内部寄存器,其结构如图 1.5 所示。

（1）数据寄存器

8086 有 4 个 16 位的数据寄存器,可以存放 16 位的操作数。其中 AX 为累加器,其他 3 个尽管也可以存放 16 位操作数,但分别有不同的用途,具体说明如表 1.7 所示。

表 1.7　数据寄存器的一些专门用途

寄存器	用　途
AX	字乘法,字除法,字 I/O
AL	字节乘法,字节除法,字节 I/O,转移,十进制算术运算
AH	字节乘法,字节除法
BX	转移
CX	串操作,循环次数
CL	变量移位或循环控制
DX	字乘法,字除法,间接 I/O

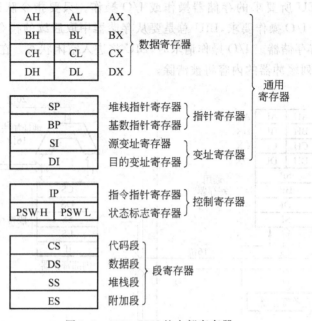

图 1.5　8086 CPU 的内部寄存器

从图 1.5 中可以看到 4 个 16 位的寄存器在需要时,可分为 8 个 8 位寄存器来用,这样就大大增加了使用的灵活性。

（2）指针寄存器

8086 的指针寄存器有两个:SP 和 BP。SP 是堆栈指针寄存器,由它和堆栈段寄存器一起来确定堆栈在内存中的位置。BP 是基数指针寄存器,通常用于存放基地址,以使 8086 的寻址更加灵活。

（3）变址寄存器

SI 是源变址寄存器,DI 是目的变址寄存器,都用于指令的变址寻址。SI 通常指向源操作数,DI 通常指向目的操作数。

（4）控制寄存器

8086 的控制寄存器有两个:IP 和 PSW。

IP 是指令指针寄存器,用来控制 CPU 的指令执行顺序。它和代码段寄存器 CS 一起可以确定当前所要取的指令的内存地址。CPU 执行程序的地址总是为 CS×16+IP。当顺序执行程序时,CPU 每从内存取一个指令字节,IP 自动加 1,指向下一个要读取的字节。

当 CS 不变、IP 单独改变时,会发生段内程序转移。当 CS 和 IP 同时改变时,会产生段间程序转移。

PSW 是程序状态字,也称为状态寄存器、标志寄存器或状态标志寄存器,用来存放 8086 CPU 在工作过程中的状态。PSW 的各位标志如图 1.6 所示。状态标志寄存器是一个 16 位的寄存器,X 位不用,空着的各位留做后用。8086 中所用的 9 位对了解 8086 CPU 的工作和用汇编语言编写程序是很重要的。

这些标志位的含义如下。

C:进位标志位。做加法时出现进位或做减法时出现借位,则该标志位置 1;否则清 0。

| | | | | O | D | I | T | S | Z | X | A | X | P | X | C |

图 1.6　程序状态字 PSW 的各位标志

位移和循环指令也影响进位标志。

P：奇偶标志位。当结果的低 8 位中 1 的个数为偶数时,则该标志位置 1;否则清 0。

A：半加标志位。在加法时,当位 3 需向位 4 进位,或在减法时位 3 需向位 4 借位时,该标志位置 1;否则清 0。该标志位通常用于对 BCD 算术运算结果的调整。

Z：零标志位。当运算结果所有各位均为 0 时,该标志位置 1;否则清 0。

S：符号标志位。当运算结果的最高位为 1 时,该标志位置 1;否则清 0。

T：陷阱标志位(单步标志位)。当该位置 1 时,将使 8086 进入单步指令工作方式。在每条指令执行结束时,CPU 总是测试 T 标志位是否为 1。如果为 1,则在本指令执行后将产生陷阱中断,从而执行陷阱中断处理程序。该中断处理程序的首地址由内存的 00004H～00007H 这 4 个单元提供。该标志通常用于程序的调试。例如,在系统调试软件 DEBUG 中的 T 命令就是利用它来进行程序的单步跟踪的。

I：中断允许标志位。如果该位置 1,则处理器有可能响应可屏蔽中断请求(还要看其他条件);否则就一定不能响应可屏蔽中断请求。

D：方向标志位。该标志只用于串操作指令,当该位置 1 时,串操作指令为自动减量指令,即从高地址到低地址处理字符串;否则串操作指令为自动增量指令。

O：溢出标志位。在算术运算中,带符号数的运算结果超出所规定的带符号数所能表达的范围时,该标志位置 1;否则清 0。例如,8 位补码运算结果大于 +127 或小于 −128 时产生溢出;而 16 位字运算大于 +32 767 或小于 −32 768 时产生溢出。

(5) 段寄存器

8086 微处理器具有 4 个段寄存器:代码段寄存器 CS、数据段寄存器 DS、堆栈段寄存器 SS 和附加段寄存器 ES。这些段寄存器的内容与有效的地址偏移量一起可确定内存的物理地址。通常 CS 规定并控制程序区,DS 和 ES 控制数据区,SS 控制堆栈区。

1.1.7　存储器组织

对于只学过 8 位微处理器的读者来说,存储器的段、段寄存器、段内偏移地址等都是过去未涉及的新概念。要想弄清楚为什么 8086 能寻址 1MB 的内存空间,并知道如何确定实际的物理地址,这一切都要求读者必须彻底理解这些概念及其相互关系。只有做到这一点,才能正确地组织存储器和使用存储器。

1. 由段寄存器、段偏移地址确定物理地址

8086 可以具有 1MB 的内存空间,可是内部寄存器都只有 16 位,很显然,如果不采取特殊措施,是不能寻址 1MB 存储空间的。为此引入了段的概念。每个内存段具有 64KB 的存储空间。该段内的物理地址由 16 位的段寄存器内容和 16 位的地址偏移量来确定,如图 1.7 所示。

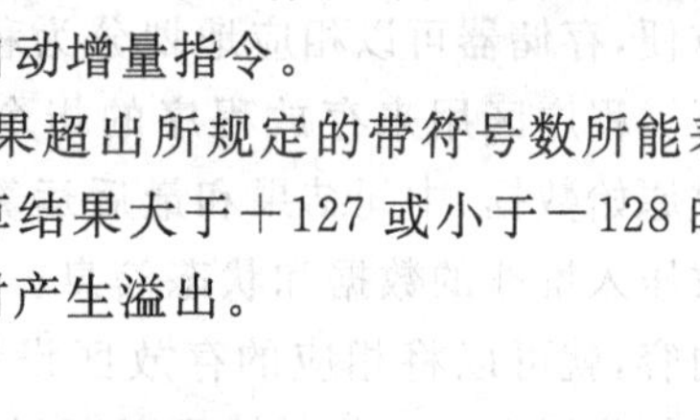

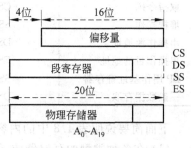

图 1.7　物理地址的形成

20 位的物理地址是这样产生的：

$$物理地址＝段寄存器的内容×16＋偏移地址$$

段寄存器的内容×16（相当于左移 4 位）变为 20 位，再在低端 16 位上加上偏移地址（也称为有效地址 EA），便可得到 20 位物理地址。

对于 CPU 读程序的内存地址，总是由下式来决定：

$$程序的内存物理地址＝CS×16＋IP$$

从上式可知，当 8086(88) CPU 复位启动时的复位启动地址（复位入口地址）可如下确定：

由于复位时 CS＝FFFFH，而 IP＝0000H，则

$$复位启动地址＝CS×16＋IP＝FFFF0H＋0000H＝FFFF0H$$

即当 8086(88) CPU 读程序时，其内存地址永远是由代码段寄存器(CS)×16 与 IP(指令指针)的内容作为偏移地址来决定的。

但是，当 8086(88) CPU 读写内存数据时，各个段寄存器都能使用，经常使用的是 DS、SS 和 ES 三个段寄存器，而偏移地址又有多种不同的产生方法，有关内容在下面的章节中再做详细说明。

2. 段寄存器的使用

段寄存器的设立不仅使 8086(88) 的存储空间扩大到 1MB，而且为信息按特征分段存储带来了方便。在存储器中，信息按特征可分为程序代码、数据和微处理器状态等。为了操作方便，存储器可以相应地划分为程序区、数据区和堆栈区。程序区用来存放程序的指令代码；数据区用来存放原始数据、中间结果和最后运算结果；堆栈区用来存放压入堆栈的数据和状态信息。只要修改段寄存器的内容，就可以将相应的存放区设置在内存存储空间的任何位置上。这些区域可以通过段寄存器的设置使之相互独立，也可将它们部分或完全重叠。需要注意的是，改变这些区域的地址时，是以 16 个字节为单位进行的。图 1.8 表示了各段寄存器的使用情况。

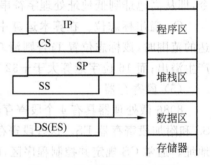

图 1.8　段寄存器的使用情况

在 8086 CPU 中，对不同类型存储器的访问所使用的段寄存器和相应的偏移地址的来源做了一些具体规定。基本约定如表 1.8 所示。

表 1.8　使用段寄存器时的一些基本约定

访问存储器类型	默认存储器类型	可指定段存储器	段内偏移地址来源
取指令码	CS	无	IP
堆栈操作	SS	无	SP
串操作源地址	DS	CS,ES,SS	SI
串操作目的地址	ES	无	DI
BP 用作基址寄存器	SS	CS,DS,ES	依寻址方式求得有效地址
一般数据存取	DS	CS,ES,SS	依寻址方式求得有效地址

下面简要说明表 1.8 中的内容。

（1）在各种类型的存储器访问中，其段地址要么由"默认"的段寄存器提供，要么由"指定"的段寄存器提供。所谓默认段寄存器是指在指令中不用专门的信息来指定使用某一个

段寄存器的情况,这时就由默认段寄存器来提供访问内存的段地址。在实际进行程序设计时,绝大部分属于这一种情况。在某几种访问存储器的类型中,允许由指令来指定使用另外的段寄存器,这样可为访问不同的存储器段提供方便。这种指定通常是靠在指令码中增加一个字节的前缀来实现的。有些类型的存储器访问不允许指定另一个段寄存器。例如,为取指令而访问内存时一定要使用CS,在进行堆栈操作时一定要使用SS,字符串操作指令的目的地址一定要使用ES等。

(2) 段寄存器DS、ES和SS的内容是用传送指令送入的,但任何传送指令不能向代码段寄存器CS送数。在后面的宏汇编中将讲到,伪指令ASSUME、JMP、CALL、RET、INT和IRET等指令可以设置和影响CS的内容。更改段寄存器的内容意味着存储区的移动。这说明无论程序区、数据区还是堆栈区都可以超过64KB的容量,都可以利用重新设置段寄存器内容的方法加以扩大,而且各存储区都可以在整个存储空间中移动。

(3) 表中"段内偏移地址"一栏指明,除了有两种类型的访问存储器是"依寻址方式来求得有效地址"外,其他都指明使用一个16位的指针寄存器或变址寄存器。例如,在取指令访问内存时,段内偏移地址只能由指令指针寄存器IP来提供;在堆栈的压入和弹出操作中,段内偏移地址只能由SP提供;在字符串操作时,源地址和目的地址中的段内偏移地址分别由SI和DI提供。除上述以外,为存取操作数而访问内存时,将依不同寻址方式求得段内偏移地址。

至此已经介绍了8086(88)的内部寄存器,对其主要用途和具体使用只做了概要说明。等完成下一章的学习后,再回顾本章,会对有关内容获得更为深刻的理解。

1.1.8　8086 CPU 的工作时序

1. 指令周期与其他周期

前面已经提到,由指令集合构成的程序放在内存中,CPU从内存中将指令逐条读出并执行。CPU完整地执行一条指令所用的时间称为一个指令周期。只是有的指令很简单,执行时间比较短;而有的指令很复杂,其执行时间比较长。但无论一条指令的执行时间是长是短,都称为一个指令周期。

如果再细分,一个指令周期还可以分成若干个总线周期,即一个指令周期是由若干总线周期组成的。那么,什么是总线周期呢? 8086 CPU通过其系统总线对存储器或接口进行一次访问所需的时间称为一个总线周期。这里主要是指8086 CPU将一个字节写入一个内存单元,或写入一个接口地址,或者8086 CPU由内存或接口读出一个字节到CPU的时间,均为一个总线周期。

在正常情况下,一个总线周期由4个时钟周期组成。所谓时钟周期就是前面提到的加在CPU芯片引脚CLK上的时钟信号的周期。

可以看到,一条指令是由若干个总线周期实现的,而一个总线周期又是由4个(正常情况)时钟周期来实现的,这就是指令周期、总线周期和时钟周期的关系。

2. 几种基本时序

1) 写总线周期

写总线周期如图1.9所示。

这里以8086的最小模式下的信号时序为例来说明。在最大模式下,控制信号由总线控制器(8288)产生,但在概念上及基本时间关系上是一样的。读者只要理解了任何一种时序,就足以解决具体的工程问题。

　　首先,以 CPU 向内存写入一个字节的总线周期做简要说明。该总线周期从第一个时钟周期 T_1 开始,在 T_1 时刻 CPU 从 $A_{16} \sim A_{19}/S_3 \sim S_6$ 和 $\overline{BHE}/S_7$ 这 5 条引脚上送出 $A_{16} \sim A_{19}$ 及 $\overline{BHE}$,并从 $AD_0 \sim AD_{15}$ 这 16 条引脚上送出 $A_0 \sim A_{15}$。可见,在这个时钟周期里,CPU 从它的 21 条引脚上送出了 21 位地址信号 $A_0 \sim A_{19}$ 和 $\overline{BHE}$(可以将 $\overline{BHE}$ 看成一个地址信号)。而在时钟周期 T_1 之后,这 21 条引脚上的信号将变为其他信号。因此,CPU 在 T_1 周期内送出 ALE 地址锁存信号,可以用这个信号将 $A_0 \sim A_{19}$ 及 $\overline{BHE}$ 锁存在锁存器中,使地址信号在整个总线周期内保持不变。在此 T_1 期间,CPU 由 $M/\overline{IO}$ 送出高电平并在整个总线周期内一直维持高电平不变,表示该总线周期是一个寻址内存的总线周期。

　　在时钟周期 T_2 内,CPU 将写入内存的数据从 $AD_0 \sim AD_{15}$ 上送出,加到数据总线 $D_0 \sim D_{15}$ 上。同时 CPU 还会送出 WR 控制信号,在地址信号 $A_0 \sim A_{19}$、$M/\overline{IO}$ 及 $\overline{WR}$ 的共同作用下,将 $D_0 \sim D_{15}$ 上的数据写入相应的内存单元中。写入内存的操作通常是在 $\overline{WR}$ 的后沿(上升沿)实现的。这时的地址信号和数据信号均已稳定,写操作的工作也就更加可靠。

　　以上就是在最小模式下正常的内存写入过程。若在实际应用中遇到内存的写入时间要求较长而 CPU 提供的写入时间却较短(最长也只有 4 个时钟周期)的情况,则在这样短的时间内数据无法可靠地写入。为了解决这个问题,可以利用 CPU 的 READY 信号。当 CPU 的总线周期内的时钟周期 T_3 开始时(下降沿),CPU 内部硬件测试 READY 信号的输入电平。若此时 READY 为低电平,则 CPU 在 T_3 之后不执行 T_4,而是插入一个等待时钟周期 T_{WAIT}。在 T_{WAIT} 的下降沿 CPU 继续检测 READY 输入电平,若它仍然为低电平,则继续插入等待的时钟周期 T_{WAIT}。就这样一直插入 T_{WAIT} 直到 READY 为高电平时,则停止插入 T_{WAIT} 并执行总线周期的 T_4。这样一来,一个写入内存的总线周期就可以由 4 个时钟周期延长为更多个时钟周期,以满足低速内存的要求。

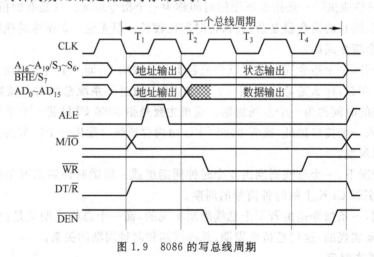

图 1.9　8086 的写总线周期

　　2) 读总线周期

　　8086 CPU 读内存或读接口的总线周期如图 1.10 所示。

　　由图 1.10 可以看到,读内存的时序与图 1.9 所示的写总线周期十分相似,不同的是此时的 DT/$\overline{\text{R}}$信号为低电平,用于表示此时是从总线上读数据。同时,在 $AD_0 \sim AD_{15}$ 上,数据要在晚些时候才能出现。这是因为在地址信号和控制信号加到内存(或接口)后,需要一段读出时间才能将数据读出并传送到 CPU 的 $AD_0 \sim AD_{15}$ 上。

以上说明了 8086 CPU 的两种总线周期:内存的写周期和内存的读周期。接口的写周期和接口的读周期与上述情况相似,不同的有以下两点:

(1) 寻址接口最多用 16 位地址,即 $\overline{\text{BHE}}$ 和 $A_0 \sim A_{15}$,当在时钟周期 T_1 内 CPU 送出接口地址 $\overline{\text{BHE}}$ 和 $A_0 \sim A_{15}$ 时,高 4 位地址 $A_{16} \sim A_{19}$ 全为低电平。

(2) 在读写接口的总线周期里,M/$\overline{\text{IO}}$信号为低电平。

最大模式下的时序与最小模式下的时序非常类似,此处不再说明。

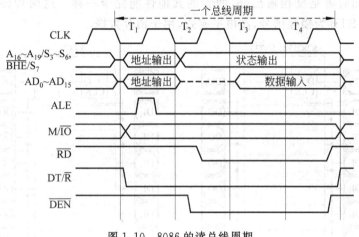

图 1.10　8086 的读总线周期

3) 中断响应周期

当 8086(88)的 INTR 上用一个有效的高电平向 CPU 提出中断请求,当满足 IF=1(开中断)及其他条件时,CPU 执行完一条指令后,就会对其做出响应。该中断响应需要两个总线周期。中断响应的时序如图 1.11 所示。

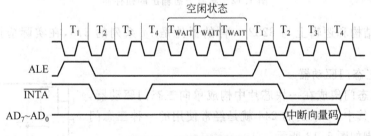

图 1.11　中断响应周期

响应周期由两个总线周期构成。每一个总线周期从 T_2 开始到 T_4 开始之后,CPU 从 $\overline{\text{INTA}}$ 输出一个负脉冲。第一个 $\overline{\text{INTA}}$ 负脉冲通知提出 INTR 请求的外设(通常是中断控制器),它的请求已得到响应;在第二个 $\overline{\text{INTA}}$ 负脉冲期间,提出 INTR 请求的外设输出它的中断向量码到 $D_0 \sim D_7$ 数据总线上,由 CPU 从数据总线上读取该向量码。

8086 和 8088 的中断响应周期基本相同,只是 8086 CPU 有 3 个空闲周期(见图 1.11),

而 8088 CPU 不存在这 3 个空闲周期。

1.1.9 系统总线的形成

1. 几种常用的芯片

为更好地说明系统总线的形成,首先介绍有关的集成电路芯片。要强调的是,为了更好地进行微型计算机的工程应用,尽量多地记住或理解一些现有芯片的技术细节是十分有益的。

1) 带有三态输出的锁存器

在形成 8088(86)系统总线时,常用到具有三态输出的信号锁存器 8282 和 8283。除前者是正相输出而后者是反相输出外,两者的其他性能完全一样。这两种锁存器的引脚如图 1.12 所示。STB 为锁存信号,高电平有效,用于锁存数据。

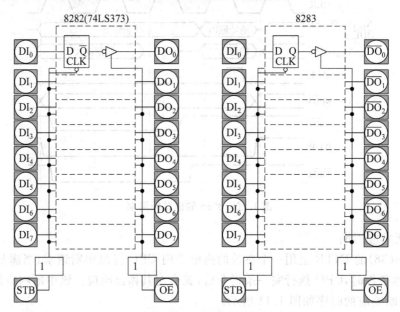

图 1.12　具有三态输出的锁存器

此外,在结构和逻辑上与 8282 一样的器件是 74 系列的 373,在实际应用中用得非常广泛。

2) 单向三态门驱动器

将多个三态门集成在一块芯片中构成单向三态门驱动器,其种类很多。其中 74 系列的 244 就是经常使用的一种三态门驱动器,其引脚如图 1.13 所示。

从图 1.13 可以看到,两个控制端分别控制 4 个三态门。当其控制端加上低电平时,相应的 4 个三态门导通;加高电平时,三态门呈高阻状态。

3) 双向三态门驱动器

对于数据总线,可采用双向驱动器。在构成系统总线时,常用 8286 和 8287。两者除 8286 是正相的、8287 是反相的外,

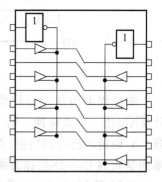

图 1.13　单向三态门驱动器

- 18 -

其他性能完全相同。8286 的框图如图 1.14 所示。

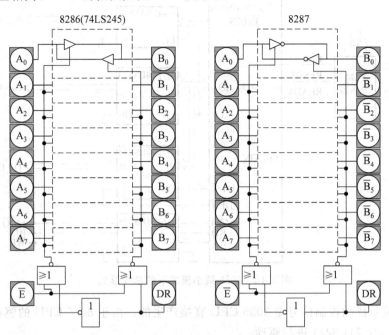

图 1.14　双向三态门驱动器

从图 1.14 可以看到，$\overline{E}$ 是低电平有效，DR 是三态门传送方向控制。当 $\overline{E}=0$、DR$=0$ 时，由 B 边向 A 边传送；当 $\overline{E}=0$、DR$=1$ 时，由 A 边向 B 边传送。当 $\overline{E}=1$ 时，A、B 边均呈现高阻状态。与这样的驱动器类似的是工程上经常使用的 74 系列的 245，它在结构上与 8286 是一样的。

2. 系统总线形成

从图 1.1 可以看到，系统总线将微型计算机的各个部件连接起来。CPU 与微型计算机内部各部件的通信是依靠系统总线实现的，因此，系统总线的吞吐量（或称带宽）对微型计算机的性能产生直接的影响。从微型计算机出现以来，就有许多人致力于系统总线的研究，并先后制定出许多系统总线标准。在这里，首先以 8086 CPU 为核心，看较为简单的系统总线是如何形成的。有了这样的基础知识，再去了解其他系统总线就不难了。

1）最小模式下的系统总线形成

最小模式下的系统总线形成如图 1.15 所示。

由图 1.15 可以看到，在最小模式下，20 条地址线和 1 条 $\overline{BHE}$ 信号线用 3 片 8282（或 3 片 74LS373）锁存器形成。当在一个总线周期 T_1 时刻 CPU 送出这 21 个地址信号时，CPU 同时送出 ALE 脉冲，就用此脉冲将这 21 个地址信号锁存在 3 个 74LS373 的输出端，从而形成地址总线信号。

双向数据总线用两片 8286（或两片 74LS245）形成。利用最小模式下由 8086 CPU 所提供的 $\overline{DEN}$ 和 DT/$\overline{R}$ 分别来控制两片 74LS245 的允许端 $\overline{E}$ 和方向控制端 DR，从而实现了 16 位的双向数据总线 $D_0 \sim D_{15}$。

控制总线信号由 8086 CPU 提供，这样就实现了最小模式下的系统总线。这里要说明两点。

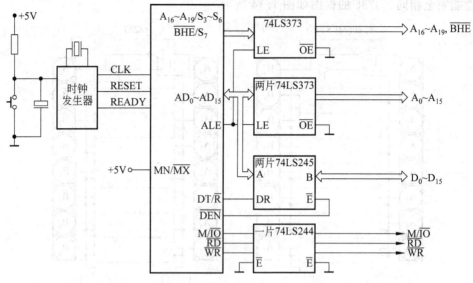

图 1.15　8086 最小模式下的总线形成

（1）系统总线的控制信号是 8086 CPU 直接产生的。由于 8086 CPU 的驱动能力不够，所以需加上一片 74LS244 进行驱动。

（2）现在形成的系统总线不能进行 DMA 传送，因为未对系统总线形成电路中的芯片（图 1.15 中的 74LS373、74LS245 及 74LS244）做进一步控制。

2）最大模式下的系统总线形成

为了实现最大模式，要使用厂家提供的总线控制器 8288 产生系统总线的一些控制信号。最大模式下的总线形成如图 1.16 所示。

由图 1.16 可以看到，在形成最大模式下的系统总线时，地址线 $A_0 \sim A_{19}$ 和 $\overline{BHE}$ 同最小模式时一样，利用 3 片 74LS373 构成锁存器，所不同的是，此时的锁存脉冲 ALE 是由总线控制器 8288 产生的。利用 3 片 74LS373 的输出形成了最大模式下的地址总线 $A_0 \sim A_{19}$ 和 $\overline{BHE}$。

在形成最大模式下的双向数据总线时，同样使用了两片双向三态门 74LS245，而且 74LS245 的允许信号 $\overline{E}$ 和方向控制信号 DR 是由总线控制器 8288 提供的 $DT/\overline{R}$ 和 DEN。因为当 8086 CPU 工作在最大模式时，CPU 已不再提供 $DT/\overline{R}$ 和 $\overline{DEN}$。值得注意的是当 8086 CPU 工作在最小模式时，CPU 上提供的 $\overline{DEN}$ 是低电平有效；而当它工作在最大模式时，由总线控制器 8288 所产生的 DEN 是高电平有效，故在图 1.16 中要在总线控制器 8288 输出的 DEN 的后面接一个反相门，然后再接到 74LS245 上。

在最大模式下的控制信号主要由总线控制器 8288 产生，它所提供的控制信号主要是中断响应 $\overline{INTA}$、内存读 $\overline{MEMR}$、内存写 $\overline{MEMW}$、接口读 $\overline{IOR}$ 和接口写 $\overline{IOW}$。应当注意到，在总线控制器 8288 输出的控制信号中，对内存操作的控制信号和对接口的控制信号已经分开，而不像最小模式时用于内存和用于接口的读写控制信号是共用的，在那里需要用 $M/\overline{IO}$ 信号来区别对内存操作还是对接口操作。

还需要说明的是，若所形成的系统总线中还需要其他一些控制信号，如复位信号 RESET、CPU 时钟信号 CLK、振荡器信号 OSC 等所有系统工作所需要的信号，则都可以利

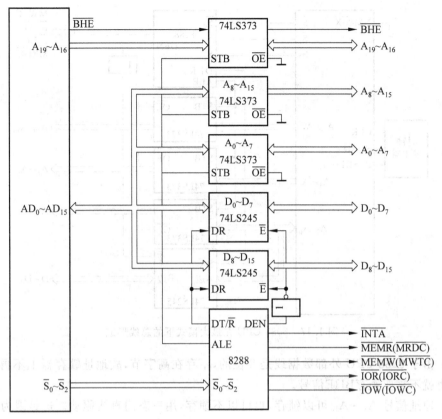

图 1.16 8086 CPU 最大模式下系统总线形成

用 74LS244 三态门驱动后加到系统总线上。

同时,在总线上还需要接上系统工作时所需要的电源(如±5V 或±12V 等)和多条地线。

显然,以上所描述的系统总线是一种自行设计的专用总线,在这样的系统总线上,接上内存、接口及相应的外设便可以构成图 1.1 所示的微型计算机。除上述专用总线外,在本书的后面还将介绍各种总线标准。

如前所述,当系统总线形成之后,构成微型计算机的内存及各种接口就可以直接与系统总线相连接,从而构成所需的微型计算机系统。在后面的章节中会直接采用这样的系统总线信号来叙述问题而不再做出说明。

在图 1.16 中,74LS373 和 74LS245 可以用其他类似的器件来代替,例如可分别用 8282 和 8286 代替。在该图中,同样没有考虑在该系统总线上实现 DMA 传送。有关 DMA 传送在第 5 章说明。

3) 8088 的系统总线形成

前面详细说明了 8086 系统总线的形成。下面简要说明 8088 系统总线的形成。由于这两者只有很少的差异,因此仅将 8088 在最大模式下的系统总线的形成电路以图 1.17 给出。

由图 1.17 可以看到,8088 CPU 与 8086 CPU 在最大模式下的系统总线形成的不同主要表现在以下 3 个方面。

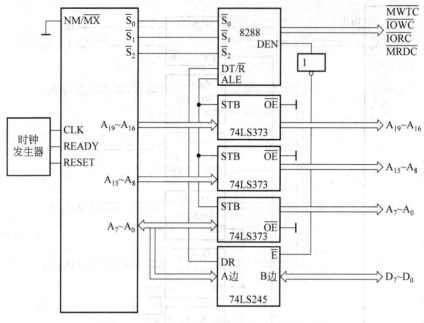

图 1.17　8088 CPU 在最大模式下的总线形成

（1）由于 8088 CPU 外部数据线是 8 位的，不存在高字节，故地址锁存器上不再有 $\overline{\text{BHE}}$ 信号，也就不需要锁存 $\overline{\text{BHE}}$ 信号。

（2）地址信号 $A_8 \sim A_{15}$ 可以锁存，也可以不锁存，用三态门直接驱动。这是因为在 8088 CPU 上，这 8 条信号线只用来传送地址 $A_8 \sim A_{15}$，而在 8086 CPU 上，这 8 条线是时间复用的，既用来传送地址 $A_8 \sim A_{15}$，又用来传送数据 $D_8 \sim D_{15}$。所以在 8086 CPU 上 $A_8 \sim A_{15}$ 必须用锁存储器加以锁存。

（3）数据总线是 8 位的，只需用一片 74LS245（或其他类似器件）进行驱动，同时对这片驱动器的 DR 和 $\overline{\text{E}}$ 控制端进行控制，实现数据的双向传送。对 74LS245 的控制方式是相同的。

早期的 PC 就是选择 8088 CPU，并使 8088 CPU 工作在最大模式下，在类似于上述总线的基础上构成。在后续章节将说明 PC/XT 的总线，请注意它们之间的相同与不同。

1.2　PC 系统

本节将简要介绍 PC 的构成及有关系统结构，以便使读者对 PC 有概要的了解。计算机系统一定是由硬件系统和软件系统两大部分组成的。PC 系统也不例外，它也由这两大部分组成，下面分别予以说明。

1.2.1　PC 的硬件系统

1. PC 的结构框图

1）早期的 PC

自 20 世纪 80 年代初，由 IBM 公司利用 8088 CPU 研制开发出 PC。当时的 PC 结构比较简单、内存小、功能弱。它以工作在最大模式下的 8088 CPU 为核心，在其形成的系统总线上接上内存、接口及外设构成现在看来十分简单的个人微型计算机，其框图如图 1.18 所示。

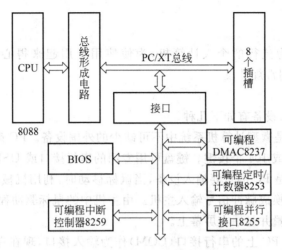

图 1.18　早期 PC 的结构框图

2）当前的 PC

图 1.18 所示的 PC 早已完成了它的历史使命，在这里不再说明。经历二十多年的发展，今天的 PC 在性能上要比当年的 PC 高出上千倍，其概念框图如图 1.19 所示。图 1.19 表示 PC 的硬件组成，主要包括主机和外设。

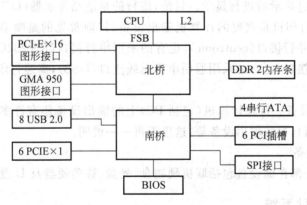

图 1.19　PC 主板结构

2. 主机部分

主机是 PC 的核心，主要包括中央处理器（CPU）、主板及内存 3 大件，还有电源等其他部件，它们都安装在主机箱中。

1）CPU

CPU 相当于 PC 的"大脑"，PC 的性能主要由 CPU 决定。CPU 的发展非常迅速。在短短的二十多年里，80x86 系列 CPU 已开发出了许多代产品。

目前市场上见到的 PC 的 CPU 基本上是 Intel 公司或 AMD 公司的产品。

2）主板

主板又名主机板或系统板,是 PC 中最重要的组成部件。多数主板上都有芯片组厂家提供的芯片组——北桥和南桥。在 PC 中,主板上集中配置了 PC 的主要电路部件和接口部件。

3. PC 常规外设

PC 作为目前最为流行的个人计算机,为使使用者用起来得心应手,通常都会配置图 1.19 所示的一系列常规外设。

1）输入设备

PC 最主要的输入设备有如下几种。

（1）键盘。键盘是微型计算机系统中不可缺少的外围设备。PC 键盘由早期的 83 个按键演变到今天的 101 或 104 个按键。键盘可用专用的串行接口或 USB 与主机相连接。

（2）鼠标。鼠标是 PC 的重要输入设备,当鼠标移动时,利用机械或光学的方法把鼠标运动的方向和距离转换成脉冲信号输入主机。由主机中的鼠标驱动程序计算出鼠标在水平和垂直方向上的位移量并显示在屏幕上。

早期的鼠标多以 PC 上的串行接口（COM）作为输入接口,现在有 3 种接口可接鼠标：COM、PS/2 和 USB。另外,还有红外鼠标、无线电鼠标及蓝牙鼠标等。

2）输出设备

输出设备是构成计算机系统所必需的,下面说明最常见的输出设备。

（1）显示器。显示器是计算机(包括 PC)不可缺少的组成部分。在 PC 中,显示器由两部分组成：一是插在 AGP 接口上的显示控制卡(简称显卡);二是用于显示的显示器。显卡产生的视频信号通过显示器进行显示。目前,流行的是液晶显示器（LCD）。

（2）打印机。打印机是重要的计算机输出设备,目前常见的是喷墨和激光打印机。早期的打印机多采用并行接口（centronic）,也有的采用串行接口（RS-232C）。目前,打印机接口仍有的采用并行接口,也有的采用通用串行总线接口（USB）,高速打印机采用小型计算机系统接口（SCSI）。

（3）其他输出设备。接在计算机(包括 PC)上的输出设备还有许多,如绘图仪、音频输出设备(声卡及音箱)、视频输出设备等,这里不再一一说明。

3）外部存储设备

PC 上常用的外部存储设备包括联机硬磁盘、光盘、移动硬盘及 U 盘。

1.2.2　PC 的软件系统

任何微型计算机要正常工作,只有硬件是不够的,必须配上软件。PC 的软件系统包括系统软件和应用软件两大类。

1. 系统软件

提到系统软件,首先就是操作系统。早期的 PC 配有 DOS 操作系统,DOS 现在已完成了它的历史使命,很少见到它的应用。

今天,在 PC 上运行的主要是各种版本的 Windows,此外,还有 UNIX 和 Linux 等操作系统。

系统软件还包括在操作系统平台下运行的各种高级语言、数据库系统、各种功能强大的工具软件以及本书将要涉及的汇编语言,这些都是系统软件的组成部分。

在操作系统及其他有关系统软件的支持下,微型计算机的用户可以开发自己的应用软件。

2. 应用软件

应用软件是针对不同应用、实现用户要求的功能软件。各厂商为 PC 研发了丰富的应用软件。例如,Internet 上的各种网络软件、音频视频软件、游戏软件以及针对不同用户的各种各样的应用软件,如会计软件、售票软件、酒店管理软件等。

习 题

1. 8086 CPU 的 RESET 信号的作用是什么?

2. 在 8086 CPU 工作在最小模式时,

(1) 当 CPU 访问存储器时,要利用哪些信号?

(2) 当 CPU 访问外设接口时,要利用哪些信号?

(3) 当 HOLD 有效并得到响应时,CPU 的哪些信号置高阻?

3. 当 8086 CPU 工作在最大模式时,

(1) S_2、S_1 和 S_0 可以表示 CPU 的哪些状态?

(2) CPU 的 $\overline{RQ}/\overline{GT}$ 信号的作用是什么?

4. 说明 8086 CPU 上的 READY 信号的功能。

5. 8086 CPU 的 NMI 和 INTR 的不同之处有哪几点?

6. 叙述 8086 CPU 内部的标志寄存器各位的含义。

7. 说明 8086 CPU 内部 14 个寄存器的作用。

8. 试画出 8086 工作在最小模式和最大模式时的系统总线形成框图。

9. 试画出一个基本的存储器读总线周期的时序图。

第 2 章　指令系统及汇编语言程序设计

本章首先介绍 8086(88) 的寻址方式及指令系统,然后简要介绍汇编语言及一些基本的程序设计方法。希望读者能够掌握一些最基本的指令,并运用这些基本的方法编写出简短的程序。

2.1　8086(88) 的寻址方式

指令中说明操作数所在地址或指令转移地址的方法就称为指令的寻址方式。8086(88) 的寻址方式从以下两个方面加以说明。

2.1.1　决定操作数地址的寻址方式

1. 立即寻址

这种寻址方式所提供的操作数直接包含在指令中。它紧跟在操作码的后面,与操作码一起放在代码段区域中。

这种寻址方式的操作数叫立即数,可以是 8 位的,也可以是 16 位的。例如:

```
MOV   AL,05H
MOV   DX,8000H
```

2. 直接寻址

操作数地址的 16 位段内偏移地址直接包含在指令中,它与操作码一起存在放在代码段区域中。操作数一般在数据段区域中,它的地址为数据段寄存器 DS 乘以 16 加上这 16 位的段内偏移地址。例如:

```
MOV  BX, DS: [2000H]
```

这种寻址方式以数据段的段地址为基础,所以可在多达 64KB 的范围内寻找操作数。在本例中,取数的物理地址就是 DS 的内容×16(即左移 4 位),变为 20 位,再在其低 16 位上加上偏移地址 2000H。偏移地址 2000H 是由指令直接给出的。

3. 寄存器寻址

操作数包含在 CPU 的内部寄存器中,如 AX、BX、CX 和 DX 等。例如:

```
MOV   DS,AX
MOV   AL,BL
```

虽然操作数可存放在 CPU 内部任意一个通用寄存器中,而且它们都能参与算术或逻辑运算并存放运算结果,但是,AX 是累加器,若将结果存放在 AX 中,通常指令执行时间要短一些。

4. 寄存器间接寻址

在这种寻址方式中,操作数存放在存储器中,操作数的 16 位段内偏移地址却放在以下

4 个寄存器 SI、DI、BP 和 BX 之一中。由于上述 4 个寄存器默认的段寄存器不同,又可以分成两种情况。

(1) 若以 BX、SI 和 DI 这 3 个寄存器进行寄存器间接寻址,则操作数默认放在 DS 所决定的数据段中。此时数据段寄存器内容乘以 16 加上 SI、DI 或 BX 中的 16 位段内偏移地址,即得操作数的地址。例如:

```
MOV    AX,2000H
MOV    DS,AX
MOV    SI,1000H
MOV    AX,[SI]
```

上面第 4 条指令执行时,操作数的地址为 DS×16+SI=21000H,即从 21000H 单元取一字节放入 AL,从 21001H 单元取一字节放入 AH。

(2) 若以寄存器 BP 间接寻址,则操作数默认存放在堆栈段区域中。此时,堆栈段寄存器 SS 的内容乘以 16 加上 BP 中的 16 位段内偏移地址,即得操作数的地址。例如:

```
MOV    DX,4000H
MOV    SS,DX
MOV    BP,500H
MOV    BX,[BP]
```

在执行上面的指令时,第 4 条指令是从 40500H 单元取一个字节放入 BL,从 40501H 单元取一个字节放入 BH。

在这里说明段超越的问题。在对存储器操作数寻址时,存储单元的物理地址由段寄存器的内容和偏移地址来决定。在 8086(88)指令系统中对段寄存器有基本规定,即默认状态,如上面的(1)、(2)所述。

指令中的操作数也可以不在基本规定的默认段内,这时就必须在指令中明确指定段寄存器,这就是段超越。例如:

```
MOV    AX,ES:[SI]
```

该指令中 ES 为段超越前缀,指令功能就是从 ES×16+SI 形成的物理地址及其下一个地址中取一个字放入 AX 中。

在指令中,默认段寄存器是可以省略的,而段超越的前缀则不能省略,必须明确指定。当使用段超越前缀时,指令代码增加一个字节,从而也增加了指令的执行时间。因此,能不用段超越时尽量不用。

5. 寄存器相对寻址

在这种寻址方式中,操作数存放在存储器中。操作数的地址是由段寄存器内容乘以 16 加上 SI、DX、BX 和 BP 之一的内容,再加上由指令中所给出的 8 位或 16 位带符号的位移量而得到的。

在一般情况下,若用 SI、DI 或 BX 进行相对寻址时,默认数据段寄存器 DS 作为地址基准;而用 BP 寻址时,则默认堆栈段寄存器为地址基准。例如:

```
MOV    BX,3000H
```

```
MOV   DS,BX
MOV   SI,1000H
MOV   AL,[S-2]
```

则执行寄存器相对寻址指令时,操作数的物理地址为 DS×16＋SI－2＝30000H＋1000H－2＝30FFEH,即从地址 30FFEH 单元取一个字节放入 AL。

6. 基址变址寻址

在 8086(88)中,通常把 BX 和 BP 作为基址寄存器,而把 SI 和 DI 作为变址寄存器。将这两种寄存器联合起来进行的寻址就称为基址变址寻址。操作数的地址应该是段寄存器中的内容乘以 16 加上基址寄存器内容(BX 或 BP 中的内容),再加上变址寄存器中的内容(SI 或 DI 中的内容)而得到的。

同理,若用 BX 作为基地址,则操作数应放在数据段 DS 区域中;若用 BP 作为基地址,则操作数应放在堆栈段 SS 区域中。例如:

```
MOV   DX,8000H
MOV   SS,DX
MOV   BP,1000H
MOV   DI,0500H
MOV   AX,[BP][DI]
```

在执行基址变址指令时,就是从 81500H 和 81501H 单元分别取一个字节放入 AL 和 AH 中。

7. 基址变址相对寻址

这种方式实际上是第 6 种寻址方式的扩充,即操作数的地址是由基址变址寻址方式得到的地址再加上由指令指明的 8 位或 16 位的相对偏移地址而得到的,例如:

```
MOV   AX,DISP[BX][SI]
```

8. 隐含寻址

在有些指令的指令码中,不仅包含有操作码信息,而且还隐含了操作数地址的信息。例如乘法指令 MUL 的指令码中只需指明一个乘数的地址,另一个乘数和积的地址是隐含固定的。再如 DAA 指令隐含对 AL 的操作。

这种将操作数的地址隐含在指令操作码中的寻址方式就称为隐含寻址。

2.1.2　决定转移地址的寻址方式

由于 8086(88)对内存的寻址是利用段寄存器对内存分段来实现的,CPU 执行程序放在代码段寄存器所决定的内存代码段中,这就存在着程序的转移可以在段内进行,也可以在段间进行的情况。8086(88) CPU 支持这两种情况的转移,下面分别加以说明。

1. 段内转移

前面已经说明,CPU 执行程序的地址永远都是 CS×16＋IP,而且 IP 具有 CPU 每从内存取出一个指令字节,则 IP 自动加 1,指向下一个指令字节的特性。

如果保持 CS 不变,只改变 IP,必然产生段内的转移。

1) 段内相对寻址

在这种寻址方式中,指令应指明一个 8 位或 16 位的相对地址位移量 DISP(它有正负符号,用补码表示)。此时,转移地址应该是代码段寄存器 CS 中的内容乘以 16 加上指令针 IP 的内容,再加上相对地址位移量 DISP。例如:

```
JMP    SHORT    ARTX
```

指令中 ARTX 表示要转移到的符号地址;而 SHORT 表示地址位移量 DISP 为 8 位带符号的数。

上面的指令为一条两字节指令:

```
EB--指令操作码
DISP8--位移量
```

此时转移指令的偏移地址为 IP+DISP8。此时的 IP 就是该转移指令的下一条指令的第一个指令字节所在的偏移地址,或称其为下一条指令首地址。

在这种情况下,转移地址就是以当前 IP 的内容(就是下一条指令的首地址)为基准加上 DISP(一个 8 位的正数或负数)。由于 DISP8 是 8 位带符号的数,其数值范围在 $+127\sim$ -128 之间,以此为基准向上转移(地址减小的方向)只能跳 128 个单元,向下跳(地址增加的方向)只能跳 127 个单元,也就是说这种类型的指令跳不远。若是用 JMP NEAR PTR PROM 指令,则可以跳得更远一些。

在上面的指令中,使用的操作符 NEAR PTR 就表示地址位移量用 16 位带符号的数来表示。由于 16 位带符号数可表示的数值范围为 $+32\,767\sim-32\,768$。因此,该指令可以以当前 IP(即下一条指令的首地址)为基准,向上最大可跳 32 768 个单元,向下最大可跳 32 767 个单元。转移的目的地址就是当前的 IP 上加 DISP16。

可以看到,后面的指令转移的范围覆盖前面一条指令的转移范围。但后者的目的码为 3 个字节(前者两个字节),执行时间也长一些。

2) 段内间接寻址

在这种寻址方式中,转移地址的段内偏移地址要么存放在一个 16 位的寄存器中,要么存放在存储器的两个相邻单元中。存放偏移地址的寄存器和存储器的地址将按指令码中规定的寻址方式给出。此时,寻址所得到的不是操作数,而是转移地址。例如:

```
JMP    CX
JMP    WORD    PTR[BX]
```

可以看到,在段内转移的情况下,CS 的内容保持不变,仅仅是 IP 的内容发生了变化。在段内相对转移时,相当于 IP 加上带符号的位移量。上面的指令 JMP CX 相当于用 CX 中的内容取代 IP 原先的内容。而 JMP WORD PTR[BX]指令用 DS 作为段寄存器,DS×16 加上 BX 中的内容形成一个地址,并将该地址和它的下一个单元的内容(共 16 位)放入 IP 中。由于 IP 的内容改变了,必然产生转移。

2. 段间转移

在程序执行中从内存的一个代码段转移到内存的另一段称为段间转移。当发生段间转移时,必定是 CS 和 IP 同时发生改变。段间转移的寻址也分为两种情况。

1）段间直接寻址

在这种寻址方式中,指令码中将直接给出 16 位的段地址和 16 位的段内偏移地址。例如:

```
JMP    FAR   PTR   ADD1
```

在执行这种段间直接寻址指令时,指令操作码后的第二个字将赋予代码段寄存器 CS,第一个字将赋予指令指针寄存器 IP,最后,CS×16 和 IP 中的内容相加得到转移地址。指令中用 FAR PTR 操作符指明这是一条远转移指令。

当 CS 和 IP 的内容同时改变时,便会发生段间转移。当 8086(88) CPU 执行一条远转移指令时,将从指令码下面的 4 个顺序单元中取出 4 个字节,分别放入 IP 和 CS,这样就改变了两个寄存器的内容。这 4 个字节是由汇编程序事先放好的段间转移的目标地址。

2）段间间接寻址

这种寻址方式和段内间接寻址相似。但是,由于确定转移地址需要 32 位信息,因此只适用于存储器寻址方式。用这种寻址方式可计算出存放转移地址的存储器的首地址,与此相邻的 4 个单元中,前两个单元存放 16 位的段内偏移地址,而后两个单元存放的是 16 位的段地址,例如:

```
JMP    DWORD   PTR[BP][DI]
```

上述指令表示同时改变 CS 和 IP 中的内容。但是,在上面这个例子中,段间转移的目的地址是如下计算获得的:堆段寄存器 SS×16 再加上 BP 中的内容和 DI 中的内容形成物理地址。由该地址开始的顺序 4 个单元的内容分别放入 IP 和 CS,即前面两个单元的内容构成一个字放入 IP,后面两个单元的内容构成一个字放入 CS。由此 CS 和 IP 形成的地址就是转移的目的地址(或称目标地址)。

显然,上面的指令中放在堆栈段的目的地址(也就是放入 IP 和 CS 的字)是在程序执行前事先放好的。

2.2 8086(88)的指令系统

本节对 8086(88)指令系统进行简要介绍。读者应掌握一些常用的指令以便编写简短的程序。希望更多地认识一些指令,以便读懂别人编写的程序。8086(88)的指令系统可分为 7 类,下面将逐一加以说明。

2.2.1 传送指令

1. MOV   OPRD1,OPRD2

MOV 是操作码,OPRD1 和 OPRD2 分别是目的操作数(或目的操作数的地址)和源操作数(或源操作数的地址)。该指令可把一个字节或一个字的操作数从源地址传送到目的地址。

源操作数可以放在累加器、寄存器、存储器中或是立即操作数,而目的操作数可放在累加器、寄存器和存储器中。数据传送方向的示意图如图 2.1 所示。

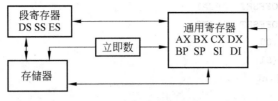

图 2.1　数据传送示意图

各种数据传送指令举例如下。

(1) 在 CPU 各内部寄存器之间传送数据(除代码段寄存器 CS 和指令指针 IP 以外)。

```
MOV   AL,BL
MOV   DX,ES
MOV   BX,DI
MOV   SI,BP
```

(2) 立即数传送至 CPU 的内部通用寄存器(即 AX、BX、CX、DX、BP、SP、SI 和 DI),给这些寄存器赋值。

```
MOV   CL,4              ;8 位数据传送(1 个字节)
MOV   AX,03FFH          ;16 位数据传送
MOV   SI,057BH          ;16 位数据传送(1 个字)
```

(3) CPU 内部寄存器(除了 CS 和 IP 以外)与存储器(所有寻址方式)之间的数据传送与前述一样,可以传送一个字节,也可以传送一个字。

① 在 CPU 的通用寄存器与存储器之间传送数据:

```
MOV   AL,BUFFER
MOV   AX,[SI]
MOV   [DI],CX
```

② 在 CPU 寄存器与存储器之间传送数据:

```
MOV   DS,DATA[SI+BX]
MOV   DEST[BP+DI],ES
```

需要注意的是,MOV 指令不能在两个存储器单元之间进行数据直接传送。为了实现存储器单元之间的数据传送,必须用内部寄存器作为中介。例如,为了将在同一段内的偏移地址为 AREA1 的单元中的数据传送到偏移地址为 AREA2 的单元中去,就需要执行以下两条传送指令:

```
MOV   AL,AREA1
MOV   AREA2,AL
```

如果要求将内存中的一个数据块搬移到另一个内存数据区中去,例如要将以 AREA1 为首地址的 100 个字节的数据搬移到以 AREA2 为首地址的内存中去,可以用带有循环控制的数据传送程序来实现。为此采用间接寻址方式,用 SI 存放源数据地址,DI 存放目的数据地址,用 CX 作为循环计数控制单元,程序如下:

```
            MOV   SI,OFFSET  AREA1
            MOV   DI,OFFSET  AREA2
            MOV   CX,100
    AGAIN:  MOV   AL,[SI]
            MOV   [DI],AL
            INC   SI
            INC   DI
            DEC   CX
            JNZ   AGAIN
            HLT
```

程序中的 INC 和 DEC 分别为加 1 和减 1 指令;OFFSET AREA1 是地址单元 AREA1 在段内的地址偏移量。在寻址方式的介绍中已经提到,在 8086(88)中,要寻址内存中的操作数时,必须以段地址(放于某个段寄存器中)加上该单元的段内地址偏移量,才能确定内存单元的实际物理地址。

2. 交换指令

XCHG OPRD1,OPRD2

交换指令把一个字节或一个字的源操作数(OPRD2)与目的操作数(OPRD1)相交换。这种交换能在通用寄存器与累加器之间、通用寄存器之间以及通用寄存器与存储器之间进行,但是段寄存器不能作为一个操作数,例如:

```
XCHG  AL,CL
XCHG  BX,SI
XCHG  BX,DATA[SI]
```

3. 地址传送指令

8086 有 3 条地址传送指令。

1) LEA 指令

LEA OPRD1,OPRD2

该指令把源操作数 OPRD2 的地址偏移量传送至目的操作数 OPRD1 中。源操作数必须是一个内存操作数,目的操作数必须是一个 16 位的通用寄存器。这条指令通常用来建立串指令操作所需的寄存器指针。例如:

```
LEA  BX,BUFR
```

是把变量 BUFR 的地址偏移量送到 BX 中。

2) LDS 指令

该指令完成一个地址指针的传送。地址指针包括段地址和地址偏移量。指令执行时,将段地址送入 DS,地址偏移量送入一个 16 位的通用寄存器。这条指令通常用来建立串指令操作所需的寄存器指针。例如:

```
LDS  SI,[BX]
```

该指令是利用 DS×16+BX 的内容所构成内存地址,把由此地址开始的顺序 4 个单元的前两个单元的内容送入 SI,后两个单元的内容送入 DS。

3) LES 指令

这条指令除将地址指针的段地址送入 ES 外,其他操作与 LDS 指令相同。例如:

```
LES  DI,[BX+CONT]
```

该指令是利用 DS×16+BX+CONT 所构成的内存地址,把由此地址开始的顺序 4 个单元中的前两个单元的内容送入 SI,后两个单元的内容送入 ES。

4. 堆栈操作指令

堆栈是内存中的一个特定区域,由 SS 的内容和 SP 的内容来决定。堆栈的操作具有先入后出的特点。用于堆栈操作的指令主要是:

PUSH OPRD(压入堆栈指令)

POP   OPRD(弹出堆栈指令)

堆栈操作指令中的操作数可以是段寄存器(除 CS 外)的内容、16 位的通用寄存器(标志寄存器有专门的出入栈指令)以及内存的 16 位字。例如:

```
MOV  AX,8000H
MOV  SS,AX
MOV  SP,2000H
MOV  DX,3E4AH
PUSH DX
PUSH AX
```

当执行完两条压入堆栈的指令时,堆栈中的内容如图 2.2 所示。

由图 2.2 可以解释压入堆栈指令

```
PUSH DX
```

的执行过程包括:

① SP−1→SP

② DH→(SP)

③ SP−1→SP

④ DL→(SP)

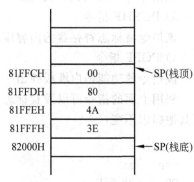

图 2.2　堆栈操作示意图

这就是把 DX 压入堆栈的过程。AX 的压栈过程是一样的。

弹出堆栈的过程与此刚好相反,例如:

```
POP AX
```

的执行过程如下:

① (SP)→AL

② SP+1→SP

③ (SP)→AH

④ SP+1→SP

可见,SP 的内容总是指向堆栈的顶。

以上堆栈操作是对 8088 而言的。由于它的外部只有 8 位数据线,堆栈操作一定分两次进行,每次一个字节来完成。对 8086 来说,适当地选好堆栈的底,则 8086 CPU 一次可压入或弹出一个字,可以节省时间,而操作过程及堆栈的内容均一样。

5. 字节-字转换指令

CBW 指令能将 AL 的符号位(bit7)扩展到整个 AH 中,即将字节转换成一个字。例如:

```
MOV  AL,4FH
CBW
```

在执行完 CBW 之后,AX=004FH。

CWD 指令是将 AX 的符号位(bit15)扩展到整个 DX,即将字转换成双字。例如:

```
MOV  AX,834EH
CWD
```

在执行完 CWD 之后,DX=FFFFH,DXAX=FFFF834EH。

上述 5 类指令的执行不影响标志位。

6. 标志寄存器传送指令

1) LAHF 指令

该指令将标志寄存器的低字节传送到 AH 中。

2) SAHF 指令

该指令将 AH 的内容传送到标志寄存器的低字节。

3) PUSHF 指令

该指令将标志寄存器的内容压入堆栈。

4) POPF 指令

该指令的功能是由堆栈弹出一个字放入标志寄存器。

利用上面的指令可以设置标志寄存器中的标志位。例如,下面的指令可使 T 标志置 1 而其他标志不变:

```
PUSHF
POP   AX
OR    AH,01H
PUSH  AX
POPF
```

程序中 OR 为或指令,后面将对其进行说明。

7. 换码指令

执行 XLAT 指令是在 DS 决定的数据段中以 BX 的内容与 AL 的内容相加作为偏移地址来构成内存地址。也就是 DS×16+BX+AL 为内存地址,由该地址取一个字节放在 AL 中。该指令用于将一种代码转换为另一种代码。

2.2.2 算术指令

8086(88)可提供加、减、乘、除 4 种基本算术运算的操作指令。这些指令可实现字节或字的运算,也可以用于符号数和无符号数的运算。

8086(88)还提供各种校正操作,因此可以进行十进制的算术运算。

进行加、减运算的源操作数和目的操作数的关系如图 2.3 所示。

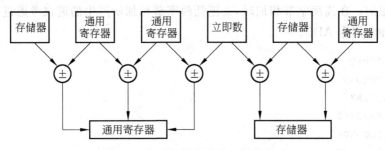

图 2.3　加减运算操作数之间的关系

1. 加法指令

1) ADD 指令(加法)

ADD　OPRD1,OPRD2

这条指令完成两个操作数相加,结果送至目的操作数 OPRD1,即

OPRD1←OPRD1+OPRD2

目的操作数可以是累加器、任一通用寄存器或存储器中的操作数。

具体地说,该指令可以实现累加器操作数与立即数、任一通用寄存器或存储单元的内容相加,其和放回累加器中,例如:

```
ADD   AL,30
ADD   AX,3000H
ADD   AX,SI
ADD   AL,DATA[BX]
```

该指令也可以实现任一通用寄存器操作数与立即数、累加器、别的寄存器或存储单元的内容相加,其和放回寄存器中,例如:

```
ADD   SI,AX
ADD   DI,CX
ADD   DX,DATA[BX+SI]
```

该指令还可以实现存储器操作数与立即数、累加器或别的寄存器的内容相加,其和放回存储单元中,例如:

```
ADD   BETA[SI],100
ADD   BETA[SI],DX
```

上述所有加法指令执行时,对标志位 CF、OF、PF、SF、ZF 和 AF 都会产生影响。

2) ADC 指令(带进位加法)

这条指令与 ADD 指令基本相同,只是在对两个操作数进行相加运算时还应加上进位标志的当前值,然后将结果送至目的操作数。

ADC 指令主要用于多字节（多字）运算。在 8086(88) 中可以进行 8 位运算，也可以进行 16 位运算。但是，16 位二进制数的表达范围仍然是有限的，为了扩大数的表达范围，仍然需要多字节运算。例如，两个 4 字节的数相加应分两次进行。先进行低两字节的相加，然后做高两字节的相加。在高两字节相加时，要把低两字节相加所产生的进位考虑进去，这就要用到带进位的加法指令 ADC。

```
MOV   AX,FIRST
ADD   AX,SECOND
MOV   THIRD,AX
MOV   AX,FIRST+2
ADC   AX,SECOND+2
MOV   THIRD+2,AX
```

该指令对标志位的影响与 ADD 指令对标志位的影响相同。

3）加 1 指令

INC   OPRD

这条指令对指定的操作数进行加 1 操作，在循环程序中常用于修改地址指针和循环次数等。其操作数可以在通用寄存器中，也可以在内存单元中。

该指令执行结果对标志位 AF、OF、PF、SF 和 ZF 有影响，而对 CF 位不产生影响。例如：

```
INC   AL
INC   BYTE  PTR [SI]
```

2. 减法指令

1）SUB 指令（减法）

SUB   OPRD1,OPRD2

该指令实现两个操作数的相减，即从 OPRD1 中减去 OPRD2，其结果放于 OPRD1 中。

具体地说，该指令可以实现从累加器操作数中减去立即数，从寄存器或内存操作数中减去立即数，从寄存器操作数中减去寄存器或内存操作数，以及从寄存器或内存操作数中减去寄存器操作数等，其类型完全与 ADD 指令相同。例如：

```
SUB   CX,BX
SUB   [BP+2],CL
```

2）SBB 指令（带借位减）

该指令与 SUB 相类似，只是在两个操作数相减时还应减去借位标志 CF 的当前值。与 ADC 一样，这条指令主要用于多字节的减法运算，在前面的 4 字节加法运算的例子中，若用 SUB 代替 ADD，用 SBB 代替 ADC，就可以实现两个 4 字节的减法运算。

该指令对标志位 AF、CF、OF、PF、SF 和 ZF 都将产生影响。

3）减 1 指令

DEC   OPRD

该指令实现对操作数的减 1 操作,所用的操作数可以在寄存器中,也可以在内存单元中。在相减时,把操作数看作无符号的二进制数。该指令的执行结果将影响标志位 AF、OF、PF、SF 和 ZF,但对 CF 标志不产生影响。例如:

```
DEC  BX
DEC  WORD  PTR  [DI]
```

4)求补指令

NEG OPRD

该指令用来对操作数进行求补操作,即用零减去操作数,然后将结果送回。例如:

```
NEG  AL
NEG  MULRE
```

该指令影响标志位 AF、CF、OF、PF、SF 和 ZF,执行结果一般总是使标志位 CF=1,除非在操作数为零时,才会使 CF=0。

5)比较指令

CMP OPRD1,OPRD2

该指令为比较指令,完成 OPRD1-OPRD2 的操作,这一点它与减法指令 SUB 相同,而且相减结果也同样反映在标志位上。但是比较指令 CMP 与减法指令 SUB 的主要不同点是 CMP 执行两个操作数相减后不回送结果,即执行比较指令前后两个操作数的内容不变。

比较指令可以用于累加器与立即数、累加器与任一通用寄存器或任一内存操作数之间的比较。例如:

```
CMP  AL,100
CMP  AX,SI
CMP  AX,DATA[BX]
```

该指令还可以用于内存操作数与立即数或任一寄存器中操作数之间的比较,例如:

```
CMP  DATA,100
CMP  COUNT[SI],AX
CMP  POINTER[DI],BX
```

比较指令主要用来确定两个数之间的关系,如两者是否相等,两个中哪一个大等。在执行比较指令以后,通常要对标志位进行检查。标志位的不同状态代表着两个操作数的不同关系。例如,标志位 ZF=1 表明两个进行比较的操作数是相等的。

如果对两个无符号数进行比较,则在比较指令之后,可以根据 CF 标志位的状态来判断两个数的大小。例如,比较指令

```
CMP  AX,BX
```

执行以后,若 CF 标志位置位,则可以确定 AX 中的数小于 BX 中的数;反之则 AX 中的数大于或等于 BX 中的数。

在程序设计中利用比较指令产生程序转移的条件。CPU 中有专门的指令来判断上述

条件并产生转移。

例如,若自 BLOCK 开始的内存缓冲区中有 100 个带符号的十六位数,希望找到其中最大的一个值,并将它放到 MAX 单元中。

编制该程序的思路是这样的:先把数据块中的第一个数取到 AX 中,然后从第二个数开始,依次与 AX 中的内容进行比较。若 AX 中的值大,则接着比较;若 AX 中的值小,则把内存单元中的大数送到 AX 中。这样经过 99 次比较,在 AX 中必然存放着数据块中最大的一个数,然后利用传送指令将它放到 MAX 单元中。

这是一个循环程序。循环程序开始应置初值,包括循环次数为 99 次。在循环体中应包括比较指令和转移控制指令。满足上述功能要求的程序如下:

```
        MOV   BX,OFFSET  BLOCK
        MOV   AX,[BX]
        INC   BX
        INC   BX
        MOV   CX,99
AGAIN:  CMP   AX,[BX]
        JG    NEXT
        MOV   AX,[BX]
NEXT:   INC   BX
        INC   BX
        DEC   CX
        JNE   AGAIN
        MOV   MAX,AX
        HLT
```

8086(88)除了上述的算术运算指令以外,还有几条乘、除法指令和校正指令。

3. 乘法指令

8086(88)的乘法指令分为无符号数乘法指令和带符号数乘法指令两种。

1) 无符号数乘法指令 MUL

(1) 8 位乘法

被乘数隐含在 AL 中,乘数为 8 位寄存器或存储单元的内容,乘积一定放在 AX 中。例如:

```
MUL  BL
```

(2) 16 位乘法

被乘数隐含在 AX 中,乘数为 16 位寄存器或两个顺序存储单元构成的 16 位字,乘积放在 DX 和 AX 连在一起构成的 32 位寄存器中。例如:

```
MUL  CX
```

2) 带符号数乘法指令 IMUL

这是一条带符号数的乘法指令,它和 MUL 一样可以进行字节和字节、字和字的乘法运算(即 8 位带符号数乘法和 16 位带符号数乘法)。结果放在 AX 或 DX 和 AX 连在一起构成的寄存器中。当结果的高半部分不是结果的低半部分的符号扩展时,标志位 CF 和 OF

将置位。

4. 除法指令

除法指令包括无符号除法指令和带符号除法指令。

1) 无符号除法指令 DIV

可实现 8 位除法和 16 位除法运算。

(1) 8 位除法

被除数隐含在 AX 中,除数可以是 8 位寄存器或存储单元的 8 位无符号数,指令执行结果商放在 AL 中,余数放在 AH 中。例如:

```
MOV  AX,1000
MOV  BL,190
DIV  BL
```

则在 AL 中有商为 5,而 AH 中有余数 50。

(2) 16 位除法

被除数放在 DX 和 AX 连到一起的 32 位寄存器中(隐含),除数为 16 位寄存器的内容或两个连续存储单元构成的 16 位字,商放在 AX 中,余数放在 DX 中。例如:

```
MOV  AX,1000
CWD
MOV  BX,300
DIV  BX
```

则执行结果 AX=3,DX=100。

2) 带符号除法指令 IDIV

该指令是带符号的除法指令。两数相除后,余数的符号与被除数的符号相同,其他同 DIV 指令。

5. 调整指令

8086(88)的调整指令主要用于十进制数的调整。

AAA 指令对 AL 中的 ASCII 未压缩的十进制数之和进行调整。

AAS 指令对 AL 中的 ASCII 未压缩的十进制数之差进行调整。

AAD 指令在除法指令前对 AX 中的 ASCII 未压缩的十进制数进行调整。

AAM 指令对 AX 中的两个 ASCII 未压缩十进制数相乘结果进行调整。

DAA 指令对 AL 中的两个压缩十进制数之和进行调整,得到压缩十进制和。

DAS 指令对 AL 中的两个压缩十进制数之差进行调整,得到压缩十进制差。

2.2.3 逻辑运算和移位指令

这类指令包括逻辑运算、移位和循环移位 3 部分指令。

1. 逻辑运算指令

1) NOT 指令

该指令对操作数进行求反操作,然后将结果送回。操作数可以是寄存器或存储器的内容。该指令对标志位不产生影响。例如:

```
NOT   AL
```

2) AND 指令

该指令对两个操作数进行按位相"与"的逻辑运算。即只有参加相"与"的两位全为"1"时,相"与"的结果才为"1";否则相"与"的结果为"0"。指令将相"与"结果送回目的操作数地址中。

AND 指令可以进行字节操作,也可以进行字操作。AND 指令的一般格式为:

AND   OPRD1,OPRD2

其中,目的操作数 OPRD1 可以是累加器操作数、任一通用寄存器操作数或内存操作数,源操作数 OPRD2 可以是立即数、寄存器操作数或内存操作数。例如:

```
AND   AL,0FH
AND   AX,BX
AND   AX,DATA_WORD
AND   DX,BUFFER[SI+BX]
```

某一个操作数,如果自己与自己相"与",则操作数不变,但可以使进位标志位 CF 清 0。

AND 指令主要用于使操作数若干位不变,而使某些位为 0 的场合。此时,不变的那些位应和 1 相"与",而需要置 0 的那些位应与 0 相"与"。例如,要使 AL 中的最低两位清 0,而其他位不变,可以使用如下的相"与"指令:

```
AND   AL,0FCH
```

该指令执行以后,标志位 CF=0,OF=0。标志位 PF、SF 和 ZF 反映操作的结果,而标志位 AF 未定义。

3) TEST 指令

该指令的操作功能与 AND 指令相同,但不送回结果,其结果将反映在标志位上,即 TEST 指令将不改变操作数的值,只影响 CF、PF、ZF、SF 和 OF 标志位。

这条指令通常是在不希望改变操作数的前提下用来检测某一位或某几位的状态。TEST 指令的一般格式为:

TEST   OPRD1,OPRD2

例如,检测 AL 中的最低位是否为 1,若为 1 则转移。在这种情况下可以用如下指令:

```
        TEST  AL,01H
        JNZ   THERE
          ⋮
THERE:  MOV   BL,05H
```

4) OR 指令

该指令对两个操作数进行按位相"或"的逻辑操作,即进行相"或"的两位中的任一位如果为 1 时,则相"或"的结果为 1;如果两位都为 0 时,其结果才为 0。OR 指令的操作结果将送回目的操作数的地址中。

OR 指令允许对字节或字进行相"或"运算。

OR 指令使标志位 CF＝0，CF＝0；相"或"操作的结果反映在标志位 PF、SF 和 ZF 上；对 AF 标志位未定义。

OR 指令的一般格式为：

OR OPRD1,OPRD2

其中，目的操作数 OPRD1 可以是累加器操作数、任一通用寄存器操作数或内存操作数。源操作数 OPRD2 可以是立即数、寄存器操作数或内存操作数，例如：

```
OR  AL,30H
OR  AX,00FFH
OR  BX,SI
OR  BX,DATA_WORD
```

操作数自身相"或"将不改变操作的值，但可使进位标志位 CF 清 0。

相"或"操作主要用于要求使某一操作数的若干位不变，而另外某些位置 1 的情况。请注意，需维持不变的位应与 0 相"或"，而需置 1 的位应与 1 相"或"。

利用"或"操作可以对两个操作数进行状态组合。这一点在微型计算机控制系统中经常用到。

5）XOR 指令

该指令对两个操作数进行按位"异或"操作，即进行"异或"操作的两位值不同时，其结果为 1；否则为 0，操作结果送回目的操作数的地址中。

XOR 指令的一般形式为：

XOR OPRD1,OPRD2

其中，目的操作数 OPRD1 可以是累加器操作数、任一个通用寄存器操作数或内存操作数。源操作数可以是立即数、寄存器操作数或内存操作数。例如：

```
XOR  AL,0FH
XOR  AX,BX
XOR  BUFFER[BX+SI],AX
```

当操作数自身进行"异或"时，由于每一位都相同，因此"异或"结果一定为 0，且使进位标志也为 0，这是对操作数清 0 的常用方法。例如：

```
XOR  AX,AX
XOR  SI,SI
```

指令执行后可使 AX 和 SI 清零。

若要求一个操作数中的若干位维持不变，而某一些位取反时，就可用"异或"操作来实现。要维持不变的那些位应与 0 相"异或"，而要取反的那些位应与 1 相"异或"。

XOR 指令执行后，标志位 CF＝0，OF＝0；标志位 PF、SF 和 ZF 将反映"异或"操作的结果。标志 AF 未定义。

2. 移位指令

8086(88)有 3 条移位指令：算术左移和逻辑左移指令 SAL/SHL、算术右移指令 SAR

和逻辑右移指令 SHR。

这 3 条指令可以对寄存器操作数或内存操作数进行指定次数的移位,可以进行字节操作,也可以进行字操作。这些指令可以一次只移 1 位,也可以按 CL 寄存器中的内容所指定的次数移位。

1) SAL/SHL 指令

SAL/SHL OPRD,m ;m 是移位次数,可以是 1 或寄存器 CL 中的内容

这两条指令的操作是完全一样的。每移位一次在右面最低位补一个 0,而左面最高位则移入标志位 CF,如图 2.4 所示。

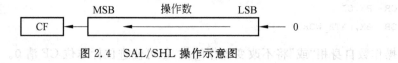

图 2.4　SAL/SHL 操作示意图

在左移次数为 1 的情况下,若移位后操作数的最高位与标志位 CF 不相等,则溢出标志位 OF=1;否则 OF=0。这主要用于判别移位前和移位后的符号位是否一致。标志位 PF、SF 和 ZF 表示移位以后的结果。

2) SAR 指令

SAR OPRD,m ;m 是移位次数,可以是 1 或寄存器 CL 中的内容

该指令每执行一次移位操作就使操作数右移一位,但符号位保持不变,而最低位移至标志位 CF,如图 2.5 所示。

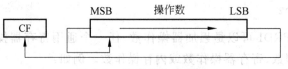

图 2.5　SAR 操作示意图

SAR 可移位的次数由 m 所指定,结果影响标志位 CF、OF、PF、SF 和 ZF。

3) SHR 指令

SHR OPRD,m ;m 是移位次数,可以是 1 或寄存器 CL 中的内容

该指令每执行一次移位操作就使操作数右移一位,最低位移至标志位 CF 中。与 SAR 不同的是,左面的最高位将补 0,如图 2.6 所示。

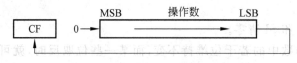

图 2.6　SHR 操作示意图

该指令可以执行由 m 所指定的移位次数,结果影响标志位 CF、OF、PF、SF 和 ZF。

3. 循环移位指令

8086(88)有 4 条循环移位指令:左循环移位指令 ROL、右循环移位指令 ROR、带进位

左循环移位指令 RCL 和带进位右循环移位指令 RCR。

前两条循环指令未把标志位 CF 包含在循环中;后两条循环指令把标志位 CF 也包含在循环中,作为整个循环的一个部分。

循环指令可以进行字节操作,也可以进行字操作。操作数可以是寄存器,也可以是内存单元。可以循环一次,也可以由寄存器 CL 的内容来决定循环次数。

1) ROL 指令

ROL OPRD,m ;m 是移位次数,可以是 1 或寄存器 CL 中的内容

该指令每做一次移位,总是将最高位移入进位 CF 中,并将最高位移入操作数的最低位,从而构成一个环,如图 2.7 所示。

图 2.7 ROL 操作示意图

当规定的循环次数为 1 时,若循环以后的操作数的最高位不等于标志位 CF,则溢出标志位 OF=1;否则 OF=0。这可以用来判断移位前后的符号位是否改变了。

该指令只影响标志位 CF 和 OF 位。

2) ROR 指令

ROR OPRD,m ;m 是移位次数,可以是 1 或寄存器 CL 中的内容

该指令每做一次移位,总是将最低移入进位标志位 CF 中,另外,还将最低位移入操作数的最高位,从而构成一个环,如图 2.8 所示。

图 2.8 ROR 操作示意图

当规定的循环次数为 1 时,若循环移位后操作数的最高位和次高位不相等,则标志位 CF=1;否则 OF=0。这可以用来判别移位前后操作数的符号是否有改变。

该指令只影响 CF 和 OF 标志位。

3) RCL 指令

RCL OPRD,m ;m 是移位次数,可以是 1 或寄存器 CL 中的内容

该指令是把标志位 CF 包含在内的循环左移指令。每移位一次,操作数的最高位移入进位标志位 CF 中,而原来 CF 的内容则移入操作数的最低位,从而构成一个大环,如图 2.9 所示。

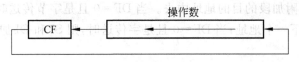

图 2.9 RCL 操作示意图

只有在规定循环次数为 1 时,若循环移位后的操作数的最高位与标志位 CF 不相等,则 OF=1;否则 OF=0。这可以用来判别循环移位前后的符号位是否发生了改变。

该指令只影响标志位 CF 和 OF。

4) RCR 指令

RCR   OPRD,m ;m 是移位次数,可以是 1 或寄存器 CL 中的内容

该指令是把进位标志位 CF 包含在内的右循环指令。每移位一次,标志位 CF 中的原内容就移入操作数的最高位,而操作数的最低位则移入标志位 CF 中,如图 2.10 所示。

图 2.10   RCR 操作示意图

只有当规定的循环次数为 1 时,在循环移位以后,若操作数的最高位与次高位不同,则 OF=1;否则 OF=0。这可以用来判别循环移位前后的符号位是否有改变。

该指令只影响标志位 CF 和 OF。

在左移操作时,每左移一位,只要左移以后的数未超出一个字节或一个字所能表示的数值范围,则相当于原来的数乘以 2;而右移一位相当于原来的数除以 2,例如:

```
MOV  AL,08H
SAL  AL,1    ;左移一位,相当于乘以 2,该指令执行后,AL 中的内容为 16
MOV  AL,16   ;右移一位,相当于除以 2
SAR  AL,1    ;该指令执行后,AL 中的内容为 8
```

2.2.4   串操作指令

在存储器中存放的一串字或字节可以是二进制数,也可以是 BCD 码或 ASCII 码。它们存放在某一个连续的内存区中,若对它们的每个字或字节均做同样的操作,就称为串操作。把能完成这样功能的指令称为字符(或字)串操作指令,或简称为串操作指令。

在串操作中,一般假定源串在数据段中(DS),而目的串在附加段中(ES),用 SI 作指针对源串寻址,用 DI 作指针对目的串寻址。在每做一次串操作后,若是对字节进行操作,则 SI 和 DI 的值会自动加 1 或减 1;若是对字进行操作,则 SI 和 DI 的值就自动加 2 或减 2,是加还是减由标志寄存器的方向标志位决定。若 DF=0,则做加;否则,则做减。在操作前可用 STD 指令使 DF 位置 1,也可以用 CLD 指令使 DF 位清 0。

1. MOVS/MOVSB/MOVSW 指令

该类指令是串传送指令,用于内存区之间字节串或字串的传送。

该类指令在执行时,将把当前数据段中用 SI 指针指出的源串的一个字节或一个字传送到用 DI 指针指向的附加段的目的地址中去。当 DF=0 且是字节传送时,则传送后 SI 和 DI 加 1,以使指针指向下一个地址;当 DF=0 且是字传送时,则 SI 和 DI 加 2。若 DF=1,则 SI 和 DI 减 1 或减 2。

可见,上述指令只做两件事:字节或字从源地址传送到目的地址;修改地址。做完这两

件事,这条指令就执行完了。该类指令的一般格式为:

```
MOVS   OPDR1,OPRR2    ;ORDR2 是源串,OPDR1 是目的串
MOVSB                 ;字节传送
MOVSW                 ;字传送
```

2. CMPS/CMPSB/CMPSW 指令

该类指令是串比较指令,常用于内存区之间的数据、字符等的比较。

该类指令在执行时,将当前数据段由 SI 所指出的字节和字同当前附加段中由 DI 所指出的目的串的字节或字进行比较,比较的结果只影响标志位。该指令对操作数不产生影响。

执行该指令就是由 DS 和 SI 所决定的源操作数(字节或字)减去由 ES 和 DI 所决定的目的操作数(字节或字),相减的结果只影响标志而不进行传送。

该指令在执行后也将使 SI 和 DI 加减 1 或 2,具体由 DF 的值决定。该类指令的一般格式为:

```
CMPS   OPRD1,OPRD2    ;OPRD1 是源串,OPRD2 是目的串
CMPSB                 ;字节比较
CMPSW                 ;字比较
```

同样,上述指令每执行一次仅做两件事:两字节或字比较(相减);自动修改地址。

3. SCAS/SCASB/SCASW 指令

该类指令是串扫描指令或串搜索指令,用于寻找内存区中指定的数据或字符。

该类指令在执行时,将 AL 或 AX 的值减去附加段中由 DI 所指定的字节或字,结果将改变标志位,但不改变操作数的值。目的串指针 DI 将作修改,修改规则同上。

该类指令的一般格式为:

```
SCAS   OPRD
SCASB                 ;字节操作
SCASW                 ;字操作
```

4. LODS/LODSB/LODSW 指令

该类指令是串装入指令。它将由 DS 和 SI 所指定的源串字节或字装入到累加器 AL 或 AX 中,并根据 DF 的值修改指针 SI,以指向下一个要装入的字节或字。

该类指令的一般格式为:

```
LODS   OPRD           ;OPRD 为源串
LODSB                 ;字节操作
LODSW                 ;字操作
```

5. STOS/STOSB/STOSW 指令

该类指令是字串存储指令。它将 AL 或 AX 中的字节或字存储到由 ES 和 DI 所指定的附加段的存储单元中去,且根据 DF 的值来修改 DI。

该类指令的一般格式为:

```
STOS   OPRD           ;OPRD 为目的串
STOSB                 ;字节操作
```

```
STOSW                    ;字操作
```

上面提到的所有指令每执行一次均只做两件事：完成某种操作；自动修改地址。因此，这些指令并未能对一串数据进行连续操作。若想实现对串数据连续进行操作，则可以利用下面的重复前缀来实现。

6. 重复前缀 REP

REP 是串操作指令的重复前缀。当某一条串指令需要多次重复时，就可以加上该前缀。重复次数应放在寄存器 CX 中。这样每重复执行一次，CX 内容减 1，直到 CX＝0 才停止重复。例如：

```
MOV  DX,8000H
MOV  DS,DX
MOV  DX,4000H
MOV  ES,DX
MOV  SI,1000H
MOV  DI,3000H
MOV  CX,2000H
CLD              ;使 DF= 0
REP  MOVSB
HLT              ;停机指令
```

上面的程序用了重复前缀，可将 81000H 开始的顺序 8KB 单元的内容传送到 43000H 开始的顺序 8KB 单元中。

7. 条件重复前缀 REPE/REPNE

它们是条件重复前缀。当条件满足时，才重复执行后面的串指令；一旦条件不满足，重复就停止。

REPE 前缀是相等重复前缀，即重复执行其后面的指令，每执行一次，CX−1→CX，若 CX≠0，并且指令执行结果使 ZF＝1，则串指令就重复执行。只要 CX≠0 和 ZF＝1 这两个条件有一个条件不满足，重复立即停止。

REPNE 前缀是不相等重复前缀，即重复执行其后面的指令，每执行一次，CX−1→CX，若 CX≠0，并且指令执行结果使 ZF＝0，则串指令就重复执行。只要 CX≠0 和 ZF＝0 这两个条件有一个条件不满足，重复立即停止。

上述两条前缀有两个等效的名字 REPZ/REPNZ，两者都可使用，具有相同的效果。

条件重复前缀通常用在 CMPS 和 SCAS 串操作指令之前，用以判断这些指令的执行结果。例如，在上面利用 REP 前缀进行内存数据块搬移的基础上，现在要测试搬移的结果是否正确。若全对，则使 CL＝00H；若有错，使 CL＝EEH，程序如下：

```
MOV   SI,1000H
MOV   DI,3000H
MOV   CX,2000H
REPE CMPSB
JCXZ NEXT
MOV   CL,0EEH
JMP   ERROR        ;发现有错,转到 ERROR
```

```
NEXT: MOV   CL,00H        ;传送全对,则转到此
```

2.2.5　程序控制指令

该类指令主要是指程序转移、子程序调用、返回等一系列重要指令。

8086(88)使用 CS 段寄存器和 IP 指令指针寄存器的值来寻址,用以取出指令并执行之。转移类指令可改变 CS 与 IP 的值或仅改变 IP 的值,以改变指令执行的顺序。

1. 无条件转移、子程序调用和返回指令

这些指令都将引起程序执行顺序的改变。转移有段内和段间转移之分。所谓段内转移是指段地址不变,仅 IP 发生改变;而在段间转移时,CS 和 IP 均发生改变。

1) 无条件转移指令 JMP

该指令分直接转移和间接转移两种。直接转移又可分短程(SHORT)、近程(NEAR)和远程(FAR)3 种形式。当程序执行到 JMP 指令时,就无条件地转移到所指的目的地址。该指令的一般格式为:

JMP   OPRD   ;OPRD 是转移的目的地址

(1) 直接转移

直接转移的 3 种形式为:

① 短程转移

JMP   SHORT   NEXT

在短程转移中,目的地址与 JMP 指令所处的地址的距离应在 −128~127 范围之内。

② 近程转移

JMP   NEAR   PTR   LOOP1

或

JMP   LOOP1   ;NEAR 可省略

近程转移的目的地址与 JMP 指令应处于同一地址段范围之内。近程转移的 NEAR 可以省略。

③ 远程转移

```
JMP   FAR   PTR   LOOP2
```

远程转移是段间转移,目的地址与 JMP 指令所在地址不在同一段内。执行该指令时要同时修改 CS 和 IP 的内容。

(2) 间接转移

间接转移指令的目的地址可以由存储器或寄存器给出。

① 段内间接转移指令,例如:

```
JMP   CX
JMP   WORD   PTR [BX]
```

② 段间间接转移指令,例如:

```
JMP   DWORD   PTR [BP][DI]
```

该指令指定的双字指针的第一个字单元内容送入 IP,第二个字单元内容送出 CS,所定义的单元必定是双字单元。

2) 调用和返回指令

子程序调用指令 CALL 用来调用一个过程或子程序。当调用的过程或子程序结束时,可使用返回指令 RET 使程序从调用的过程或子程序返回。由于过程或子程序有段间调用(即远程 FAR)和段内调用(即近程 NEAR)之分,所以 CALL 也有 FAR 和 NEAR 之分,这由被调用过程的定义所决定,因此 RET 也分段间和段内返回两种。

调用指令一般格式为:

```
CALL   NEAR   PTR   OPRD      ;段内调用
CALL   FAR   PTR   OPRD       ;段间调用
```

其中 OPRD 为被调用的过程或子程序的首地址。

在段内调用时,CALL 指令是将当前 IP 内容压入堆栈,而后转到子程序。当子程序执行到 RET 指令而返回时,从堆栈中取出前面压入的一个字放入 IP 中。在段间调用时,CALL 指令先把 CS 压入堆栈,再把 IP 压入堆栈,而后转到子程序。当执行 RET 指令返回时,从堆栈中取出前面压入的一个字放入 IP 中,然后再从堆栈中取出第二个字放入 CS 中,作为段间返回地址。

下面举两个使用近程调用指令和远程调用指令的实例。

```
;主程序 (近程调用)
        ⋮
        CALL   NEAR   PTR   PROAD
        ⋮
;过程 PROAD 定义
PROAD PROC   NEAR
        PUSH   AX
        PUSH   CX
        PUSH   SI
        LEA    SI,ARY
        MOV    CX,COUNT
        XOR    AX,AX
NEXT:   ADD    AX,[SI]
        ADD    SI,2
        LOOP   NEXT
        MOV    SUM,AX
        POP    SI
        POP    CX
        POP    AX
        RET
PROAD ENDP
```

可以看到,CALL 指令出现在主程序中,而 RET 指令在子程序中。子程序调用时,由于是近程调用(主程序与子程序同在一个内存代码段中),压入堆栈中的 IP 的内容一定指向 CALL 指令的下一条指令的首地址。当子程序执行 RET 指令时,将该首地址弹回到 IP 中, 则一定回到 CALL 的下一条指令上执行(主程序)。

```
        ;主程序(远程调用)
              ⋮
                CALL  FAR  PTR  PROADD
              ⋮
        ;过程 PROADD 定义(远程调用过程)
PROADD    PROC  FAR
                PUSH  AX
                PUSH  CX
                PUSH  SI
                PUSH  DI
                MOV   SI,[BX]
                MOV   DI,[BX+2]
                MOV   CX,[DI]
                MOV   DI,[BX+4]
                XOR   AX,AX
NEXT1:          ADD   AX,[SI]
                ADD   SI,2
                LOOP  NEXT1
                MOV   [DI],AX
                POP   DI
                POP   SI
                POP   CX
                POP   AX
                RET
PROADD    ENDP
```

在上例中,由于是远程调用,说明主程序和子程序不在同一内存代码段中。调用时,将 CALL 指令的下一条指令的首地址(CS 和 IP)压入堆栈。子程序结束时,利用 RET 指令再 返回到这条指令上执行。

2. 条件转移指令

8086(88)有 18 条不同的条件转移指令。它们根据标志寄存器中各标志位的状态决定 程序是否进行转移。条件转移指令的目的地址必须在现行的代码段(CS)内,并且以当前指 令指针寄存器 IP 的内容为基准,转移范围在+127~−128 之内,因此条件转移指令的范围 是有限的,不像 JMP 指令那样可以转移到内存的任何一个位置上。转移指令格式比较简 单,如表 2.1 所示。

表 2.1 条件转移指令的格式和条件

指令助记符格式		条件说明	测试标志
JZ/JE	OPRD	结果为零	ZF=1
JNZ/JNE	OPRD	结果不为零	ZF=0
JS	OPRD	结果为负	SF=1

指令助记符格式		条件说明	测试标志
JNS	OPRD	结果为正	SF＝0
JP/JPE	OPRD	结果中 1 的个数为偶数	PF＝1
JNP/JPO	OPRD	结果中 1 的个数为奇数	PF＝0
JO	OPRD	结果溢出	OF＝1
JNO	OPRD	结果无溢出	OF＝1
JB/JNAE,JC	OPRD	结果低于/不高于或不等于(无符号)	CF＝1
JNB/JAE,JNC	OPRD	结果不低于/高于或等于(无符号)	CF＝0
JBE/JNA	OPRD	结果低于或等于/不高于(无符号)	CF∨ZF＝1
JNBE/JA	OPRD	结果不低于或不等于/高于(无符号)	(CF＝0)∧(ZF＝0)
JL/JNGE	OPRD	结果小于/不大于或不等于(带符号)	SF∨OF＝1
JNL/JGE	OPRD	结果不小于/大于或等于(带符号)	SF∨OF＝0
JLE/JGE	OPRD	结果小于或等于/不大于(带符号)	(SF∨OF)∨ZF＝1
JNLE/JG	OPRD	结果不小于等于/大于(带符号)	(SF∨OF)∨ZF＝0

从表 2.1 可以看到,条件转移指令是根据两个数的比较结果和某些标志位的状态来决定转移的。

在条件转移指令中,有的根据对符号数进行比较和测试的结果实现转移。这些指令通常对溢出标志位 OF 和符号标志位 SF 进行测试。对无符号数而言,这类指令通常测试标志位 CF。对于带符号数分大于、等于或小于 3 种情况;对于无符号数分高于、等于或低于 3 种情况。在使用这些条件转移指令时,一定要注意被比较数的具体情况及比较后所能出现的预期结果。对于初学者来说,对带符号数进行比较后,最好使用带符号数的转移指令;对无符号数进行比较后,最好使用无符号数的转移指令。

有的指令既能用于带符号数也能用于无符号数,如 JZ/JE 和 JNZ/JNE。

还有专门测试 CX 的转移指令 JCXZ。

3. 循环控制指令

这类指令用于控制程序的循环,其控制转向的目的地址是在以当前 IP 内容为中心的 $-128 \sim +127$ 的范围内。这类指令用 CX 作计数器,每执行一次指令,CX 内容减 1。有以下 3 条循环控制指令:

```
LOOP  OPRD
```

每执行一次则 CX 减 1,CX≠0 循环。

```
LOOPE/LOOPZ  OPRD
```

每执行一次则 CX 减 1,CX≠0 且前面指令的执行结果使 ZF＝1,则循环;两者之一或同时不满足,则停止循环。

```
LOOPNE/LOOPNZ  OPRD
```

每执行一次则 CX 减 1,CX≠0 且前面指令的执行结果使 ZF＝0,则循环;两者之一或同时不满足,则停止循环。

后两条指令常用在比较指令之后。

4. 软中断指令及中断返回指令

在 8086(88)的微型计算机系统中,当程序执行到中断指令 INT 时,便中断当前程序的执行,转向由 256 个中断向量码(或称中断类型码)所提供的中断入口地址之一去执行。

软中断指令的一般格式为:

INT OPRD ;OPRD 可以取 00H~FFH 中的值,即中断向量码

该指令在执行时,首先将当前的标志寄存器的一个字压入堆栈,并且清除标志位 IF 和 TF,接着将代码段寄存器 CS 压入堆栈,然后再将 IP 压入堆栈,这样就完整地保护了中断点的状态,以便返回。保护好断点以后,就转向中断向量表,即从 OPRD×4 地址开始,取一个字放入 IP,再从 OPRD×4+2 地址取一个字放入 CS,此后就从该中断起始地址开始执行中断处理程序。详细情况见第 4 章。

中断处理程序在结束时要再执行一条中断返回指令 IRET 才可返回原程序。在执行 IRET 指令时,将从堆栈中取出原先压入的指针寄存器 IP、代码段寄存器 CS 和标志寄存器中的内容,并恢复到相应寄存器中,这样就又可以返回到原中断点并接着原来的状态执行原来的程序。有关细节在稍后的章节中讲述。

INTO 是溢出中断指令。执行该指令,CPU 测试溢出标志位 OF。当溢出标志位 OF=1 时,便进入溢出中断处理程序,其中断响应过程和 INT 指令的响应过程相同;当 OF=0 时,不产生溢出中断,CPU 继续执行 INTO 下面的指令。

2.2.6 处理器控制指令

该类指令用来控制处理器与协处理器之间的交互作用,修改标志寄存器,以及使处理器与外部设备同步等。这类指令如表 2.2 所示。

表 2.2 处理器控制指令

汇 编 格 式		操 作
标志位操作指令	STC	置进位标志,使 CF=1
	CLC	清进位标志,使 CF=0
	CMC	进位标志求反
	STD	置方向标志,使 DF=1
	CLD	清方向标志,使 DF=0
	STI	开中断标志,使 IF=1
	CLI	清中断标志,使 IF=0
外部同步指令	HLT	使 8088 处理器处于停止状态,不执行指令
	WAIT	使处理器处于等待状态
	ESC	使协处理器可从 8086(88)指令流中取得它的指令
	LOCK	封锁总线指令,可放在任一指令前作为前缀
	NOP	空操作指令,处理器什么操作也不做

1. 标志位操作指令

该类指令共有 7 条,分别对 CF 位、DF 位及 IF 位进行操作。

2. 外部同步指令

1) 暂停指令 HLT

执行该指令将使 8086(88)处于暂停状态,只有在重新启动或一个外部中断发生时,8086(88)才能退出暂停状态。它常用来等待中断的到来。

2) 空操作指令 NOP

执行该指令并不产生任何结果,仅仅消耗 3 个时钟周期的时间,常用于程序的延时等。

3) 等待指令 WAIT

执行该指令,使 8086(88)处于空操作状态,但每隔 5 个时钟周期要检测一下 8086(88)的$\overline{\text{TEST}}$输入引脚。若该引脚为输入高电平时,则仍继续检测等待;若为低电平时,则退出等待状态。该指令主要用于 8086(88)与协处理器和外部设备之间的同步。

4) 封锁总线指令 LOCK

LOCK 是一个指令前缀,可放在任何一条指令的前面。这条指令在执行时封锁了总线的控制权,其他的处理器将得不到总线控制权,这个过程一直持续到指令执行完毕为止。它常用于多机系统。

5) 处理器交权指令 ESC

该指令执行时,可使协处理器从 8086(88)的指令流中取出一部分指令,并在协处理器上执行。该指令的一般格式为:

```
ESC   EXTERNAL_OPCODE,OPRD
```

执行这条指令,8086(88)除了取一个内存操作数并把其放在总线上以外,其他什么事也不做。

2.2.7　输入/输出指令

有的书中将输入/输出指令归属于传送指令。这里为了强调它的重要性,将它另立为一类指令,专门详细介绍。

这类指令是专门用于对接口进入输入/输出操作的,其一般格式为:

```
IN    ACC,PORT
OUT   PORT,ACC
```

1. 直接寻址

在这种方式之下,输入/输出指令中直接给出接口地址,且接口地址由一个字节表示。例如:

```
IN    AL,35H
OUT   44H,AX
```

由于指令中只能用一个字节表示接口地址,所以在此种寻址方式下可寻址的接口地址空间只有 256 个,即 00H～FFH。

2. 寄存器间接寻址

在这种情况下,接口地址由 16 位寄存器 DX 的内容来决定。例如:

```
MOV  DX,03F8H
IN   AL,DX
```

在上述指令中,表示由接口地址 03F8H(DX 的内容作为接口地址)读一个字节到 AL。

由于 DX 是一个 16 位的寄存器,其内容可以为 0000H~FFFFH,所以其接口的地址范围为 64K。

注意:直接寻址时,接口地址直接给出,最大为 256 个接口地址;寄存器间接寻址只能用 DX,最大可达 64K 个接口地址;在两种寻址方式下,字节传送只能用 AL,而字传送只能用 AX。

2.3 汇编语言

用指令的助记符、符号地址、标号和伪指令等符号编写程序的语言称为汇编语言。用这种汇编语言书写的程序称为汇编语言源程序,或简称源程序。把汇编语言源程序翻译成在机器上能执行的机器语言程序(目的代码程序)的过程称为汇编,完成汇编过程的系统程序称为汇编程序。

汇编程序在对源程序进行汇编的过程中,除了将源程序翻译成目的代码外,还能给出源程序书写过程中所出现的语法错误信息,如非法格式、未定义的助记符或标号、漏掉操作数等。另外,汇编程序还可以根据用户要求,自动分配各类存储区域(如程序区、数据区和暂存区等),自动进行各种进制的数到二进制数的转换,自动进行字符与相应的 ASCII 码的转换及计算表达式的值等。

汇编程序可以用汇编语言书写,也可以用其他高级语言书写。汇编程序的种类很多,但主要的功能是一样的。例如,在 PC 中常配有两种汇编程序 ASM 和 MASM。前者需要 64KB 内存支持,称为小汇编;后者则需要 96KB 内存支持,称为宏汇编。实际上后者是前者的功能扩展,它增加了宏处理功能、条件汇编及某些伪指令,并且可支持 8087 协处理器的操作。汇编程序也随着 CPU 的更新而不断更新,版本不断提高,而且是向上兼容的。

根据运行汇编程序的宿主机不同,汇编程序可以分为交叉汇编程序和驻留汇编程序两种。

(1) 交叉汇编程序:运行这种汇编程序的计算机与将要运行汇编后的目的程序的计算机是不同的。例如,汇编程序可以在 PC 系统上运行,而所汇编成的目的代码是在 MCS-51 系列微型计算机上执行的。

(2) 驻留汇编程序:运行这种汇编程序的微型计算机系统就是执行汇编后形成目的代码程序的系统。例如,在 PC 上对 8086(88)的汇编语言源程序进行汇编,汇编后的目的程序就在 PC 上执行。

2.3.1 汇编语言的语句格式

用汇编语言编写的源程序是由许多语句(也可称为汇编指令)组成的。每个语句由 1~4 个部分组成,其格式是:

[标号] 指令助记符 [操作数] [;注解]

其中用方括号括起来的部分可以有,也可以没有(请注意!方括号在语句中并不出现,只是为了便于解释而在此加的标注,在以后的格式说明中也采用此方法)。每个部分之间用空格(至少一个)分开,这些部分可以在一行的任意位置输入,一行最多可有 132 个字符,最好小于 80 个字符。

1. 标号(也称为名称)

这是给指令或某一存储单元地址所起的名字,名称可由下列字符组成:

字母:A~Z 或 a~z

数字:0~9

特殊字符:?、.、@、一、$

数字不能作名称的第一个字符,而圆点仅能用作第一个字符。标号最长为 31 字符。

当名称后跟冒号时表示是标号。它代表该行指令的起始地址,其他指令可以引用该标号作为转移的符号地址。

当名称后不带冒号时,有可能是标号,也可能是变量。伪指令前的名称不加冒号,当标号用于段间调用时,后面也不能跟冒号。例如:

段内调用

```
OUTPUT: IN AL,DX
```

段间调用

```
OUTPUT  IN  AL,DX
```

2. 指令助记符

它表示不同操作的指令,可以是 8086(88)的指令助记符,也可以是伪指令。如果指令带有前缀(如 LOCK、REP、REPE/REPZ 和 REPNE/REPNZ),则指令前缀和指令助记符要用空格分开。

3. 操作数

操作数是指令执行的对象。依指令的要求,可能有一个、两个或者没有。例如:

```
        RET                 ;无操作数
COUNT:  INC SI              ;一个操作数
        ADD CX,DI           ;两个操作数
```

如果是伪指令,则可能有多个操作数。例如:

```
COST    DB   3,4,5,6,7   ;5个操作数
```

当操作数超过 1 个时,操作数之间应用逗号分开。

操作数可以是常数、寄存器名、标号、变量,也可以是表达式,例如:

```
MOV     AX,[BP+4]          ;第二个操作数为表达式
```

4. 注解

该项可有可无,是为源程序所加的注解,用于提高程序的可读性。在注解前面要加分号,它可位于操作数之后,也可位于一行的开头。汇编时对注解不做处理,仅在列源程序清单时列出,供编程人员阅读。例如:

;读端口 B 数据

```
IN      AL,PORTB              ;读 B 口到 AL 中
```

注解一般都使用英文,在支持汉字的操作系统中也可使用中文。

2.3.2 常数

汇编语言语句中出现的常数可以有 7 种:

(1) 二进制数。后跟字母 B,如 01000001B。

(2) 八进制数。后跟字母 Q 或 O,如 202Q 或 202O。

(3) 十进制数。后跟 D 或不跟字母,如 85D 或 85。

(4) 十六进制数。后跟 H,如 56H,0FFH。注意,当数字的第一个字符是 A~F 时,在字符前添加一个数字 0 以示和变量的区别。

(5) 十进制浮点数。如 25E−2。

(6) 十六进制实数。后跟 R,数字的位数必须是 8、16 或 20。在第一位是 0 的情况下,数字的位数可以是 9、17 或 21,如 0FFFFFFFFR。

以上第(5)项和第(6)项中的两种数字格式只允许在 MASM 中使用。

(7) 字符和字符串。要求用单引号括起来,如'BD'。

2.3.3 伪指令

伪指令是用来对汇编程序进行控制,以实现对程序中的数据进行条件转移、列表以及存储空间分配等处理。其格式和汇编指令一样,但是一般不产生目的代码,即不直接命令 CPU 去执行什么操作,这就是"伪"的含义。伪指令很多,有七八十种,这里仅介绍常用的几种。有这几种伪指令,即可支持用户编写汇编语言源程序。

1. 定义数据伪指令

该类伪指令用来定义存储空间及其所存数据的长度。

DB 是定义字节伪指令,即每个数据是 1 个字节。

DW 是定义字伪指令,即每个数据占 1 个字(2 个字节)。

DD 是字义双字伪指令,即每个数据占 2 个字。低字部分在低地址,高字部分在高地址。

DQ 是字义 4 字长伪指令,即每个数据占 4 个字(8 个字节)。

DT 是定义 10 个字节长伪指令,用于压缩式十进制数。

例如:

```
DATA1 DB  5,6,8,100
```

表示从 DATA1 单元开始顺序存放 5、6、8、100,共占 4 个字节地址。

定义一个存储区时,也可以不放数据,如:

```
TABLE  DB  ?
```

表示在 TABLE 单元中存放的内容是随机的。

当一个定义的存储区内的每个单元要放置同样的数据时,可用 DUP 操作符。如:

```
BUFFER    DB   100   DUP(0)
```

表示在以 BUFFER 为首地址的 100 个字节中存放 00H 数据。

2. 符号定义伪指令 EQU

EQU 伪指令给符号定义一个值。在程序中,凡是出现该符号的地方,汇编时均用其值代替。如:

```
TIMES    EQU  50
DATA     DB   TIMES    DUP(?)
```

上述两个语句实际等效于如下一条语句:

```
DATA    DB   50   DUP(?)
```

3. 段定义伪指令 SEGMENT 和 ENDS

一般来说,一个完整的汇编源程序至少由 3 个段组成,即堆栈段、数据段和代码段。段定义伪指令可将源程序划分为若干段,以便生成目的代码和连接时将各同名段进行组合。

段定义伪指令的一般格式为:

段名   SEGMENT [定位类型] [组合类型] [类别]
　　　　⋮
段名   ENDS

SEGMENT 和 ENDS 应成对使用,缺一不可。段定义伪指令各部分的书写规定如下。

(1) 段名:是不可省略的。其他括号部分是可选项,是赋予段的属性,可以省略。段名是给定义的段所起的名称。例如:

```
STACK   SEGMENT  STACK
        DW       200   DUP(?)
STACK   ENDS
```

(2) 定位类型:表示该段起始地址位于何处,它可以是字节型(BYTE)的,即段起始地址可位于任何地方;可以是字型(WORD)的,段起始地址必须位于偶地址,即地址最后一位是 0(二进制的);也可以是节型(PARA)的,即段起始地址必须能被 16 除尽;也可以是页型的(PAGE),即段起始地址可被 256 除尽(1 页为 256B);也可以省略,这种情况下段起始地址便定位为 PARA 型的。

(3) 组合类型:用于告诉连接程序该段和其他段的组合关系。连接程序可以将不同模块的同名段进行组合。根据组合类型,可将各段连接在一起或重叠在一起。组合类型有以下 5 种。

NONE:表明本段与其他段逻辑上不发生关系,当组合类型项省略时,便指定为这一组合类型。

PUBLIC:表明该段与其他模块中用 PUBLIC 说明的同名段连接成一个逻辑段,运行时装入同一个物理段中,使用同一段地址。

STACK:每个程序模块中必须有一个堆栈段。因此连接时,将具有 STACK 类型的同名段连接成一个大的堆栈,由各模块共享。运行时,SS 和 SP 指向堆栈的开始位置。

COMMON:表明该段与其他模块中由 COMMON 说明的所有同名段连接时被重叠放

在一起,其长度是同名段中最长者的长度。这样可使不同模块的变量或标号使用同一存储区域,便于模块间通信。

MEMORY:由 MEMORY 说明的段,在连接时,它被放在所装载的程序的最后存储区(最高地址)。若几个段都有 MEMORY 组合类型,则连接程序以首先遇到的具有 MEMORY 组合类型的段为准,对其他段则认为是 COMMON 型的。

另外,还有一种 AT 表达式,用来表明该段的段地址是表达式所给定的值。这样,在程序中就可由用户直接来定义段的地址。但这种方式不适用于代码段。

(4) 类别:是用单引号括起来的字符串,以表示该段的类别,如代码段(CODE)、数据段(DATA)和堆栈段(STACK)等。当然也允许用户在类别中用其他的名字,这样进行连接时,连接程序便将同类别的段(但不一定同名)放在连续的存储区内。

4. 设定段寄存器伪指令 ASSUME

ASSUME 是段寄存器定义伪指令。它可通知汇编程序哪一个段寄存器是哪一段的段寄存器,以便对使用变量或标号的指令汇编出正确的目的代码。其格式为:

ASSUME 段寄存器:段名 [,段寄存器:段名,…]

通常,CODE 段为代码段,DATA 段为数据段,STACK 段为堆栈段。定义代码段时,应在段定义伪指令后紧接着加一条 ASSUME 伪指令,以告诉汇编程序相应段的地址存于哪一个段寄存器中。由于 ASSUME 伪指令只是指明某一个段地址对应于哪一个段寄存器,并没有包含将段地址送入该寄存器的操作。因此要将真实段地址装入段寄存器还需要用汇编指令来实现。这一步是不可缺少的。例如:

```
CODE  SEGMENT
      ASSUME  CS: CODE,DS: DATA,SS: STACK
      MOV     AX,DATA
      MOV     DS,AX
      ⋮
CODE  ENDS
```

当程序运行时,由于 DOS 的装入程序负责把 CS 初始化为正确代码段地址,SS 初始化为正确的堆栈段地址,因此用户在程序中就不必设置 CS 和 SS。但是,在装入程序中 DS 寄存器由于被用于其他用途,因此,在用户程序中必须用两条指令对 DS 进行初始化,以装入用户的数据段地址。当使用附加段时,也要用 MOV 指令给 ES 赋上段地址。

5. 定义过程的伪指令 PROC 和 ENDP

在程序设计中,可将具有一定功能的程序段看成一个过程(相当于一个子程序)。它可以被别的程序调用(用 CALL 指令)或由 JMP 指令转移到此执行;也可以由程序顺序执行;也可以作为中断处理程序,在中断响应后转至此执行。一个过程由伪指令 PROC 和 ENDP 来定义,其格式为:

```
过程名  PROC  [类型]
        ⋮                ;过程体
        RET
过程名  ENDP
```

其中过程名是为过程所起的名称,不能省略;过程的类型由 FAR 和 NEAR 来确定;ENDP 表示过程结束。请注意,过程体内至少有一条 RET 指令,以便返回被调用处。过程可以嵌套,即一个过程可以调用另一个过程。过程也可以递归使用,即过程可以调用过程本身。

与前面的转移指令 JMP 相似,过程也分近过程(类型为 NEAR)和远过程(类型为 FAR)。前者只在本段内调用,后者为段间调用。如果过程省略类型,则该过程就默认为近过程。

例如一个延时 100ms 的子程序可利用软件延时的办法来实现。

假定 8086(88) CPU 的时钟频率为 5MHz,查厂家的手册可知,LOOP 指令周期为 17 个时钟周期,定义过程如下:

```
SOFTDLY   PROC   NEAR
          MOV    BL,10
;内环延时 10ms
DELAY:    MOV    CX,2941
WAITS:    LOOP   WAITS
          DEC    BL
          JNZ    DELAY
          RET
SOFTDLY   ENDP
```

6. 宏命令伪指令

在用汇编语言书写的源程序中,若有的程序段要多次使用,为了简化程序书写,该程序段可以用一条宏命令来代替,而汇编程序汇编到该宏命令时,仍会产生源程序所需的代码。例如:

```
MOV  CL,4
SAL  AL,CL
```

若该两条指令在程序中要多次使用,就可以用一条宏命令来代替。当然在使用宏命令前首先要对宏命令进行定义。例如:

```
SHIFT  MACRO
       MOV    CL,4
       SAL    AL,CL
       ENDM
```

这样定义以后,凡是要使 AL 中的内容左移 4 位的操作都可用一条宏命令 SHIFT 来代替。宏命令的一般格式为:

宏命令名　MACRO　[形式参量表]
　　　　　　　⋮　　　　　　　　　　　　;宏体
　　　　　　ENDM

其中,宏命令名是一个定义调用(或称宏调用)的依据,也是不同宏定义互相区别的标志,是必须有的。对于宏命令的规定与对标号的规定相一致。

宏定义中的形式参量表是任选的,可以有,也可以没有。表中可以只有一个参量,也可以有多个参量。在有多个参量的情况下,各参量之间应用逗号分开。

需要注意的是,在调用时的实参量如果多于一个时,也要用逗号分开,并且它们与形式参量在顺序上要一一对应。

MRCRO 是宏定义符,是和 ENDM 宏定义结束符成对出现的。这两者之间就是宏体,也就是该宏命令要代替的那一段程序。例如:

```
GADD    MACRO   X,Y,ADDM
        MOV     AX,X
        ADD     AX,Y
        MOV     ADDM,AX
        ENDM
```

其中 X、Y 和 ADDM 都是形式参量。调用时,下面的宏命令书写格式是正确的:

```
GADD    DATA1,DATA2,SUM
```

这里 DATA1、DATA2 和 SUM 是实参量。实际上与该宏命令对应的源程序为:

```
MOV   AX,DATA1
ADD   AX,DATA2
MOV   SUM,AX
```

宏命令与子程序有许多类似之处。它们都是一段相对独立的、完成某种功能的、可供调用的程序模块,定义后可多次调用。但在形成目的代码时,子程序只形成一段目的代码,调用时转来执行。而宏命令是将形成目的的代码插到主程序调用的地方。因此,前者占内存少,但执行速度稍慢;而后者刚好相反。

7. 汇编结束伪指令 END

该伪指令表示源程序的结束,令汇编程序停止汇编。因此,任何一个完整的源程序均应有 END 伪指令,其一般格式为:

END   [表达式]

其中表达式表示该汇编程序的启动地址。例如:

```
   ⋮
END   START
```

则表明该程序的启动地址为 START。

若几个模块连接在一起时,只有主模块可以有启动地址。

2.3.4 汇编语言的运算符

汇编语言的运算符有算术符(如 +、-、×、/等)、逻辑运算符(AND、OR、XOR 和 NOT)、关系运算符(EQ、NE、LT、GT 和 GE)、取值运算符和属性运算符。前面 3 种运算符与高级语言中的运算符类似,此处不再做介绍。后两种运算符是 8086(88)汇编语言特有的,下面对常用的几种运算符进行介绍。

1. 取值运算符 SEG 和 OFFSET

这两个运算符给出一个变量或标号的段地址和偏移量。例如,定义标号 SLOT 为:

```
SLOT   DW   25
```

则下面的指令：

```
MOV   AX,SLOT
```

将从 SLOT 地址中取一个字送入 AX 中。假如要将 SLOT 标号所在段的段地址送入 AX 寄存器，则可用运算符 SEG，其指令如下：

```
MOV   AX,SEG   SLOT
```

若要将 SLOT 在段内的偏移地址送入 AX 寄存器，则可用运算符 OFFSET，其指令如下：

```
MOV   AX,OFFSET   SLOT
```

2. 属性运算符

属性运算符用来给指令中的操作数指定一个临时属性，而暂时忽略以前的属性。常用的有：

1) 指针运算符 PTR

PTR 作用于操作数时，则忽略了操作数以前的类型（字节或字）及属性（NEAR 或 FAR），而给出一个临时的类型或属性。例如：

```
SLOT   DW   25
```

此时 SLOT 已定义成字单元。若想取出它的第一个字节内容，则可用 PTR 使它暂时改变为字节单元，即

```
MOV   AL,BYTE   PTR   SLOT
```

改变属性的例子如下：

```
JMP   FAR   PTR   STEP
```

这样，即使标号 STEP 原先是 NEAR 型的，使用 FAR PTR 后，这个转移就变成段间转移了。又如：

```
MOV   [BX],5
```

这是一条错误的指令，因为汇编程序不能知道传送的是一个字节还是一个字。若是一个字节，则应写成：

```
MOV   BYTE   PTR [BX],5
```

若是字，则应写成：

```
MOV   WORD   PTR [BX],5
```

2) SHORT 运算符

SHORT 仅用于无条件转移指令，指出转移的标号不仅是 NEAR 型的，并且是在下一条指令地址的−128～+127 个字节范围内。例如，在源程序中有一条 JMP 指令，当转移目标是它之前的某一短程标号，则汇编程序可以知道它是短程转移；若转移目标是其后某个标

号,此时汇编程序还未扫描到该编号,因而在汇编 JMP 指令时,便会汇编成 3 个字节的指令。若事先对标号做了说明,则会汇编成两字节的转移指令,这样即省了单元又加快了执行速度。如:

```
H1:      ⋮
         JMP  H1
         ⋮
         JMP  SHORT  H2
         ⋮
H2:      MOV AX,0
         ⋮
```

2.3.5 汇编语言源程序的结构

一般来说,一个完整的汇编程序至少应由 3 个程序段组成,即代码段、数据段和堆栈段。每个段都以 SEGMENT 开始,以 ENDS 结束。代码段包括了许多以符号表示的指令,其内容就是程序要执行的指令。堆栈段用来在内存中建立一个堆栈区,以便在中断、调用子程序时使用。堆栈段一般可以从几十字节至几千字节。如果太小,则可能导致程序执行中的堆栈溢出错误。数据段用来在内存中建立一个适当容量的工作区,以存放常数、变量等程序需要对其进行操作的数据,还用来建立运算工作区和用于 I/O 接口的数据发送和接收的缓冲工作区。有的程序并不需要数据段和堆栈段,或仅需其中之一,不需要的可以省略。数据段应放在代码段之前,这是因为在数据段中先定义了变量,然后才能在代码段中使用,否则汇编时,在代码段中用到的变量将不能确定其类型,致使汇编时得不到正确的机器代码。如:

```
MOV  AL,WA
```

汇编程序不能确定 WA 是字节还是字,因而将给出错误信息,只有在数据段中将 WA 定义为字节型变量时,这条指令才能正确汇编。

由上可知,一个源程序模块一般都应有一个相同的结构,它们可以复制,这相当于一个基本的框架。编程时只要改变有关的名称,填入自己的程序内容即可。一个标准的程序结构如下:

```
STACK   SEGMENT   PARA  STACK  'STACK'
        DW        500   DUP(0)
STACK   ENDS
DATA    SEGMENT
           ⋮
DATA    ENDS
CODE    SEGMENT
MAIN    PROC      FAR
        ASSUME    CS: CODE,DS: DATA,ES: DATA,SS: STACK
        PUSH      DS
        MOV       AX,0
        PUSH      AX
        MOV       AX,DATA
```

```
                MOV      DS,AX
                MOV      ES,AX
                    ⋮
                RET
        MAIN    ENDP
        CODE    ENDS
                END      MAIN
```

当然,上述标准结构仅仅是一个框架,形成实际程序模块时还需要对它进行修改,如堆栈大小,数据段是否需要,其组合类型、类别等。

2.4 汇编语言程序设计

在本节将运用前面所介绍的指令及汇编语言的具体规定说明一些常用的程序设计方法。通过前面的描述,应当注意到,一旦 CPU 制造出来,其指令系统也就确定了,是不可改变的。每一条指令的功能均已确定,不可改变。相应的汇编语言的所有规定也是不能改变的。而程序就是以它们为基础设计出来的。用它们编写的程序可以完成各种各样不同的需求。

可见,利用不变的指令可以实现变化多样的程序。这有点类似于汇编语言和指令系统是基本原料,原料是不可改变的,但用这些原料可生产出花样繁多的产品。例如,大米和面粉是原料,不可改变。但用这些原料可以做出各种花样的饭来。因此,要求读者首先要记住汇编语言和指令系统的那些不可改变的规定,再掌握一些基本的程序设计方法,就可以设计出各种满足用户要求的程序。

2.4.1 程序设计概述

这里不去涉及软件工程的具体问题,只简单介绍程序设计的入门知识。一般可以按下面的步骤进行程序设计。

(1) 仔细了解用户的需求。

这有时也称为需求调查。目的是为了弄清楚问题(或用户)的要求。后面所做设计工作的依据就来源于此,因此,这一步对于实际工程自然是十分重要的。

(2) 制定方案。

这一步确定解决问题的算法、思路、程序设计方法及程序流程图。对各种方法进行仔细论证和比较,最后确定某一最佳方案。

(3) 编写程序。

在前面方案及流程图的基础上动手编写程序。尤其是对于汇编语言源程序,目前仍需要设计人员一条语句一条语句地编写。

(4) 查错。

对于汇编语言源程序而言,首先利用汇编程序(MASM)进行汇编,汇编程序会给出汇编过程中发现的明显的语法错误,如非法指令、标号重复等,形成 obj 文件。然后利用连接程序(LINK)进行连接。最后用专门的调试工具(如 DEBUG)查找逻辑及算法上的错误。

（5）测试。

在各种条件下测试各种数据输入时程序运行是否正确。对程序的测试必须全面，找出程序中所有可能的漏洞。

（6）形成文件。

当程序研制成功提交使用时，除了可执行文件外，还应包括程序的研制报告、程序的使用说明、程序流程图、程序清单及参数定义说明、内存分配表、程序测试方案及结果说明以及程序维护说明。文件中还可以包括程序员所设计的详细流程图、程序结构及数据流程图。有时用户要求提供程序逻辑手册、用户使用指南及维护手册。程序逻辑手册是进一步简述软件的书面说明。

2.4.2 程序设计的基本方法

任何复杂的程序都是由一些简单的基本的程序构成的。在汇编语言程序设计中经常会用到这些最基本的方法。下面将对它们逐一加以简单介绍。

1. 顺序程序

顺序程序也称为简单程序，它确实是程序中最简单的形式。这种程序在 CPU 执行时是以指令的排列顺序逐条执行的。实际上，在上面已经遇到过这种程序，例如在加法指令的描述中就已用过。现再举一例。

例 1 若 m、n 和 w 分别为 3 个 8 位无符号数，现欲求 $Q=m\times n-w$。若 m、n 和 w 存放在当前 DS 所决定的数据段、偏移地址为 DATA 的顺序单元中，而且 Q 可放在 AX 中。则程序如下：

```
LEA   SI,DATA
MOV   AL,[SI]       ;取 m 放 AL
MOV   BL,[SI+1]     ;取 n 放 BL
MUL   BL            ;m×n 放 AX
MOV   BX,0
MOV   BL,[SI+2]     ;取 w 放 BL
SUB   AX,BX         ;m×n-w 放 AX
```

上面的程序就是顺序程序，CPU 执行时从上到下依次顺序执行。

2. 分支程序

分支程序的基本结构如图 2.11 所示。

由图 2.11 可见，分支程序的基本思路就是判断条件 A 是否成立，若成立，则执行 P_1；若不成立，则执行 P_2。现举例说明如下。

例 2 从接口 03F0H 中取数，若此数大于等于 90，则将 00H 送接口 03F7H；若此数小于 90，则将 FFH 送接口 03F7H。

程序如下：

```
MOV   DX,03F0H
IN    AL,DX        ;从接口取数
CMP   AL,90        ;判断数的大小
JNC   NEXT1        ;大于等于 90 转向 NEXT1
```

```
        MOV   AL,0FFH
        JMP   NEXT2
NEXT1:  MOV   AL,00H
NEXT2:  MOV   DX,03F7H
        OUT   DX,AL
STOPS:  HLT
```

在分支程序中,若存在多种条件,则可以推广到如图 2.12 所示的选择程序。

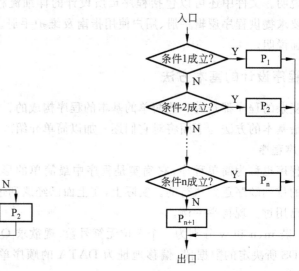

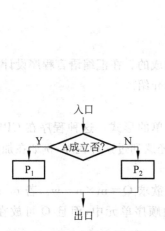

图 2.11 分支程序的基本结构   图 2.12 选择程序结构图

例 3 在 DS 数据段偏移地址为 DATA 开始的顺序 80 个单元中,存放着某班 80 个同学的微型计算机原理考试成绩。现欲编程序统计不低于 90 分、89~70 分、69~60 分和低于60 分的人数,并将统计的结果存放在当前数据段偏移地址为 BUFFER 的顺序单元中。程序如下:

```
START:  MOV   DX,0000H
        MOV   BX,0000H
        MOV   CX,80
        LEA   SI,DATA
        LEA   DI,BUFFER
GOON:   MOV   AL,[SI]
        CMP   AL,90       ;不低于 90 分
        JC    NEXT3       ;低于 90 分转移
        INC   DH          ;90 分计数加 1
        JMP   STOR
NEXT3:  CMP   AL,70
        JC    NEXT5
        INC   DL
        JMP   STOR
NEXT5:  CMP   AL,60
        JC    NEXT7
```

· 64 ·

```
        INC   BH
        JMP   STOR
NEXT7:  INC   BL
STOR:   INC   SI
        LOOP  GOON
        MOV   [DI],DH
        MOV   [DI+1],DL
        MOV   [DI+2],BH
        MOV   [DI+3],BL
        HLT
```

3. 循环程序

循环程序是强制 CPU 重复执行某一指令集合的一种程序结构。它可以使许多重复性工作的程序大为简化。

循环程序通常有两种结构方式,如图 2.13(a)和(b)所示。

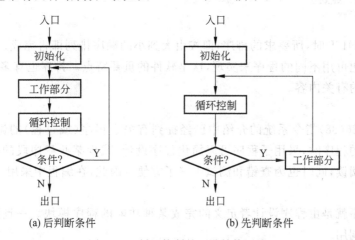

图 2.13　循环控制的两种结构形式

循环程序的两种结构形式仅仅体现在工作部分上。图 2.13(a)的工作部分至少执行一次,而图 2.13(b)的工作部分有可能一次都不执行。

循环程序的初始化用来规定循环次数,设置地址指针,使某些存储单元或寄存器置初始值等。

循环控制部分要对变量或指针进行修改。修改指针是为下次循环做好准备。

条件判断用于对循环条件进行判别,决定循环继续进行还是结束。

工作部分则是循环程序要完成的基本功能。

在图 2.13 中所画的是单一的循环。在解决问题中还会出现二重循环甚至多重循环的情况。只要单一循环的概念清楚,二重及多重循环也就容易解决。在此仅以简单的例子加以说明。

例 4　在 DS 所决定的数据段,从偏移地址 BUFFER 开始顺序存放 100 个无符号 16 位数。现欲编写程序将这 100 个数字按大小顺序排序。

程序如下:

```
        LEA   DI,BUFFER
        MOV   BL,99
NEXT0:  MOV   SI,DI
        MOV   CL,BL
NEXT3:  MOV   AX,[SI]
        ADD   SI,2
        CMP   AX,[SI]
        JNC   NEXT5
        MOV   DX,[SI]
        MOV   [SI-2],DX
        MOV   [SI],AX
NEXT5:  DEC   CL
        JNZ   NEXT3
        DEC   BL
        JNZ   NEXT0
        HLT
```

当执行到 HLT 时,所要求的排序,即按由大到小的顺序排列即告完成。

同样的问题可用不同的程序来实现,这是软件的重要特点。排序也有多种方法,读者可参阅其他课程的有关内容。

4. 子程序

在前面 8086(88)指令系统的介绍中已经提到有关子程序(或过程)的调用及返回。在编写较为复杂的程序时,采用子程序可以简化程序设计,减少某些程序段的多次重复,使程序便于编写和阅读,同时也为查错和测试带来了方便。因此,在编程中采用子程序是编程的基本方法之一。

所谓子程序就是由程序设计者定义的完成某种功能的程序模块。一旦定义了,则该子程序可被任意调用。

编写子程序如同前面提到的程序设计一样,应有一定的规范。在本书中只提醒读者在使用子程序时应注意的几个问题。

(1) 子程序如何调用和如何返回。

(2) 子程序的入口条件(或称入口信息)和出口条件(出口信息)。

(3) 子程序中使用了哪些寄存器,调用之前是否需要保护。

(4) 其他问题,如占内存多少、执行时间长短、影响哪些标志、出错如何处理等。

在 8086(88)汇编语言中有专门的伪指令用来定义子程序。

例 5 通过查询向接口输出数据的输出子程序。

```
SEDAT  PROC  FAR
       PUSH  AX
       PUSH  DX
       PUSH  SI
       LEA   SI,BUFR
GOON:  MOV   DX,03FBH
WAITR: IN    AL,DX
```

```
        TEST    AL,20H
        JZ      WAITR
        MOV     AL,[SI]
        MOV     DX,03F8H
        OUT     DX,AL
        INC     SI
        CMP     AL,0AH
        JNE     GOON
        POP     SI
        POP     DX
        POP     AX
        RET
SEDAT   ENDP
```

在上面的例子中,子程序开始部分用于保护本子程序要用到的寄存器,并在子程序返回以前加以恢复。这种保护和恢复也可以在主程序中进行。当主程序要调用子程序时,要注意到子程序中所用到的寄存器在调用前后是否需要保持一致。若需要,可在主程序调用前保护,调用后恢复;不需要时,可以不加保护。

可见,调用子程序时的寄存器保护可在主程序中实现,也可在子程序中完成,甚至不用保护。

同时,寄存器保护放在子程序中,主程序编写更加简单,调用时不必考虑保护。这样做的缺点是,有可能使子程序占用的内存单元多一些,执行时间长一些。

主程序在调用子程序时,一方面初始数据要传递给子程序,另一方面子程序的运行结果要传递给子主程序。尽管没有初始数据或没有运行结果的情况也有,但一般情况下必须予以考虑。参数传递可用以下 3 种方式:

(1) 利用寄存器。

(2) 利用内存单元。

(3) 利用堆栈。

上面所述的例子就是利用内存单元将要输出的初始数据传递给子程序的。对于其他方式传送参数的例子将不再给出。

在编写较为复杂程序的过程中,会出现子程序中调用子程序的情况,这称为子程序嵌套。有时会出现如图 2.14 所示的多层子程序嵌套。

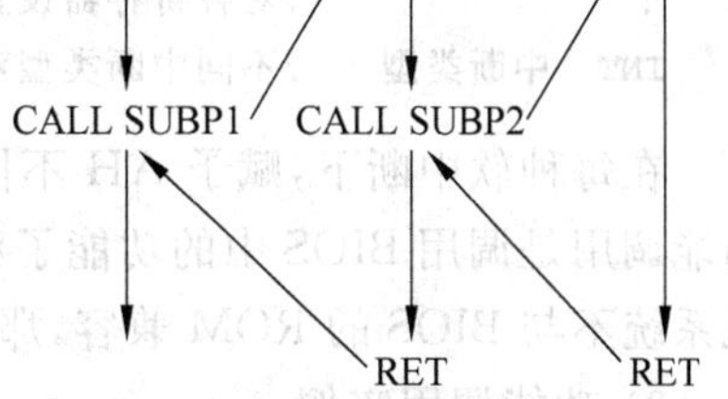

原则上讲,子程序嵌套的层次深度只受堆栈大小的影响。在程序运行时,要考虑各种因素(如程序中随机压栈、中断嵌套等),保证堆栈不致发生溢出。

由于调用子程序要进行堆栈操作,在子程序中也会发生对堆栈的操作,这一点务请读者特别注意。在编程时应备加小心,以免出错。

图 2.14 多层子程序嵌套示意图

5. DOS 的功能调用

在 PC 系统软件中,有很多功能子程序可供用户在编制用户汇编语言程序时调用,其中包含用户最关心的一些常用的 I/O 子程序。熟悉这些功能子程序的调用类型和方法可以大大方便用户进行汇编语言程序的设计。

在 PC 系统软件中有两种功能调用：高级功能调用和低级功能调用。所谓高级功能调用，就是该功能调用不依赖于硬件的具体实现，只需对功能调用设置一些信息字就可以了。也就是说，凡是配置 DOS 操作系统的微型计算机，不管其硬件具体配置如何，高级功能调用的方法和形式完全一样。这就使得用户编制的汇编程序具有较好的兼容性。高级功能调用子程序一般都配置在 IBMDOS.COM 中。

所谓低级功能调用，是指这些功能子程序可供用户调用，这些程序都固化在 BIOS 的 ROM 中。与高级功能调用不同的是，用这些 BIOS 中的功能子程序所编制的用户程序只能在 IBM-PC/XT ROM BIOS 兼容的计算机上运行。下面分别对这两种功能调用做简要介绍。

1）高级功能调用（DOS 功能调用）

DOS 功能调用大多数是通过软中断 21H（INT 21H）来完成的。利用这些调用，用户程序可以对各种标准输入/输出设备进行读写操作，检查硬盘目录，创建和删除文件，读写文件中的记录，设置或读实时时钟等。

DOS 的 INT 21H 已标准化，可以在任何 DOS 系统上使用。由这些功能所编写的所有 I/O 程序都可以在任何支持 DOS 的计算机上运行。

在 DOS 功能调用中，不同的功能调用是用功能号来区分的。因此，在典型的 DOS 功能调用中，规定在进行功能调用时，按功能不同，应事先将功能号放于 AH 中，在其他寄存器中应放在指定的调用参数中。随后执行一条 INT 21H 指令即可实现对应的功能调用。例如：

```
MOV  AH,功能号
    ⋮              ;对各寄存器设置调用参数
INT  21H
```

一般除返回结果的寄存器外，调用 DOS 功能时将保护全部寄存器内容。对 DOS 2.0 以上的版本，功能调用时的状态标志用于表示成功或失败。失败时，AX 为错误代码。

2）低级功能调用

低级功能调用也就是用户汇编程序对 BIOS 中的功能子程序的调用。其调用格式为：

```
MOV  AH,功能号
    ⋮              ;对各寄存器设置调用参数
INT  中断类型      ;不同中断类型对不同对象操作
```

在每种软中断下，赋予 AH 不同的功能类型即可实现不同的操作。前面已经提到，该功能调用是调用 BIOS 中的功能子程序。因此，它与硬件有紧密的依赖关系。若微型计算机系统不与 BIOS 的 ROM 兼容，那么就不能使用这类功能调用。

3）功能调用实例

例 6 带显示的键盘输入子程序 KSDIN。

功能：接收从键盘输入的一个字符并在显示器上显示该字符。

输入：从键盘输入一个 ASCII 码字符。

输出：输入字符送缓冲区，并显示该字符。

```
KSDIN  PROC  NEAR
       MOV  AH,1        ;置功能号
       INT  21H         ;输入结果放 AL 中
       MOV  IN-BUFF,AL  ;输入字符送缓冲区
       RET
KSDIN  ENDP
```

例7 设置系统日期的子程序 SETTIME。

功能：将变量 YEAR、MONTH 和 DAY 的内容作为时间设置系统日期。

```
SETTIME  PROC  NEAR
         MOV  AH,2BH      ;设置功能号
         MOV  CX,YEAR     ;设置年参数(字)
         MOV  DH,MONTH    ;设置月参数(字节)
         MOV  DL,DAY      ;设置日参数(字节)
         INT  21H
         OR   AL,AL       ;检查状态
         JNZ  ERROR       ;日期无效转 ERROR
          ⋮
         RET
ERROR:    ⋮
         RET
          ⋮
         YEAR  DW  0
         MONTH DB  0
         DAY   DB  0
SETTIME  ENDP
```

例8 用户程序终止返回 DOS。

功能：用户程序结束返回 DOS 操作系统。

```
PREOEND: MOV  AH,0    ;置功能号
         INT  21H     ;返回操作系统
```

例9 写一个字符到指定通信口子程序 WCOMI。

功能：将缓冲区 BUFF 中的字符送串行通信口输出。

输入：要发送的字符放于缓冲区 BUFF。

输出：将缓冲区字符送 COM1 串行口输出。

```
WCOMI  PROC  NEAR
       MOV  AH,01H    ;功能 1 为写字符
       MOV  AL,BUFF   ;字符送 AL
       MOV  DX,0      ;用 COM1 通信口发送
       INT  14H       ;调用 BIOS 功能
       RET
WCOMI  ENDP
```

在这里强调指出,DOS 的功能调用有上百个子程序可供使用。当用户在 DOS 下开发应用程序时,可充分利用这些资源,达到事半功倍的效果。但是,要用好这些功能,还必须知道许多细节,本书限于篇幅不再涉及。在应用时可参考有关的程序员手册。

2.4.3　汇编语言程序的查错与调试

前面给出了程序开发的几个步骤。在此,将对其中最重要的查错及调试方面的有关内容做进一步说明。

1. 编写源程序

在弄清问题的要求、确定方案后,汇编语言程序设计者便可依据前面的指令系统和汇编语言的规定,逐个模块地编写汇编语言源程序。

2. 源程序输入微型计算机

在编辑软件支持下,将源程序输入到计算机中。通常,汇编语言源程序的扩展名为.asm。

3. 汇编

利用汇编程序(或宏汇编程序)(ASM 或 MASM)对汇编语言源程序进行汇编,产生扩展名为.obj 的可重定位的目的代码。

同时,如果需要,宏汇编还可以产生扩展名为.lst 的列表文件和扩展名为.crf 的交叉参考文件。前者列出汇编产生的目的代码及有关的地址、源语句和符号表;后者再经 CREF 文件处理可得各定义符号与源程序号的对应清单。

在对源程序进行汇编的过程中,汇编程序会对源程序中的非逻辑性错误给出提示,例如,源程序中使用了非法指令、标号重复、相对转移超出转移范围等。利用这些提示,设计者需修改源程序,以消除这些语法上的错误。

程序设计者在改正源程序中的错误过程中,重新编辑源程序,形成新的.asm 文件。然后重新汇编,直到汇编程序显示无错误为止。

4. 连接

利用连接程序(LINK)可对一个或多个.obj 文件进行连接,生成扩展名为.exe 的可执行文件。

在连接过程中,LINK 同样会给出错误提示。设计者应根据错误提示,分析发生错误的原因,然后去修改源程序。在编辑软件的支持下对源程序进行修改,然后重复前面的过程——汇编、连接,最后得到正确的.exe 可执行文件。

5. 调试

对于稍大一些的程序来说,经过上述步骤所获得的.exe 可执行文件在运行过程中仍然可能存在错误。也就是说,前面只能发现一些明显的语法错误。而对程序的逻辑错误以及能否达到预期的功能还无法得知。因此,必须对目的文件(.exe 文件)进行调试,通过调试来证明程序确定能达到预期的功能且没有漏洞。

调试汇编程序最常用的工具是动态调试程序 DEBUG。

动态调试程序 DEBUG 有许多功能可供设计者调试其研制的软件,其中包括从某地址运行程序、设置断点、单步跟踪等功能,可以很好地支持对程序的调试。

程序调试通过,则可进入试运行。在试运行过程中不断进行观察和测试,发现问题及时解决,堵塞可能的设计漏洞。最后一步是形成文件,最终完成软件的开发。

对于上述汇编语言源程序的查错与调试,可以用图 2.15 加以综合说明。

图 2.15 程序的查错与调试过程

在本章结束的时候,要再次强调,汇编语言是最基础的,掌握起来要困难一些。在这里,指令系统和基本的程序设计方法需认真学习和理解,明确它们的关系,便于更好地学习后面的内容。在本书后面的各章节中将应用本章的有关知识。

习　题

1. 判断下列指令的寻址方式:

```
MOV  AX,00H
SUB  AX,AX
MOV  AX,[BX]
ADD  AX,TABLE
MOV  AL,ARAY1[SI]
MOV  AX,[BX+6]
```

2. 若 1KB 的数据存放在 TABLE 以下,试编程序将该数据搬到 NEST 之下。

3. 试编写求 100 个 16 位二进制数之和的程序。

4. 某 16 位二进制数,放在 DATA 的连续两个单元中,试编程序求其平方根和余数,将其分别存于 ANS 和 REMAIN 中。

5. 试编程序将 BUFFER 中的一个 8 位二进制数转换为 ASCII 码,并按位数高低顺序存放在 ANSWER 之下。

6. 在 DATA1 之下顺序存放着以 ASCII 码表示的千位数,现欲将其转换成二进制数,试编程序。

7. 试编程序将 MOLT 中的一个 8 位二进制数乘以 20,乘积放在 ANS 单元及其下一个单元中(用 3 种方法来完成)。

8. 在 DATA 之下存放着 100 个无符号 8 位数,试编程序找出其中最大的数并将其放在 KVFF 中。

9. 在上题中,若要求将数据按大小顺序排序,试编程序。

10. 在当前数据段(DS 决定)偏移地址为 DATAB 的顺序 80 个单元中存放着某班 80 个同学某门课程考试的成绩。

(1) 编写程序统计不低于 90 分、80～89 分、70～79 分、60～69 分以及低于 60 分的人数各为多少,并将结果放在同一数据段、偏移地址为 BTRX 的顺序单元中。

(2) 试编程序,求该班这门课程的平均成绩(整数部分),并放在该数据段的 LEVT 单元中。

11. 在当前数据段(DS所决定)的 DAT1 和 DAT2 分别存放两个带符号的 8 位数,现欲求两数差的绝对值,并将其放在 DAT3 中,试编程序。

12. 试编程序将内存的 40000H~4BFFFH 的每个单元中均写入 55H,并再逐个单元读出比较,看写入的与读出的是否一致。若全对,则将 AL 置 7EH;只要有错,则将 AL置 81H。

13. 接口 03FBH 的 BIT5 为状态标志,当该位为 1 时,表示外设忙;当其为 0 时,表示可以接收数据。当 CPU 向接口 03F8H 写入一个数据时,上述标志就置 1;当它变为 0 状态时,又可以写入下一个数据。

根据上述要求,编写程序,将当前数据段偏移地址为 SEDAT 的顺序 50 个单元中的数据由接口输出。

14. 在上题中,若要发送的数据由 0AH 结束,试重新编程序将包括 0AH 在内的、由偏移地址 SEDAT 开始的数据逐个发送出去。

15. 若接口 02E0H 的 BIT2 和 BIT5 同时为 1,表示外设接口 02E7H 有一个准备好的 8位数据,当 CPU 从该接口读走数据后,02E0H 接口的 BIT2 和 BIT5 就不再同时为 1;只有当又有一个准备好的数据时,它们会再次同时为 1。

试编程序,从上述接口读入 32 个数据,顺序放在从 A0100H 单元开始的各单元中。

16. 在内存 40000H 开始的 16KB 个单元中存放一组数据,试编程序将它们顺序搬移到从 A0000H 开始的顺序 16KB 个单元中。

17. 在上题的基础上,将两个数据块逐个单元进行比较,若有错将 BL 置 00H;若全对则将 BL 置 FFH,试编程序。

18. 试编程序,统计从 40000H 开始的 16KB 个单元中所存放的字符"A"的个数,并将结果存放在 DX 中。

19. 编写一个子程序,对 AL 中的数据进行偶校验,并将经过校验的结果放回 AL 中。

20. 利用上题的子程序,对从 80000H 开始的 256 个单元的数据加上偶校验,试编程序。

第3章 总　　线

在计算机系统中,需要利用不同的总线将芯片内部的各部件、芯片与芯片、电路板与电路板、计算机与外设、计算机与计算机以及系统与系统连接到一起,实现它们之间的通信。总线是计算机系统重要的组成部分,总线性能的好坏将直接影响计算机系统的性能。正是由于总线在计算机系统中的重要地位,在过去的几十年里,许多计算机系统的设计者对各种总线做了大量的研究工作,设计了许多专用总线,也制定了大量的总线标准。尤其是许多总线标准在计算机系统中得到了广泛的应用。可以认为,没有总线标准也就没有计算机系统。

本章简要介绍一些总线标准。

3.1　总线概述

在第1章里,从CPU引脚信号出发形成了最简单的系统总线。考虑到读者未来的工作有可能会遇到在某一总线上扩展内存或接口这类问题,本节将进一步说明总线的定义等有关问题。

3.1.1　定义及分类

广义地说,总线就是连接在两个以上数字系统元器件之间的信息通路。从这个意义上讲,微型计算机系统中所使用的芯片内部、元器件之间、插件板卡间乃至系统到外设、系统到系统间的连线均可理解为总线。通常可把总线分为如下几类。

1. 片内总线

顾名思义,片内总线就是集成电路芯片内部各功能元件之间的连接线。这类总线是由芯片设计者实现的。对于本书的读者,将来可能会自己设计SOC(片上系统)芯片。目前已有多个厂家制定了多种片内总线供SOC设计者使用。例如,AMBA总线、Wishbone总线、Avalon总线、CoreConnect总线、OCP总线等都是SOC芯片内部的总线,是设计SOC所不可少的。因此,我们应知道片内总线是重要的,将来应用时可以选用。

2. 元件级总线

元件级总线又称板(卡)内总线,用于实现电路板(卡)内各元器件的连接。元件级总线对读者来说是重要的,因为将来很可能会接受设计一块插在某总线上的电路板(卡)的任务。

在设计一块电路板(卡)时,必然要用板内总线将板内的元器件连接起来。板内总线的驱动能力、总线间的干扰、反射和延时以及总线的电磁兼容性等问题都必须认真考虑,只有这样才能设计出工作可靠的电路板。

3. 内总线

内总线又称系统总线,用于将构成微型计算机的各电路板(卡)连接在一起。

内总线对微型计算机的设计者是非常重要的。如果所设计的系统的内总线性能很差或工作不可靠,则将直接影响所设计的计算机的性能,甚至使整个微型计算机系统不能正常工作。

　　从微型计算机问世以来,有许多科学工作者致力于内总线的研究与开发,不同机型(8 位机、16 位机和 32 位机)、不同用途、性能不一的内总线标准不断地涌现出来。现在已有的内总线标准已超过 100 种,有民用级微型计算机内总线标准,有工业级微型计算机内总线标准,也有军用级微型计算机内总线标准。微型计算机系统设计者可以根据用户的需求和系统设计方案选择某一标准总线,也可以自己制定专用内总线。

　　4. 外总线

　　外总线又称通信总线,用于实现微型计算机与外设以及微型计算机系统之间的相互连接。从外总线的定义可以看到,其功能是实现微型计算机与外设或者微型计算机系统之间相互通信的。显然,这种总线传送距离比较远,可采用串行方式或并行方式来实现。

　　同样,从微型计算机问世以来,有许多科学工作者致力于外总线的研究与开发,分别制定的串行和并行的外总线标准有七八十种之多。微型计算机系统设计者可以根据用户的需求和系统设计方案选择某一标准总线用在自己所设计的系统中。

3.1.2　采用总线标准的优点

　　在微型计算机系统中,构成系统的各部分都是通过总线连接到一起的,总线上的各种信号是利用总线进行传递的。在进行计算机系统设计时,必须考虑系统设计的标准化、模块化和系列化,从而设计出高性能的计算机系统。在进行系统设计时,可以考虑采用总线的标准,这样做可以获得一系列的好处。

　　1. 简化硬、软件的设计

　　从第 1 章的图 1.1 可以看到,从概念上看,一台微型计算机就是由系统总线将其各组成部分连接到一起构成的。当系统总线各信号决定之后,构成微型计算机的各部件,如 CPU 电路板、ROM 电路板、RAM 电路板和各种外设所需的接口板便可以单独进行设计。在接口电路板的设计过程中,只与系统总线信号有关,而与其他电路板没有关系,从而使设计得以简化。

　　另一方面,系统设计的另一种方法称为系统集成。如果采用总线标准,系统集成就很容易实现。例如,要构成一台 PC,就可以简单地购买主机箱、电源、主板、显卡、LCD 显示器、内存条、硬磁盘、光盘、网卡、声卡及音箱、键盘和鼠标。把上述配件经总线连接到一起,就构成了 PC 的基本硬件系统。在此基础上,配上操作系统及相关软件,则一台 PC 就集成成功了。

　　上述 PC 的集成全过程只需要几十分钟即可完成。为什么构成这么一套比较复杂的 PC 系统在这么短的时间里就能完成?这得益于标准化。上述所有部件都有一定标准,当然也包括采用内、外总线的标准化。这就使得构成 PC 的各种部件,不管它是由哪个厂家生产的,只要遵循所规定的标准,拿来就能用,用起来十分方便。

　　2. 简化了系统结构

　　利用总线可以简化微型计算机的系统结构。对于小的、简单的微型计算机系统,根据第 1 章图 1.1 可以认为,就是将 CPU 及构成微型计算机的各部分(ROM、RAM 及各种接口)都挂接在系统总线上。对于较为复杂的微型计算机,如 PC,同样是将构成 PC 的各组成部件连接在总线上构成 PC。

3. 易于系统扩展

采用总线标准构成的微型计算机,要对其功能进行扩展将是非常容易的。例如,要扩展内存,只要购买适合的内存条(具有标准接口)插在相应的标准槽口上即可。要为 PC 增加视频卡,只要购买相应总线(PCI、IEEE-1394 等)的视频卡插在总线上,配以厂家提供的驱动程序即可工作。

可见,要扩展微型计算机的功能,实现起来十分容易。这是因为总线标准一旦确定,大量的厂家都会依据这一标准生产各种各样的板卡,等待用户选用。因此,采用总线标准使系统扩展易于进行。如果所设计的微型计算机采用自己定义的专用总线,要进行系统扩展时就必须自己从元器件级开始设计电路板卡。从头设计一块电路板则绝非三天两日就能完成。

4. 便于调试

当进行微型计算机系统设计时,由于采用标准的内总线,在某一电路板设计完成进行调试时,可以插到任何具有同样标准内总线的微型计算机上进行调试,这为硬件电路板的调试带来了极大的方便。

5. 便于维修

微型计算机系统是会出现故障的,有了故障就需要对系统进行维修。目前微型计算机系统的维修通常在下面两级上进行。一级维修,又称为部件级维修,要求故障定位达到某一块电路板、某一个部件或者某一个小设备。维修人员将完好的部件更换到系统上,使系统立即恢复正常工作。更换下来的故障部件由用户单位、厂家或专门维修点进行仔细检修,使它再恢复完好,处于冷备份状态。这种维修比较容易,因为部件级的故障定位比较容易。例如,内存扩展卡上的 RAM 读写不正常是很容易发现并判断出来的。更换一块新的 RAM扩展卡也是容易的。同时,一级维修所需维修时间短,有利于提高系统的利用率。

另一种维修称为二级维修。所谓二级维修,主要是更换集成电路芯片及元器件的维修。实现这种维修,要求故障诊断的分辨率要高,要能够确切地指出是哪个部件(或卡)上的哪块芯片或哪个元器件出现故障。若能迅速诊断清楚,更换新的芯片或元器件就很容易做到。但是,二级维修要求诊断到芯片和元器件级,要能够在系统出现故障之后很快地做出判断,找到发生故障的元器件。这就要求系统维护人员有很高的技术素质并掌握一套合理的方法和经验。

在进行一级维修时,若发现某一电路板出现故障,可以到市场去购买任何厂家生产的同一总线标准的电路板更换故障电路板,这样故障立刻可得以排除。若是采用专用总线,则不可能有现成的电路板可以更换。若事先没有备份,维修时就需要从头设计该电路板,那将是一件很麻烦的事。

3.2 总线标准

前面已经提到从微型计算机问世以来,经过诸多科学工作者不懈地努力,现在已制定了大量的内总线标准。作为总线标准,在制定后由某级组织认可,即成为一种标准。本节只简单介绍 PC 的一些内总线标准。

3.2.1 内总线

从 1981 年 PC 问世以来,PC 的发展极为迅速。同时,作为 PC 的重要组成部分的内总线也随 PC 的发展而发展。下面将对 PC 的内总线从低级到高级逐一加以说明。

1. PC/XT 总线

PC/XT 总线是最早期的 PC(以 8088 为 CPU)的系统总线由 62 个插座信号构成,如表 3.1 所示,除了前面提到的 8088 的 20 条地址线 $A_0 \sim A_{19}$、8 条数据线 $D_0 \sim D_7$ 以及内存的读写控制信号 $\overline{MEMR}$、$\overline{MEMW}$ 和接口的读写控制信号 $\overline{IOR}$、$\overline{IOW}$ 外,还包括 6 个中断请求 $IRQ_2 \sim IRQ_7$、3 个 DMA 请求信号 $DRQ_1 \sim DRQ_3$、3 个 DMA 响应信号 $\overline{DACK_1} \sim \overline{DACK_3}$ 以及 $\overline{I/O\ CH\ CHK}$、$I/O\ CH\ RDY$、AEN、$RESET$ 和 OSC 等信号。再就是 $\pm 5V$、$\pm 12V$ 电源和地线信号。

表 3.1 PC/XT 总线引脚定义

引 脚	信 号	引 脚	信 号
B_1	GND	A_1	$\overline{I/O\ CH\ CHK}$
B_2	RESET DRV	A_2	D_7
B_3	+5V	A_3	D_6
B_4	IRQ_2	A_4	D_5
B_5	−5V	A_5	D_4
B_6	DRQ_2	A_6	D_3
B_7	−12V	A_7	D_2
B_8	$\overline{CARD\ SLCTD}$	A_8	D_1
B_9	+12V	A_9	D_0
B_{10}	GND	A_{10}	$I/O\ CH\ RDY$
B_{11}	$\overline{MEMW}$	A_{11}	AEN
B_{12}	$\overline{MEMR}$	A_{12}	A_{19}
B_{13}	$\overline{IOW}$	A_{13}	A_{18}
B_{14}	$\overline{IOR}$	A_{14}	A_{17}
B_{15}	$\overline{DACK_3}$	A_{15}	A_{16}
B_{16}	DRQ_3	A_{16}	A_{15}
B_{17}	$\overline{DACK_1}$	A_{17}	A_{14}
B_{18}	DRQ_1	A_{18}	A_{13}
B_{19}	$\overline{REFRESH}$	A_{19}	A_{12}
B_{20}	SYSCLK	A_{20}	A_{11}
B_{21}	IRQ_7	A_{21}	A_{10}
B_{22}	IRQ_6	A_{22}	A_9
B_{23}	IRQ_5	A_{23}	A_8
B_{24}	IRQ_4	A_{24}	A_7
B_{25}	IRQ_3	A_{25}	A_6
B_{26}	$\overline{DACK_2}$	A_{26}	A_5
B_{27}	T/C	A_{27}	A_4
B_{28}	BALE	A_{28}	A_3
B_{29}	+5V	A_{29}	A_2

引　脚	信　号	引　脚	信　号
B_{30}	OSC	A_{30}	A_1
B_{31}	GND	A_{31}	A_0

该总线是一条 8 位内总线，每次利用该总线读写内存或接口，只能传送 8 位数据。同时，总线上的地址线只有 20 条，其寻址内存的范围很小，只有 1MB。由于当时的 CPU 时钟频率只有 4.77MHz，致使这条总线传输速率很慢。另外，该总线上可实现的中断请求、DMA 请求和 DMA 响应的数量也比较少。可见这条总线很低级，仅能满足当时最简单应用的需要。

2. ISA 总线

随着技术的发展，1982 年 Intel 公司推出 80286，1984 年 IBM 利用 80286 开发出 PC/AT 微型计算机。作为超级 16 位机的 80286 构成的计算机无法使用原来的 8 位系统总线。于是，IBM 开发了相应的 PC/AT 总线。此后，PC/AT 总线被 IEEE 定为一种内总线标准，这就是 ISA。

ISA 是工业标准总线。它向上兼容更早的 PC/XT 总线，在保留 PC/XT 总线 62 个插座信号的基础上，再扩充另一个 36 个信号的插座构成 ISA 总线，扩充插座的定义如表 3.2 所示。

表 3.2　ISA 总线扩充插座引脚定义

引　脚	信　号	引　脚	信　号
D_1	$\overline{MEMCS_{16}}$	C_1	$\overline{SBHE}$
D_2	$\overline{I/OCS_{16}}$	C_2	LA_{23}
D_3	IRQ_{10}	C_3	LA_{22}
D_4	IRQ_{11}	C_4	LA_{21}
D_5	IRQ_{12}	C_5	LA_{20}
D_6	IRQ_{14}	C_6	LA_{19}
D_7	IRQ_{15}	C_7	LA_{18}
D_8	$\overline{DACK_0}$	C_8	LA_{17}
D_9	DRQ_0	C_9	$\overline{SMEMR}$
D_{10}	$\overline{DACK_5}$	C_{10}	$\overline{SMEMW}$
D_{11}	DRQ_5	C_{11}	SD_8
D_{12}	$\overline{DACK_6}$	C_{12}	SD_9
D_{13}	DRQ_6	C_{13}	SD_{10}
D_{14}	$\overline{DACK_7}$	C_{14}	SD_{11}
D_{15}	DRQ_7	C_{15}	SD_{12}
D_{16}	$+5V$	C_{16}	SD_{13}
D_{17}	$\overline{MASTER}$	C_{17}	SD_{14}
D_{18}	GND	C_{18}	SD_{15}

ISA 总线主要包据 24 条地址线，可寻址内存地址空间增加到 16MB；16 条数据线；控制总线（内存读写、接口读写、中断请求、中断响应、DMA 请求、DMA 响应等）；±5V、±12V 电源、地线等。

ISA 总线新增加了 8 条数据线、4 条地址线、7 个中断请求、4 个 DMA 请求、4 个 DMA 响应等信号,使 ISA 总线成为寻址内存为 16MB 的 16 位总线。

$\overline{SBHE}$ 是系统总线上高字节允许信号,当该信号为低电平时,表示数据线 $SD_8 \sim SD_{15}$ 上正在传送数据的高字节。$\overline{MEMCS}_{16}$ 是存储器 16 位数据选中信号,当该信号有效(低电平)时,表示总线上传送的 16 位数据是内存数据。$\overline{I/OCS}_{16}$ 是接口 16 位数据选中信号,当该信号有效(低电平)时,表示总线上的传送的 16 位数据是接口数据。在 ISA 总线上,B_8 定义为 OWS(零等待状态信号),当该信号为高电平时,通知 CPU 插入等待的时钟周期;而当该信号为低电平时,命令 CPU 无需插入等待的时钟周期。$\overline{MASTER}$ 是新增的主控信号,总线上的设备利用这个信号可以将自己变成总线的主控器,可以控制整个 ISA 总线完成诸如 DMA 等的数据传送。

另外,新定义了 $\overline{SMEMR}$ 和 $\overline{SMEMW}$ 内存读写控制信号,它们与 PC/XT 总线上的 $\overline{MEMR}$ 和 $\overline{MEMW}$ 的区别在于:XT 上的信号用于寻址 1MB 的内存地址空间,而 $\overline{SMEMR}$ 和 $\overline{SMEMW}$ 则可以寻址整个 16MB 的内存地址空间。

ISA 总线的性能不是很高,它的地址线只有 24 条,故内存寻址空间只有 16MB。它是一条 16 位的总线,总线上的数据线只有 16 条。总线的最高工作频率为 8MHz,其数据最高传送速率只有 16MB/s。这样的总线性能已满足了当时的使用要求,所以在 1984 年之后的十几年里,ISA 总线得到极为广泛的应用,大批厂家以该总线为依据开发了大批的硬件电路板和相应的软件。直到今天在一些工业控制微型计算机系统中仍有使用。

3. EISA 总线

上面提到的 ISA 总线对于 16 位 CPU 是很合适的,如 80286、80386 SX 等 CPU。但是,当 80386 DX(32 位 CPU)开发出来之后,ISA 总线就无法适应 32 位 CPU 的性能要求了。为此,不少厂家在这个时期推出多种 32 位的内总线标准,例如 VL 总线、EISA 总线等。在这里稍具影响的就是 EISA(扩展的工业标准结构)总线。

EISA 总线是在 ISA 总线的基础上发展起来的 32 位总线。该总线定义了 32 位地址线和 32 位数据线,以及其他控制信号线、电源线、地线等共 196 个接点。总线传输速率达 33MB/s。该总线利用总线插座与 ISA 总线相兼容,插板插在上层为 ISA 总线信号,将插板插到下层便是 EISA 总线。

尽管 EISA 在性能上比 ISA 要好得多,而且是一条 32 位的总线标准。但是,该标准并未得到广泛的应用,不久它就被新推出的标准 PCI 所取代。鉴于这一原因,这里就不再做更多的说明。

4. PCI 总线

PCI(外部设备互连)是 1992 年由 Intel 公司推出的总线标准,该总线具有很好的性能和特点,一经推出立即得到广泛应用。目前的 PC 主板均无一例外地配置了多个 PCI 总线插槽。

1) PCI 总线的特点

PCI 总线是一种不依赖于任何具体 CPU 的局部总线,也就是说它独立于 CPU。限于篇幅,这里只说明 PCI 的一部分特点。

(1) 高性能。

PCI 的总线时钟频率为 33MHz/66MHz。而且在进行 64 位数据传送时,其数据传输速率可达到 528MB/s。这样高的传输速率是此前其他内总线所无法达到的。在 PCI 的插槽上,可以插上 32 位的电路板(卡),也可插上 64 位的电路板(卡),实现两者兼容。目前,PCI 总线时钟频率可达 133MHz,其数据传输速率就更高一些。

(2) 总线设备工作与 CPU 相对独立。

在 CPU 对 PCI 总线上的某设备进行读写时,要读写的数据先传送到缓冲器中,通过 PCI 总线控制器进行缓冲,再由 CPU 处理。当写数据时,CPU 只将数据传送到缓冲器中,由 PCI 总线控制器将数据再写入规定的设备。在此过程中 CPU 完全可以去执行其他操作。可见,PCI 的工作与 CPU 是不同步的,CPU 速度可能很快,而 PCI 相对要慢一些,它们是相对独立的。这一特点就使得 PCI 可以支持各种不同型号的 CPU,具有更长的生命周期。

(3) 即插即用。

即插即用就是在 PCI 总线上的电路板(卡)插在 PCI 总线上立即就可以工作。PCI 总线的这一特点为用户带来了极大的方便。

在此前的总线(如 ISA)上可以插上不同厂家生产的电路板(卡),但不同厂家的电路板(卡)有可能发生地址竞争而无法正常工作,解决的办法就是利用电路板(卡)上的跳线开关来改变地址。在 PCI 总线上就不存在这样的问题,PCI 总线上的接口地址由 PCI 控制器自动配置,不可能发生竞争,所以,电路板(卡)插上就能用。

(4) 支持多主控设备。

接在 PCI 总线上的设备均可以提出总线请求,通过 PCI 管理器中的仲裁机制使该设备成为主控设备,由它来控制 PCI 总线,实现主控设备与从属设备间点对点的数据传输。并且,PCI 总线最多可以支持 10 个设备。

(5) 错误检测及报告。

PCI 总线能够对所传送地址及数据信号进行奇偶校验检测,并通过某些信号线来报告错误的发生。

(6) 两种电压环境。

PCI 总线可以在 5V 电压环境下工作,也可以在 3.3V 电压环境下工作。

2) PCI 总线的信号

(1) PCI 总线引脚信号安排。

PCI 总线定义了两种 PCI 扩展卡及连接器(即主板上的 PCI 插槽):即长卡和短卡。

短卡为 32 位总线而设计,插槽分为 A、B 两边,每边定义 62 个引脚信号,因此短卡共有 124 个引脚。

长卡为 64 位总线而设计,插槽分为 A、B 两边,每边定义 94 个引脚信号。长卡的 A、B 两边每边的前 62 个引脚信号与短卡信号是完全一样的,以便与短卡完全兼容。同时,长卡又单独定义了 A、B 两边的其他各 32 个信号。PCI 总线引脚信号定义如表 3.3 所示。

表 3.3　PCI 总线引脚定义

引　　脚	信　　号	引　　脚	信　　号
B_1	−12V	A_1	$\overline{TRST}$
B_2	TCK	A_2	+12V

引　脚	信　　号	引　脚	信　　号
B_3	GND	A_3	TMS
B_4	TD_0	A_4	TD_1
B_5	+5V	A_5	+5V
B_6	+5V	A_6	$\overline{INTA}$
B_7	$\overline{INTB}$	A_7	$\overline{INTC}$
B_8	$\overline{INTD}$	A_8	+5V
B_9	$\overline{PRSNT_1}$	A_9	保留
B_{10}	保留	A_{10}	+5V I/O
B_{11}	$PRSNT_2$	A_{11}	保留
B_{12}	KEY 或 GND	A_{12}	KEY 或 GND
B_{13}	KEY 或 GND	A_{13}	KEY 或 GND
B_{14}	保留	A_{14}	保留
B_{15}	GND	A_{15}	$\overline{RST}$
B_{16}	CLK	A_{16}	+5V I/O
B_{17}	GND	A_{17}	$\overline{GNT}$
B_{18}	$\overline{REQ}$	A_{18}	GND
B_{19}	+5V I/O	A_{19}	保留
B_{20}	AD_{31}	A_{20}	AD_{30}
B_{21}	AD_{29}	A_{21}	+3.3V
B_{22}	GND	A_{22}	AD_{28}
B_{23}	AD_{27}	A_{23}	AD_{26}
B_{24}	AD_{25}	A_{24}	GND
B_{25}	+3.3V	A_{25}	AD_{24}
B_{26}	$C/\overline{BE_3}$	A_{26}	IDSEL
B_{27}	AD_{23}	A_{27}	+3.3V
B_{28}	GND	A_{28}	AD_{22}
B_{29}	AD_{21}	A_{29}	AD_{20}
B_{30}	AD_{19}	A_{30}	GND
B_{31}	+3.3V	A_{31}	AD_{18}
B_{32}	AD_{17}	A_{32}	AD_{16}
B_{33}	$C/\overline{BE_2}$	A_{33}	+3.3V
B_{34}	GND	A_{34}	$\overline{FRAME}$
B_{35}	$\overline{IRDY}$	A_{35}	GND
B_{36}	+3.3V	A_{36}	$\overline{TRDY}$
B_{37}	$\overline{DEVSEL}$	A_{37}	GND
B_{38}	GND	A_{38}	$\overline{STOP}$
B_{39}	$\overline{LOCK}$	A_{39}	+3.3V
B_{40}	$\overline{PERR}$	A_{40}	$\overline{SDONE}$
B_{41}	+3.3V	A_{41}	$\overline{SBO}$
B_{42}	$\overline{SERR}$	A_{42}	GND
B_{43}	+3.3V	A_{43}	PAR
B_{44}	$C/\overline{BE_1}$	A_{44}	AD_{15}

引　脚	信　　号	引　脚	信　　号
B_{45}	AD_{14}	A_{45}	$+3.3V$
B_{46}	GND	A_{46}	AD_{13}
B_{47}	AD_{12}	A_{47}	AD_{11}
B_{48}	AD_{10}	A_{48}	GND
B_{49}	GND	A_{49}	AD_9
B_{50}	KEY 或 GND	A_{50}	KEY 或 GND
B_{51}	KEY 或 GND	A_{51}	KEY 或 GND
B_{52}	AD_8	A_{52}	$C/\overline{BE_0}$
B_{53}	AD_7	A_{53}	$+3.3V$
B_{54}	$+3.3V$	A_{54}	AD_6
B_{55}	AD_5	A_{55}	AD_4
B_{56}	AD_3	A_{56}	GND
B_{57}	GND	A_{57}	AD_2
B_{58}	AD_1	A_{58}	AD_0
B_{59}	$+5V I/O$	A_{59}	$+5V I/O$
B_{60}	$\overline{ACK_{64}}$	A_{60}	$\overline{REQ_{64}}$
B_{61}	$+5V$	A_{61}	$+5V$
B_{62}	$+5V$ KEY	A_{62}	$+5V$ KEY
B_{63}	保留	A_{63}	GND
B_{64}	GND	A_{64}	$C/\overline{BE_7}$
B_{65}	$C/\overline{BE_6}$	A_{65}	$C/\overline{BE_5}$
B_{66}	$C/\overline{BE_4}$	A_{66}	$+5V I/O$
B_{67}	GND	A_{67}	PAR_{64}
B_{68}	AD_{63}	A_{68}	AD_{62}
B_{69}	AD_{61}	A_{69}	GND
B_{70}	$+5V I/O$	A_{70}	AD_{60}
B_{71}	AD_{59}	A_{71}	AD_{58}
B_{72}	AD_{57}	A_{72}	GND
B_{73}	GMD	A_{73}	AD_{56}
B_{74}	AD_{55}	A_{74}	AD_{54}
B_{75}	AD_{53}	A_{75}	$+5V I/O$
B_{76}	GND	A_{76}	AD_{52}
B_{77}	AD_{51}	A_{77}	AD_{50}
B_{78}	AD_{49}	A_{78}	GND
B_{79}	$+5V I/O$	A_{79}	AD_{48}
B_{80}	AD_{47}	A_{80}	AD_{46}
B_{81}	AD_{45}	A_{81}	GND
B_{82}	GND	A_{82}	AD_{44}
B_{83}	AD_{43}	A_{83}	AD_{42}
B_{84}	AD_{41}	A_{84}	$+5V I/O$
B_{85}	GND	A_{85}	AD_{40}
B_{86}	AD_{39}	A_{86}	AD_{38}

引　脚	信　　号	引　脚	信　　号
B_{87}	AD_{37}	A_{87}	GND
B_{88}	+5V I/O	A_{88}	AD_{36}
B_{89}	AD_{35}	A_{89}	AD_{34}
B_{90}	AD_{33}	A_{90}	GND
B_{91}	GND	A_{91}	AD_{32}
B_{92}	保留	A_{92}	保留
B_{93}	保留	A_{93}	GND
B_{94}	GND	A_{94}	保留

（2）PCI 总线信号分类。

PCI 总线信号分为如下几类。

① 地址及数据信号

$AD_0 \sim AD_{63}$ 是地址/数据信号，为双向三态的时间复用信号，即某一时刻这些信号线上传送的是地址信号，而在另外的时刻这些信号线上传送的是数据信号。

$C/\overline{BE_0} \sim C/\overline{BE_7}$ 是命令/字节选择信号，是双向三态的时间复用信号。在传送地址期间，这些信号线上传送总线命令。在传送数据期间，它们用来指定 64 位数据中哪个（或哪些）字节有效。

② 接口控制信号

$\overline{FRAME}$ 为帧周期信号，为低电平有效的双向三态信号。由当前的主控设备驱动，它有效表示一次总线传输开始并持续。

$\overline{IRDY}$ 是主控设备准备好信号，为低电平有效的双向三态信号。该信号有效表示发起一次传输的设备已准备好，能完成一次数据传送。

$\overline{TRDY}$ 是从属设备准备好信号，为低电平有效的双向三态信号。该信号有效表示从属设备已经做好了完成本次数据传送的准备。

$\overline{STOP}$ 是停止数据传送的信号，为低电平有效的双向三态信号。该信号有效表示从属设备要求主控设备停止当前的数据传送。

$\overline{LOCK}$ 为锁定信号，为低电平有效的双向三态信号。该信号有效表示驱动它的设备需要多次传输才能完成其操作。

IDSEL 为初始设备选择信号，该信号是输入信号。在参数配置读写期间该信号用作片选信号。

$\overline{DEVSEL}$ 为设备选择信号，为低电平有效的双向三态信号。该信号变为低电平时，表示驱动它的设备变为从属设备。

③ 仲裁信号

由于 PCI 总线上的设备都有可能成为主控设备来控制总线，实现规定的数据传送。当多个设备同时希望成为主控设备时，就需要进行仲裁，以决定哪个设备能够成为主控设备。

$\overline{REQ}$ 为总线占用请求信号，为低电平有效的三态信号。该信号有效时表示驱动它的设备请求占用总线。

$\overline{GNT}$ 为总线占用允许信号，为低电平有效的三态信号。该信号有效时是向请求占用总线的设备表明其占用请求已获得批准。

④ 系统信号

CLK 是 PCI 总线系统的时钟信号。对所有 PCI 上的设备它都是输入信号,该信号决定了 PCI 的传输速率。初期的 CLK 为 33MHz,后来又变为 66MHz。今天该时钟信号可达 133MHz。

$\overline{\text{RST}}$ 是复位信号,为低电平有效的输入信号。该信号使 PCI 总线专用的特殊寄存器和定序器恢复到初始状态。

⑤ 错误报告信号

$\overline{\text{PERR}}$ 为数据奇偶校验错误报告信号,为低电平有效的双向三态信号。在一个数据周期完成时,如果发现数据奇偶校验错,则立即使 $\overline{\text{PEER}}$ 有效。

$\overline{\text{SERR}}$ 为系统错误报告信号,为低电平有效的漏极开路信号。该信号用来报告地址奇偶校验错、特殊命令序列中奇偶校验错或者其他可能引起致命后果的系统错误。

⑥ 中断信号

$\overline{\text{INTA}}$、$\overline{\text{INTB}}$、$\overline{\text{INTC}}$ 和 $\overline{\text{INTD}}$ 为 4 个中断请求信号,为低电平有效的漏极开路信号。其作用是用于请求一次中断,而后 3 个信号只用于多功能设备。对于单功能设备,中断请求只能用 $\overline{\text{INTA}}$;对于多功能设备最多可允许 4 个中断请求,可分别接这 4 条中断请求信号线。

⑦ 高速缓存支持信号

在 PCI 总线上可以配置高速缓冲存储器,为了更好地利用高速缓存,设置了以下两个支持信号。

$\overline{\text{SBO}}$ 为试探返回信号,为低电平有效的输入/输出信号。该信号有效表示命中了一个修改过的行。

$\overline{\text{SDONE}}$ 为监听完成信号,为低电平有效的输入/输出信号。当该信号为高电平时表示监听正在进行;当其为低电平时表示监听已经完成。

⑧ 64 位扩展总线的有关信号

在进行 64 位传送时,需要前面提到的 $AD_0 \sim AD_{63}$ 这 64 条信号线和 $C/\overline{BE_0} \sim C/\overline{BE_7}$ 这 8 个信号。除此之外还需要如下几个支持信号。

$\overline{\text{REQ}}_{64}$ 为 64 位请求信号,为低电平有效的双向三态信号。该信号由当前的主控设备驱动,表示该设备需要进行 64 位的数据传送。

$\overline{\text{ACK}}_{64}$ 为 64 位传输的响应信号,为低电平有效的双向三态信号。该信号由从属设备驱动,表示该设备将按照 64 位进行数据传送。

PAR_{64} 为奇偶双字节校验信号,为高电平有效的双向三态信号。该信号是对 $AD_{32} \sim AD_{63}$ 和 $C/\overline{BE_4} \sim C/\overline{BE_7}$ 的奇偶校验信号。

5. PCI-E

PCI 属于并行传输方式,即使用多条信号线同时并行传输多位数据,但 PCI Express (PCI-E)采用的是每次 1 位的串行传输方式。

PCI-E 能够提供 2.5Gb/s 的单向单线连接传输速率。一个 PCI Express 连接可以被配置成 x1、x2、x4、x8、x12、x16 和 x32 的数据带宽。x1 的通道能实现单向 312.5MB/s (2.5Gb/s)的传输速率,x32 通道连接能提供 10GB/s 的速率。一般的显卡使用的 PCI-

EX16 标准其数据传输率为 4.8GB/s,远远高于此前最流行的 AGP 8X 的 2.1GB/s 的数据流量。对于广大用户来说,就像 PCI 代替了 ISA 一样,PCI-E 直接带来的变化就是显卡性能得以大幅度提升,从而使 AGP 永远退出历史舞台。

与 PCI 总线相比,PCI Express 总线具有如下的主要技术特点。

(1) PCI-E 是串行总线,进行点对点传输,每个传输通道独享带宽。

(2) PCI-E 总线支持双向传输模式和数据分通道传输模式。其中数据分通道传输模式即 PCI Express 总线的 x1、x2、x4、x8、x12、x16 和 x32 多通道连接。

(3) PCI-E 总线充分利用了先进的点到点互连、基于交换的技术以及基于包的协议来实现新的总线性能和特征。PCI-E 总线支持电源管理、服务质量(QoS)控制、支持热插拔、数据完整性控制以及错误处理机制等特征。

(4) 与 PCI 总线保持良好的继承性,从而可以保障软件的继承性和可靠性。PCI-E 总线的关键特征,比如应用模型、存储结构和软件接口等与传统 PCI 总线保持一致,使得并行的 PCI 总线被一种具有高度扩展性的、完全串行的 PCI-E 总线所替代。

(5) PCI-E 总线充分利用了先进的点到点互连,降低了系统硬件平台设计的复杂性和难度,从而大大降低了系统的开发设计成本,极大地提高了系统的性价比和健壮性。

3.2.2 外总线

随着微型计算机的发展,各种外总线标准不断涌现。外总线标准有七八十种之多,根据外总线在传输数据时采用的是串行方式还是并行方式可将其分为串行外总线和并行外总线。此处仅介绍下面几种。

1. RS-232C

1) RS-232C 的特点

RS-232C 是一条串行外总线,其主要特点如下。

(1) 传输线比较少。尽管 RS-232C 定义的信号线比较多,但在应用中通常只用 7~9 条信号线即可实现通信。最少只需 3 条线(一条发、一条收、一条地线)即可实现全双工通信。

(2) 传送距离远。用电平传送为 15m,电流环传送可达千米。

(3) 具有多种可供选择的传送速率。利用 RS-232C 进行通信,有多种通信速率可供选择。下列速率均在可选之列:50、75、110、300、600、1200、2400、4800、9600、19 200Baud 等。

(4) 采用非归零码负逻辑工作。该标准规定,电平在 -3V~-15V 规定为逻辑 1,而电平在 +3V~+15V 规定为逻辑 0,具有较好的抗干扰性。

(5) 结构简单,实现容易。RS-232C 总线实现起来非常容易,采用本书后面描述的通信接口芯片 8250 加上电平转换芯片(如 1488 和 1489),再配上相应的通信程序,便可以实现通信双方的全双工通信。

正是由于 RS-232C 的这些优点,在上世纪 80 年代到 90 年代得到非常广泛的应用。直到今天,PC 上仍然配置 RS-232C 总线接口。

2) RS-232C 存在的问题

RS-232C 在 20 世纪广泛地应用于比较简单的微型计算机系统中。随着技术的进步和通信需求的改变,尤其是当今的应用中经常需要以高速度传送各种大数据量的多媒体信息,这时,RS-232C 就显得无能为力了。RS-232C 存在的主要问题如下。

（1）通常 RS-232C 只能实现点对点的通信,而许多微型计算机系统经常需要进行一点对多点或多点对多点的通信,RS-232C 难以满足这样的要求。

（2）从前面给出的传输速率可以看到,RS-232C 的数据传输速率非常低。当用它来传送大数据量的图像及声音信号时,其传送时间是用户所无法忍受的。

鉴于上述原因,RS-232C 的应用会逐步衰落,直到最后退出历史舞台。因此,在此就不再对其做更详细的介绍了。

2. PC 的外总线

1）SCSI 总线

小型计算机系统接口（SCSI）是一条并行外总线,广泛应用于微型计算机与软硬磁盘、光盘和扫描仪等外设的连接。就目前的应用来说,计算机的联机外存接口总线分为两大阵营,一类为下面将要提及的 IDE（ATA）,另一类就是 SCSI。IDE 是普通家用 PC 的硬盘和光盘等外设常用的接口,也是最常用的硬盘接口;而 SCSI 主要是面向服务器和磁盘阵列（RAID）等高端外存储器市场。

SCSI 具有许多优秀的特点。

① 适应范围广。在使用 IDE 接口时,会受到 IRQ（中断号）及 IDE 通道的限制,一般情况下每个 IDE 通道占用一个 IRQ,而一块标准主板只有两个 IDE 通道（即 IDE1 与 IDE2 插槽）,每两个设备要占用一个 IDE 通道。因此,一块标准主板上最多只能连接 4 个 IDE 设备。使用 SCSI 则可以使连接设备数超过 15 个,而且所有设备只占用一个中断号,因此它的适应面比 IDE 要广得多。

② 传输速率高。目前,最新的 SCSI 接口类型 Ultra 320 SCSI 所支持的最大总线速度为 320Mb/s。虽然实际使用时可能达不到这个理论值,但上百兆比特的传输率在 SCSI 上还是能够达到的。即将诞生的 SCSI 5 的传输速率将高达 640Mb/s。

③ 提高了 CPU 的效率。构成 SCSI 系统必须要有 SCSI 控制卡或适配器,在控制卡上会有专用的芯片负责 SCSI 数据的处理。CPU 只需将命令传输给 SCSI 的专用处理芯片,后面有关的处理工作就由 SCSI 的专用芯片去处理,这时,CPU 就可以去执行其他操作。因此,SCSI 系统对 CPU 的占用率是很低的,这样可以大大提高 CPU 的效率。

④ 支持多任务。在 SCSI 系统的工作过程中,在对一个设备进行数据传输的同时,SCSI 允许另一设备对其进行数据访问。这在网络服务器系统中非常重要,因为在网络环境下经常需要同时处理许多并行请求。

⑤ 智能化。SCSI 卡上的专用处理芯片可以对 CPU 指令进行排队,这样就提高了工作效率。在多任务时硬盘会在当前磁头位置将邻近的任务先完成,再逐一进行处理。

但是,在 SCSI 总线的使用中,尤其是近几年对总线数据传输速率的要求愈来愈高,SCSI 总线也暴露出一些问题。

① 传输速率问题。目前 SCSI 的最高速率为 320Mb/s,未来可做到 640Mb/s。作为并行总线来说,这样的速率差不多是极限了,再想增加速率就非常困难了,甚至不可能做到。

② 不能热插拔。一般来说,SCSI 必须在电脑和外设都关断电源的情况下插拔,否则可能产生严重的后果。

③ 挂接的设备有限。在 SCSI 总线上除主控器之外仅能挂接 15 个设备,每个设备须有自己的 ID 号,不得重复使用,其他设备不能使用 CPU 占用的 ID,这使得 SCSI 在使用上受

到限制。

④ 总线电缆的限制。SCSI 总线电缆必须接上匹配网络,以减小电缆和连接器的反射,信号终端限制是比较苛刻的。同时,并行总线在高速传输时,信号扭曲和串音(交叉串扰)是难以避免的,这必然影响 SCSI 的传输速率及总线的可靠性。

鉴于上述问题,人们提出了串行 SCSI 总线,即 SAS 总线。该总线一经提出,立即引起反响,许多厂家已根据其规范生产出有关产品。由于 SAS 的许多优异性能,可以肯定它将成为未来连接硬盘和光盘等设备总线的发展方向。

SAS 的一些优异性能主要表现在以下几方面。

① 高速率。串行连接 SCSI 以一步到位的方式达到了优异的性能、扩展性和灵活性。目前它达到的传输速率为 3.0Gb/s,很快就会达到 6Gb/s,不久的将来其传输速率将达到 12.0Gb/s。

② 兼容性良好。针对不断扩大的系统需求,SAS 能够对串行 ATA(SATA)无缝兼容。可以方便地为用户提供混接 SAS 和 SATA 硬盘来有效地满足应用需求。

③ 点对点架构。

串行连接 SCSI 的点对点的串行架构相对此前的并行技术既简单又健壮。Ultra 320 SCSI 需要用几十根信号导线(其中 16 个数据信号就需 32 条导线,每个信号需要两根)来实现 LVD 信号传输,而 SAS 仅需 4 条。

④ 全双工、多端口设计。全双工操作可双向同时进行信号传输,因此使有效吞吐量提高一倍。

⑤ 更强的扩展性。与 SAS 的点对点架构相匹配的是高速交换设备,也叫扩展器,能够快速聚合许多硬盘,使一个单一 SAS 域能容纳多达 16 384 块硬盘而不致降低性能。

⑥ 更长的电缆长度。SAS 电缆线最长可达 8m,不仅可用于直接连接服务器,还可连接服务器周围独立的存储阵列。

⑦ 电缆和接头紧凑设计。SAS 接头和电缆比并行 SCSI 组件小得多,因此可简化接线,节省空间,并改善系统机箱内的空气流动及提高散热水平。SAS 接头还能够轻松地插接到小尺寸硬盘上。

⑧ 支持热插拔和热交换。SAS 的热插拔能力实现了不停机的硬盘交换,保证了不中断的数据可用性。

⑨ 全球唯一的设备 ID。每个 SAS 端口和扩展器都有一个全球唯一的 64 位 SAS 地址。

⑩ 保留 SCSI 指令集。SAS 保留了现有的 SCSI 指令及其并行技术所具有的核心优势。SAS 还保护了企业多年来在配置、部署和维护 SCSI 系统方面储备的大量 SCSI 智力资金。

综上所述,SAS 被认为是企业级接口最佳的系统解决方案,SAS 的超前思维设计确保它能够满足现在乃至未来的企业应用需要。

2) ATA 总线

ATA 的前身为 IDE(集成设备电气接口)及 EIDE(增强 IDE),后由美国国家标准学会命名为 ATA 总线。该总线广泛用于家用 PC,用来连接硬磁盘和光盘等设备。

（1）ATA 概述

早期的 IDE 功能很弱，在此总线上只能接两块硬盘，数据传输速率很低（2MB/s），能管理的硬盘容量很小（528MB），但它能满足当时的 PC 的需要。随着计算机的发展，对硬盘的容量要求愈来愈大，对传输速率的要求也愈来愈高，为适应这一要求，ATA 也在不断地发展。ATA 从 1994 年发布至今共经历了 7 代标准，如表 3.4 所示。

表 3.4 ATA 的发展及简要性能

名　称	年　份	传 输 方 式	传输速率（MB/s）	电　缆
ATA-1	1994	单字节，DMA 0	2.1	40 针
		PIO-0	3.3	
		单字节 DMA 1，多字节 DMA 0	4.2	
		PIO-1	5.2	
		PIO-2，单字节 DMA 2	8.3	
ATA-2	1996	PIO-3	11.1	40 针
		多字节 DMA 1	13.3	
		PIO-4，多字节 DMA 2	16.6	
ATA-3	1997	PIO-4，多字节 DMA 2	16.6	40 针
ATA-4	1998	多字节 DMA 3，UltraDMA 33	33.3	40 针
ATA-5	2000	UltraDMA 66	66.7	40 针 80 芯
ATA-6	2000	UltraDMA 100	100.0	40 针 80 芯
ATA-7	2002	UltraDMA 133	133.0	40 针 80 芯

ATA 中磁盘驱动器与主机之间的数据传输方式有两种：一种是程序输入/输出（即 PIO）方式，这种方式下 CPU 通过执行程序实现数据的交换。显然，这种方式的传输速率不可能太高。另一种是直接存储器存取（即 DMA）方式，这种方式下磁盘驱动器与主机之间的数据传送不需要 CPU 参与。这种传输方式的数据传输速率要更快一些。

（2）ATA 总线的发展

像 SCSI 总线一样，ATA 作为主要用于磁盘、光盘和扫描仪等外设的并行总线，在技术与需求不断发展的情况下暴露出了许多问题，尤其是数据传输速率几乎快要达到极限。因此，也像 SCSI 总线一样出现了串行的 ATA 总线，即 SATA。

SATA 采用 7 针数据电缆，主要有 4 个针脚，第 1 针发送信号，第 2 针接收信号，第 3 针供应电源，第 4 针为地线。最长可以达到 1m，而并行 ATA 最长为 40cm。

同样，SATA 具备许多优异特性：高速度，可连接多台设备，支持热插拔，以及内置数据校验等，这里不再说明。

作为今后的技术方向，SATA 将得到迅速发展。在未来，SATA 有望能与 SCSI 各占半壁江山。

3）USB 总线

（1）USB 总线的由来

USB 是英文 Universal Serial Bus 的缩写，中文含义是"通用串行总线"。

USB 总线是由 Intel 等多家公司联合提出的一种新的串行总线标准。

（2）USB 总线的特点

现在 USB 已经广为流行，成为 PC 不可或缺的接口。同时，USB 也在工业控制机中广为采用，而且今后其应用必定更加普遍。之所以这样，是因为 USB 具备许多优异的性能与特点。

① 传输速率高。USB 1.0 有两种传送速率：低速 1.5Mb/s，高速为 12Mb/s。USB 2.0 的传送速率为 480Mb/s。前者用于低速外设，如键盘和鼠标等；而后者可用于高速外设，如 U 盘、移动硬盘和多媒体外设等。最新的 USB 3.0 的传送速率高达 5GB/s。

② 支持即插即用。主控 USB 可以随时监测该 USB 总线上设备的接入和拔出情况。在主控器的控制下，总线上的外设永远不会发生冲突，实现了总线的设备即插即用。

③ 支持热插拔。用户在 USB 上使用外接设备时，不需要重复"关机→将并口或串口电缆接上→再开机"这样的动作，而是在 PC 工作时就可以将 USB 电缆插上使用。然而，用户必须明确，USB 总线接口是允许带电插拔的，但是使用 USB 总线接口的外设则可能不支持热插拔。若移动硬盘正在写数据，这时拔下 USB 电缆插头，可能对 USB 总线并没有伤害，但对移动硬盘来说就是不允许的。

④ 良好的扩展性。USB 支持在总线上连接多个设备同时工作，而且总线的扩展很容易实现。在 USB 上最多可以连接 127 台设备。

⑤ 可靠性高。USB 上传输的数据量可大可小，允许传输速率在一定范围内变化，为用户提供了使用上的灵活性。同时，在 USB 协议中包含了传输错误管理、错误恢复等功能，并能根据不同的传输类型来处理传输错误，从而提高了总线传输的可靠性。

⑥ 统一标准。USB 是一种开放的标准。在 USB 总线上，所有 USB 设备与系统的接口一致，连线简单。各种外设都可以用同样的标准与主机相连接，因此就有了 USB 硬盘、USB 鼠标、USB 打印机等。这就使得外设的使用非常简单，尤其是有了支持 USB 的操作系统（如高于 Windows 98 的版本），外设插上就可以使用。

⑦ 总线供电。USB 总线上可以提供容量为 5V×500mA 的电源，这对许多要求功率不大的外设特别方便。

⑧ 传送距离。USB 在低速传送（低速 1.5MB/s）时采用非屏蔽电缆，节点间的距离为 3m；在全速传送（高速 12MB/s）时采用屏蔽电缆，节点间的距离为 5m。

⑨ 低成本。USB 接口电路简单，易于实现，特别是低速设备。USB 系统接口和电缆也比较简单，成本相对较低。

（3）USB 信号定义及拓扑结构

① 信号定义

在 USB 2.0 的规范中，USB 定义了 4 个信号：V_{USB}（电源+5V）、GND（地）、D+（信号正端）、D−（信号负端）。这 4 个信号用一条屏蔽（或没有屏蔽）的 4 芯电缆进行传送，如图 3.1 所示。

图 3.1 USB 总线信号

在图 3.1 中，一对标准规格的双绞线既可以用来传送单端信号，也可以用来传送差分信号。另外一对用于提供 5V×500mA 容量的电源。

② 拓扑结构

利用 USB 主机来连接 USB 设备，采用分层次的拓扑结构，图 3.2 表示了这样的分层结构。

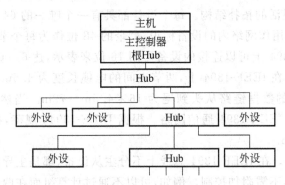

图 3.2 USB 总线连接的拓扑结构

由于定时对 Hub(集线器)及电缆传输时间的限制，拓扑结构中允许的最大层数为 7 层(包括根层)。在主机与任何设备之间的通信路径上最多支持 5 个非根 Hub。

在任何 USB 系统中仅有一个主机。主机中的 USB 接口称为主控制器，主控制器由硬件、固件及软件构成，其中的核心就是 USB 主控器专用芯片。通常根 Hub 与主控器集成在一起，可提供一个或多个加入点。

对读者来说，无论是将来以 PC 为基础做开发工作，还是以单片 SOC(片上系统)构成微型计算机系统，USB 都是十分有用的。

4) IEEE-1394

1987 年，Apple 公司推出了一种高速串行总线——FireWire(火线)，希望能取代并行的 SCSI 总线。后来 IEEE 联盟在此基础上将其定为 IEEE-1394 标准。该标准有其自身的特点，成为 USB 强有力的竞争对手。

(1) IEEE-1394 的特点

IEEE-1394 作为新一代串行外总线，有许多与 USB 相同的优点，现将其主要性能特点说明如下。

① 支持热插拔。该特性保证在系统全速工作时，IEEE-1394 设备也可以插入或拔下。用户会发现，增加或去掉一个 IEEE-1394 设备就像将电源线插头插入或拔出电气插座一样容易。

② 即插即用。同 USB 一样，接在 IEEE-1394 上的设备插上即可使用，不存在竞争问题。设备的存在与否及设备地址由主节点动态地确定，对用户是透明的。

③ 传输速率高。IEEE-1394a 标准定义了 3 种传输速率,分别是 100Mb/s、200Mb/s 和 400Mb/s。这样的速率已经可以用来传输动态图像信号。而 IEEE-1394b 标准可支持 800Mb/s、1.6Gb/s 甚至 3.2Gb/s 的传输速率。

④ 兼容性好。IEEE-1394 总线可适应台式个人机用户的各种 I/O 设备的要求,凡是 SCSI、RS-232C、IEEE-1284 和 Centronics 等可实现的接口功能,IEEE-1394 均可实现。

⑤ 支持同步和异步传输。异步传输是传统的传输方式,它在主机与外设传输数据时,不是实时地将数据传给主机,而是强调分批地把数据传出来,数据的准确性非常高。而同步传输则强调其数据的实时性,利用这种功能,设备可以将数据直接通过 IEEE-1394 的高带宽和同步传输直接传到计算机上。

⑥ 构成网络形式灵活。IEEE-1394 可以使用菊花链、树形和星形等多种形式构成通信网络,可以实现多种灵活的拓扑结构。每个设备都具有一个唯一的 64 位设备地址,其中 10 位用作网络标识,6 位用作网络内的设备标识,剩余的 48 位作为每个节点上的存储器地址。可见,理论上 IEEE-1394 上可以连接的设备可用 16 位来表示,达 64 000 台之多。

⑦ 传送距离远。在 IEEE-1394 上,两节点间的电缆长度为 4.5m,而它最多允许有 16 层节点,因此,它构成的数据链路从头到尾为 16×4.5m=72m。当然,可以由多条长度为 72m 的数据链路构成 IEEE-1394 通信网络。根据 IEEE-1394b 规范,在此总线上两节点间的最大距离可达 100m。

⑧ 接口设备对等。在 IEEE-1394 总线上不分主从设备,都是主导者和服务者。其中有足够的功能用于连接,不需附加控制。例如,可以不通过计算机而在两台摄像机之间直接传递数据。

⑨ 总线供电。IEEE-1394 总线上可以提供电压为 8～40V、电流为 1500mA 的电源供无源外设使用。

⑩ 价格低。IEEE-1394 的价格降低,适合于家电产品。

(2) IEEE-1394 的接口类型

IEEE-1394 接口有 6 针和 4 针两种类型。

最早由 Apple 公司开发的 IEEE-1394 接口是六角形的 6 针接口。这种接口主要用于普通的台式计算机,目前很多主板都具备这种接口,应用十分广泛,特别是在 Apple 公司的计算机上。6 芯的 IEEE-1394 电缆截面示意图如图 3.3 所示。

在图 3.3 中,一组两股双绞线用于传送数据,另一组两股双绞线用于传送时钟信号,剩余的两条线用于提供电源。

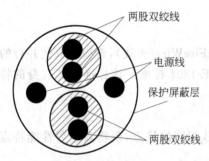

图 3.3　IEEE-1394 6 芯电缆示意图

两股双绞线
电源线
保护屏蔽层
两股双绞线

Sony 公司看中了 IEEE-1394 数据传输速率快的特点,将早期的 6 针接口进行改良,设计成为现在常见的小型四角形 4 针接口。该接口外观上要比 6 针接口小很多,主要用于笔记本电脑和 DV。与 6 针接口相比,4 针接口没有提供电源引脚,所以无法供电,但其优势就是小巧。

目前常见的外总线还有许多,如 IEEE-1284、Centronic,尤其是在工业控制计算机中常用的现场总线(CNA)以及以太网等,这里不再说明。

习 题

1. 试说明总线的分类及采用总线标准的优点。

2. PC/XT 总线插座上有多少个接点？主要包括哪几类信号？

3. 与 PC/XT 相比，PC/AT(ISA)总线新增加了哪些信号？其总线工作频率是多少？

4. 试说明 PCI 总线的特点，PCI 总线通常分为哪几类？说明什么叫即插即用。

5. 说明串行接口总线 RS-232C 的特点及其不足。

6. 叙述 SCSI 总线的特点及在当前使用中存在的问题，并说明 SAS 的主要优点。

7. 当前 ATA 总线的最高数据传输速率为多少？ATA 中磁盘驱动器与主机之间的两种数据传输方式有什么不同？SATA 较 ATA 好在哪里？

8. 说明 USB 的特点，USB 由哪 4 个信号组成？各起什么作用？USB 系统中主控器的主要功能是什么？

9. 简要说明 IEEE-1394 的特点。

第4章 存储系统

目前,在构成各种微型计算机内部存储器时,几乎无一例外地采用半导体存储器。本章主要介绍各类半导体存储器,并着重说明这些存储器在工程上如何使用。为此,要求读者掌握各半导体存储器芯片的外部特征,能熟练地将它们连接到微型计算机的总线上,构成所要求的内存空间。

4.1 存储系统概述

4.1.1 存储器的分类

根据存储器是设在主机内部还是外部,可将其分为内部存储器(简称内存)和外部存储器(简称外存)。内存用来存储当前运行所需要的程序和数据,以便直接与 CPU 交换信息。相对于外存而言,内存的容量小、工作速度高。外存则相反,用于存放当前不参加运行的程序和数据。

目前,内存都采用半导体存储器。按照工作方式的不同,半导体存储器分为读写存储器(RAM)和只读存储器(ROM)。

1. 读写存储器(RAM)

RAM 最重要的特性就是其存储信息的易失性(又称挥发性),即如果断开其供电的电源,则其存储的信息也随之丢失。在使用中应特别注意到这种特性。

RAM 按其制造工艺又可以分为双极型 RAM 和金属氧化物 RAM。

1) 双极型 RAM

双极型 RAM 的主要特点是存取时间短,通常为几纳秒(ns)甚至更短。与下面提到的MOS 型 RAM 相比,其集成度低、功耗大,而且价格也较高。因此,双极型 RAM 主要用于要求存取时间很短的微型计算机中。

2) 金属氧化物(MOS)RAM

用 MOS 器件构成的 RAM 又可分为静态读写存储器(SRAM)和动态读写存储器(DRAM)。当前的微型计算机中均采用金属氧化物(MOS)RAM。

SRAM 的主要特点是,其存取时间为几纳秒到几百纳秒,集成度比较高。目前经常使用的 SRAM 每片的容量为几十字节到几十兆字节。SRAM 的功耗比双极型 RAM 低,价格也比较便宜。

DRAM 的存取速度与 SRAM 的存取速度差不多。其最大的特点是其集成度特别高。目前单片 DRAM 芯片已达 4GB。其功耗比 SRAM 低,价格也比 SRAM 便宜。

DRAM 在使用中需要特别注意的是,它是靠存储在芯片内部的电容上的电荷来存储信息的。由于存储在电容上的电荷总是要泄漏的,因此它所存储的信息就会丢失,所以需要每隔几毫秒就要对 DRAM 存储的信息刷新一次,以保证信息不丢失。

由于用 MOS 工艺制造的 RAM 集成度高,存取速度能满足目前用到的各种类型的微型计算机的要求,而且其价格也比较便宜,因此,这种类型的 RAM 广泛用于各类微型计算机中。

2. 只读存储器(ROM)

ROM 的重要特性是其存储信息的非易失性,存放在 ROM 中的信息不会因去掉供电电源而丢失,当再次加电时,其存储的信息依然存在。

1) 掩膜工艺 ROM

这种 ROM 是芯片制造厂根据 ROM 要存储的信息设计固定的半导体掩膜版进行生产的。一旦制出成品之后,其存储的信息即可读出使用,但不能改变。这种 ROM 常用于批量生产,生产成本比较低。

2) 可一次编程 ROM(PROM 或 OTP)

PROM 可供用户根据自己的需要来写 ROM,它允许用户对其进行一次编程,即写入数据或程序。一旦编程之后,信息就永久性地固定下来。用户只可以读出和使用,但再也无法改变其内容。

3) 可擦去重写的 PROM

可擦去重写的 PROM 是目前使用最广泛的 ROM。这种芯片允许将其存储的内容利用物理的方法(通常是紫外线)或电的方法(通常是加上一定的电压)擦去。擦去后可以重新对其进行编程,写入新的内容。擦去和重新编程可以多次进行。一旦写入新的内容,就又可以长期保存下来(一般均在 10 年以上),不会因断电而消失。

利用物理方法(紫外线)可擦去的 PROM 通常用 EPROM 来表示;用电的方法可擦除的 PROM 用 EEPROM(或 E²PROM 或 EAROM)来表示。这些芯片的集成度高、价格低、使用方便,尤其适于科研工作的需要。

4.1.2 存储器的主要性能指标

1. 存储容量

这里指的是存储器芯片的存储容量,其表示方式一般为:芯片的存储单元数×每个存储单元存储数据的位数。

例如,6264 静态 RAM 的容量为 8K×8b,即它具有 8K 个单元(1K=1024),每个单元存储 8b(一个字节)数据。动态 RAM 芯片 NMC 41257 的容量为 256K×1b。

现在,各厂家为用户提供了许多种不同容量的存储器芯片。在构成微型计算机内存系统时,可以根据要求加以选用。

2. 存取时间

存取时间是指存取(即一次读或一次写)芯片中某一单元的数据所需要的时间。

3. 可靠性

微型计算机要正确地运行,必然要求存储器系统具有很高的可靠性。内存的任何错误都足以使计算机无法工作。而存储器的可靠性直接与构成它的芯片有关。目前所用的半导体存储器芯片的平均故障间隔时间(MTBF)大概为 $5×10^6 \sim 1×10^8$ H(小时)。

4. 功耗

使用功耗低的存储器芯片构成存储系统,不仅可以减少对电源容量的要求,而且能提高存储系统的可靠性。

5. 价格

构成存储系统时,在满足上述要求的情况下,应尽量选择价格便宜的芯片。

其他如体积、重量、封装方式等不再说明。

4.2 常用存储器芯片的连接使用

本节将从工程应用的角度出发阐述微型计算机中常用的一些存储器芯片的连接和使用以及使用中的一些问题。

由于技术的发展,不管是 SRAM 还是 DRAM,其集成度愈来愈高。目前,4MB 和 8MB 的 SRAM 已很容易买到,512MB、1GB 的 DRAM 芯片也早已成为商品了。实验室中已制造出几十 GB 的 DRAM 组件。同时,不同容量、不同速度和不同功能的各种存储器芯片有成千上万种。这在为用户提供了选择上的灵活性的同时,也为在技术上掌握它们带来了一定的困难。

学习本节的目的在于:掌握好存储器芯片的外特性,在工程上用好它。也就是说,要掌握好它们的引脚及其功能,以便能将它们连接到自己开发的系统中,为自己所用。而对于其内部构造,从工程应用角度来说可以不必深究。

由于存储器种类繁多,不可能也没必要介绍每种芯片。本节采用从特殊到一般的原则介绍某一种具体的芯片。读者在掌握了它的应用之后,再去使用其他芯片也就不会感到困难了。

4.2.1 静态读写存储器(SRAM)

1. 概述

SRAM 使用十分方便,在微型计算机领域获得了极其广泛的应用。现以一块典型的 SRAM 芯片为例说明其外部特性及工作过程。

现在以 8K×8b 的 CMOS RAM 芯片 6264(或 6164)芯片为例,说明其引脚功能。该芯片的引脚图如图 4.1 所示。

1) 引脚功能

6264(6164)有 28 条引脚,简要介绍如下。

$A_0 \sim A_{12}$ 为 13 条地址信号线。芯片上的这 13 条地址线决定了该芯片有多少个存储单元。因为 13 条地址线上的地址信号编码最大可以到 8192(8K)个。也就是说,芯片上的 13 条地址线上的信号经过芯片的内部译码,可以决定 8K 个单元。这 13 条地址线在使用时通常接总线的低位地址,以便 CPU 寻址该芯片拥有的 8K 个单元。

$D_0 \sim D_7$ 为 8 条双向数据线。正如上面所说,静态 RAM 芯片上的地址线的数目决定了该芯片有多少个存储单元;而芯片上的数据线的数目决定了芯片中每个存储单元存储了多少个二进制位。6264 有 8 条数据线,说明该芯片的每个单元存放一个字节。在使用中,芯片的数据线与总线的数据线相连接。当 CPU 写芯片的某个单元时,将数据传送到该芯片内部这个指定的单元。当 CPU 读某一单元时,又能将被选中芯片该单元中的数据传送到总线上。

$\overline{CS_1}$ 和 CS_2 为两条片选信号的引脚,当两个片选信号同时有效时,即 $\overline{CS_1}=0$,$CS_2=1$ 时,才能选中该芯片。不同类型的芯片,其片选信号多少不一,但要选中芯片,只有使芯片上所有片选信号同时有效才行。一台微型计算机的内存空间要比一块芯片的容量大。在使用中,通过对高位地址信号和控制信号的译码形成片选信号,把芯片的存储容量放在设计者所希望的内存空间上。简言之,就是利用片选信号将芯片放在所需要的地址范围上,这一点在下面的叙述中将会看到。

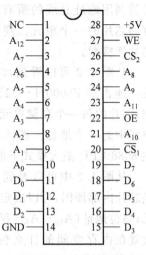

图 4.1   6264 引脚图

$\overline{OE}$ 为输出允许信号。只有当 $\overline{OE}=0$,即其有效时,才允许该芯片将某单元的数据送到芯片外部的 $D_0 \sim D_7$ 上。

$\overline{WE}$ 是写允许信号。当 $\overline{WE}=0$ 时,允许将数据写入芯片;当 $\overline{WE}=1$ 时,允许芯片的数据读出。

以上 4 个信号的功能如表 4.1 所示。NC 为没有使用的空脚。芯片上还有 +5V 电压和接地线。

2) 6264(6164)的工作过程

从表 4.1 可以看到,写入数据的过程是:在芯片的 $A_0 \sim A_{12}$ 上加上要写入单元的地址,在 $D_0 \sim D_7$ 上加上要写入的数据,使 $\overline{CS_1}$ 和 CS_2 同时有效,在 $\overline{WE}$ 上加上有效的低电平,此时 $\overline{OE}$ 可为高也可为低,这样就将数据写到了地址所选中的单元中。

表 4.1   6264 功能表

$\overline{WE}$	$\overline{CS_1}$	CS_2	$\overline{OE}$	$D_0 \sim D_7$
0	0	1	×	写入
1	0	1	0	读出
×	0	0	×	三态
×	1	1	×	(高阻)
×	1	0	×	

注: ×表示不考虑。

从芯片中某单元读出数据的过程是: $A_0 \sim A_{12}$ 加上要读出单元的地址,使 $\overline{CS_1}$ 和 CS_2 同时有效,使 $\overline{OE}$ 有效(为低电平),使 $\overline{WE}$ 为高电平,这样即可读出数据。

以上读出或写入的过程实际上是 CPU 发出信号加到存储器芯片上的一个过程。

顺便提及的是,这类 CMOS 的 RAM 芯片功耗极低。在未选中时仅 $10\mu W$,在工作时也只有 $15mW$,而且只要电压在 2V 以上即可保证数据不会丢失(NMC 6164 数据)。因此,很适合使用电池不间断供电的 RAM 电路使用。

2. 连接使用

对于设计人员来说,在了解了存储器芯片的外部特性之后,重要的是必须掌握存储器芯片与总线的连接,即按照用户的要求,主要是按规定的内存地址范围,将存储器芯片正确地接到总线上。前面已经提到,芯片的片选信号是由高位地址和控制信号译码形成的,由它们决定芯片在内存的地址范围。以下介绍决定芯片存储地址空间的方法和实现译码的方法。

1）全地址译码方式

全地址译码方式使存储器芯片的每一个存储单元唯一地占据内存空间的一个地址，或者说利用地址总线的所有地址线来唯一地决定存储芯片的一个单元。现在来看一下图 4.2 的芯片连接图。

从图 4.2 可以看到，6264 这一 8KB 的芯片唯一地占据 F0000H～F1FFFH 这 8KB 内存空间；芯片的每一个存储单元唯一地占据上述地址空间中的一个地址。图 4.2 所示的译码电路接在 8088 CPU 最大模式下的系统总线上。

从图 4.2 中可以看到，低位地址（$A_0 \sim A_{12}$）经芯片内部译码，可以决定芯片内部的每一个单元；高位地址（$A_{19} \sim A_{13}$）利用译码器来决定芯片放置在内存空间的什么位置上。在图 4.2 中，6264 的地址在 F0000H～F1FFFH 范围内。若其他连线不变，仅将连接 $\overline{CS_1}$ 的译码器改为图 4.3 所示的样子，则 6264 的地址范围就唯一地定位于 80000H～81FFFH 之内。

从以上叙述可见，只要采用适当的译码电路，可以将 6264 这 8KB 地址单元放在内存空间的任一 8KB 范围内。

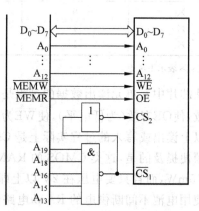

图 4.2　6264 全地址译码连接

2）部分地址译码

部分地址译码就是只用部分地址线译码控制片选来决定存储器地址。一种部分地址译码的连接电路原理图如图 4.4 所示。

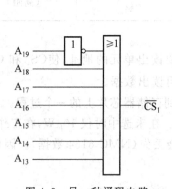

图 4.3　另一种译码电路　　　　图 4.4　6264 部分地址译码连接

分析图 4.4 的连接可以发现，此时 8KB 的 6264 所占的内存地址空间为：

DA000H～DBFFFH

DE000H～DFFFFH

$$FA000H \sim FBFFFH$$
$$FE000H \sim FFFFFH$$

可见,8KB 的芯片占了 4 个 8KB 的内存空间。为什么会发生这种情况呢? 原因就在于决定存储芯片的存储单元时并没有利用地址总线上的全部地址,而只利用了地址信号的一部分。在图 4.4 中,A_{14} 和 A_{17} 并未参加译码,这就是部分地址译码的含义。

部分地址译码由于少用了地址线参加译码,致使一块 8KB 的芯片占据了多个 8KB 的地址空间,这就产生了地址重叠区。在图 4.4 中,芯片占用 4 个 8KB 的区域,在使用时,重叠的区域绝不可再分配给其他芯片,只能空着不用,否则会造成总线及存储芯片的竞争而使微型计算机无法正常工作。

部分地址译码使地址出现重叠区,而重叠的部分必须空着不准使用,这就破坏了地址空间的连续性并减少了总的地址空间。但这种方式的译码器比较简单。在图 4.4 中就少用了两条译码输入线。可以说,部分译码方式是以牺牲内存空间为代价来换得译码的简化。

可以推而广之,若参加译码的高位地址愈少,则译码愈简单,一块芯片所占的内存地址空间就愈多。在极端情况下,只有一条高位地址线接在片选信号端。在图 4.4 中,若只将 A_{19} 接在 $\overline{CS_1}$ 上,这时一片 6264 芯片所占的地址范围为 00000H～7FFFFH。这种只用一条高位地址线接片选的连接方法称为线性选择,现在很少使用。

3) 译码器电路

前面所用的译码器电路都是用门电路构成的,这仅仅是构成译码器的一种方法。在工程上常用的译码电路还有如下几种类型。

(1) 利用厂家提供的现成的译码器芯片。例如,74 系列的 138、139 和 154 等可供使用。这些现成的译码器已使用多年,性能稳定可靠,使用方便,故常被采用。

(2) 利用厂家提供的数字比较器芯片。例如,74 系列的 682～688 均可使用。这种芯片用作译码器,为改变译码地址带来了方便。在那些需要方便地改变地址的应用场合下,这种芯片是很合适的。

(3) 利用 ROM 作译码器。利用事先在 ROM 的固定单元中固化好的适当的数据,使它在连接中作为译码器使用。这在批量生产中用起来更合适,而且也具有一定的保密性。

(4) 利用 PLD。利用 PLD 编程器可以方便地对 PLD 器件编程,使它满足译码器的要求。只要有 PLD 编程器,原则上可以构成各种逻辑功能,当然也可以构造译码器,而且其保密性能会更好一些。

在本章以后的内容中会利用上面提到的某些器件作为译码器。

3. SRAM 连接举例

1) 连接现成的译码器

2K×8b 芯片 6116 连接在 8088 系统总线上的连接图如图 4.5 所示。

在图 4.5 中,采用的是 3-8 译码器 74LS138 作为片选信号的译码器,使两片 6116 所占的内存地址分别为 40000H～407FFH 和 40800H～40FFFH。在构成地址译码器时,各种现成的译码器均可采用。

2) 利用 ROM 作译码器

设想一下,是否能设计一种可编程的地址译码器,其输出端的选择地址空间可以随编程不同而不同。符合这种设计的地址译码器就是由 ROM 构成的地址译码器。下面举一个实例加以说明。

利用前面提到的 6264 芯片,如果要用 4 片 6264 构成一个 32KB 存储容量的存储器,其地址空间为 E0000H～E7FFFH。现在用一块 63S241 PROM 作为 ROM 译码器,其连接电路如图 4.6 所示。

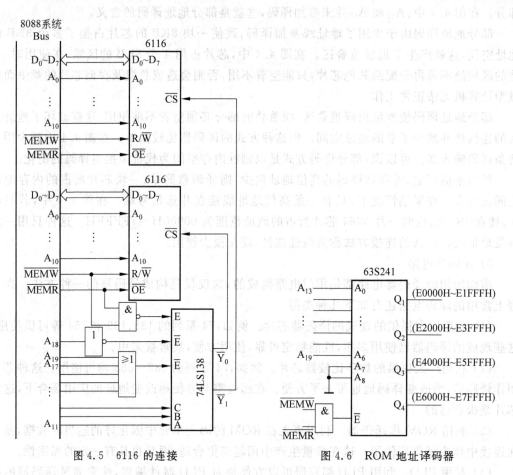

图 4.5 6116 的连接   图 4.6 ROM 地址译码器

从图 4.6 中可以看到,63S241 是一块 512×4 的 PROM 芯片,具有地址线 $A_0 \sim A_8$,$\overline{E}$ 为片选端,低电平有效,$Q_1 \sim Q_4$ 为 4 位数据输出。现在图中 $\overline{E}$ 端接 $\overline{MEMW}$ 和 $\overline{MEMR}$ 信号,63S241 的 $A7$、$A8$ 接地。$A_0 \sim A_6$ 分别与微处理器的高地址线 $A_{13} \sim A_{19}$ 相连,$Q_1 \sim Q_4$ 分别接 4 块 6264 的片选端。如果在 63S241 的 070H～073H 单元分别写上如下的内容:

$$(070H) = 1110B$$
$$(071H) = 1101B$$
$$(072H) = 1011B$$
$$(073H) = 0111B$$

除上述 4 个单元外,其余单元都写上全"1"的数据。则当微处理器的地址总线选中 E0000H～E1FFFH 的存储空间时,由图 4.6 可知,此时恰好选中了 63S241 芯片的 070H 单元。该单元内容为 $Q_4 Q_3 Q_2 Q_1 = 1110B$,Q_1 端输出低电平,选中第一块存储器芯片 6264。当微处理器的地址总线选中 E2000H～E3FFFH 的存储空间时,就会选中 63S241 芯片的 071H 单元。

该单元内容为 $Q_4Q_3Q_2Q_1 = 1110B$,Q_2 端输出低电平,选通第 2 块 6264 芯片。依此类推,就可以正确地完成地址译码功能。在这种情况下,4 块 6264 芯片所占有的地址空间分别为:

$$E0000H \sim E1FFFH$$
$$E2000H \sim E3FFFH$$
$$E4000H \sim E5FFFH$$
$$E6000H \sim E7FFFH$$

完整的连接电路如图 4.7 所示。

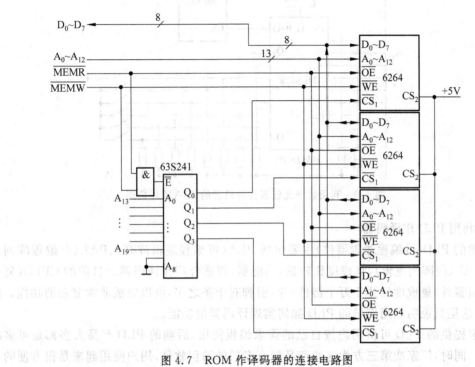

图 4.7　ROM 作译码器的连接电路图

3) 利用数字比较器作译码器

厂家为用户生产了许多种数字比较器,这些器件可以用作译码电路,而且给用户带来了许多方便。下面就以其中一个过去曾用过的电路为例来说明如何利用数字比较器作为译码器。数字比较器 74LS688 的引脚如图 4.8 所示。

74LS688 将 P 边输入的 8 位二进制编码与 Q 边输入的 8 位二进制编码进行比较。当 $\overline{P=Q}$,即两边输入的 8 位二进制数相等时,$\overline{P=Q}$ 引出脚为低电平。芯片上的 $\overline{G}$ 端为比较器有效控制端,只有当 $\overline{G}=0$ 时,74LS688 才能工作,否则 $\overline{P=Q}$ 为高电平。

利用 74LS688 为译码器的内存连接电路如图 4.9 所示。

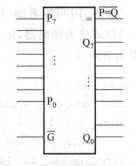

图 4.8　数字比较器 74LS688

在图 4.9 中,将高位地址接在 74LS688 的 P 边。由于本例中高位地址只有 6 条,所以将 P 边多余的两条线接到固定的高电平(也可以直接接地)。74LS688 的 Q 边通过短路插针接成所需编码:Q_4 和 Q_1 接地(零电平),其余的全接高电平,则图 4.9 中所示的 16K×8b 的芯片的内存地址为 B4000H~B7FFFH。

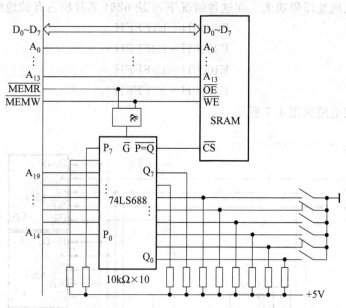

图 4.9 利用数字比较器作译码器的 SRAM 连接图

4) 利用 PLD 作译码器

早期的 PLD(可编程逻辑器件)主要包括 PLA(可编程逻辑阵列)、PAL(可编程阵列逻辑)和 GAL(门阵列逻辑),集成度比较低,功能弱,很适合用作译码器。目前的 CPLD(复杂可编逻辑器件)集成度已达千万个器件/片,引脚有千条之多,可以完成非常复杂的功能。限于篇幅,这里只说明利用简单的 PLD 如何实现译码器的功能。

厂家提供的 PLD 可供用户按自己的需求编程使用,后期的 PLD 产品大多都是可多次编程的。同时,厂家或第三方为这些产品配有专门的编程软件,用户使用起来是很方便的。

现以简单的 PAL 16L8 为例来说明如何将它用作译码器。假如利用 62256(32K×8b)芯片构成 64KB 的内存,其地址范围为 A0000H~AFFFFH。

电路连接图如图 4.10 所示。

由图 4.10 可以看到,用 32K×8b 的芯片构成 64KB 的内存需要两片。图 4.10 中用 PAL 16L8 作为译码器,定义其 5 个输入分别接 A_{19}~A_{15},两个输出为 $\overline{O_1}$ 和 $\overline{O_2}$。对 PAL 的编程如下所示。

```
DATE  95.6.6
CHIP  DECORDER  PAL16L8
;pins  1    2    3    4    5    6    7    8    9    10
       A19  A18  A17  A16  A15  NC   NC   NC   NC   GND
;pins  11   12   13   14   15   16   17   18   19   20
       NC   NC   NC   NC   NC   NC   NC   O1   O2   VCC
EQUATIONS
       /O1 = A19 * /A18 * A17 * /A16 * /A15;
       /O2 = A19 * /A18 * A17 * /A16 * A15
```

利用厂家提供的软件及编程器对 PAL 16L8 进行编程。保证 $\overline{O_1}$ 输出加到 62256 的 $\overline{CS}$ 上,使其地址为 A0000H～A7FFFH;而 $\overline{O_2}$ 对应的 62256 的地址为 A8000H～AFFFFH。

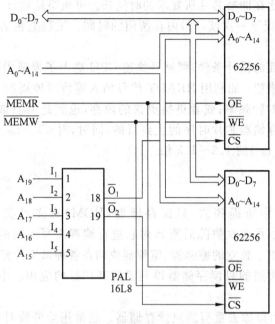

图 4.10　利用 PLD 作译码器

4. SRAM 的时序

下面介绍 SRAM 的工作时序,在此基础上强调在工程应用时应注意的问题。

厂家生产的每一种 SRAM 芯片都会提供其工作时序的要求,不同的芯片是不一样的。图 4.11 和图 4.12 分别画出了芯片 6264 的写入和读出的时间顺序。

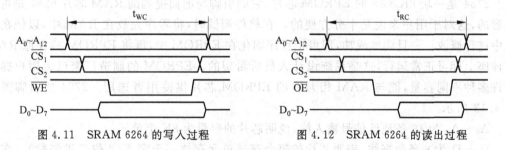

图 4.11　SRAM 6264 的写入过程　　　　图 4.12　SRAM 6264 的读出过程

由图 4.11 和图 4.12 可以看到,当需要读写该 RAM 芯片的某一单元时,芯片要求在地址线 A_0～A_{12} 上加上要写入(或要读出)地址,使两个片选信号 $\overline{CS_1}$ 和 CS_2 同时有效。当写入时,须在芯片的数据线 D_0～D_7 上加上要写入的数据,在这期间要使芯片的写允许信号 $\overline{WE}$ 有效。经过一定的时间,数据就写入了地址所指定的单元中。读出的时候,在加上地址、片选有效的同时使输出允许信号 $\overline{OE}$ 有效,经过一定的时间,数据就从地址所指定的单元中被读出来。

在对芯片的读写时,芯片对各信号的持续时间都有一定要求。图 4.11 和图 4.12 中仅标出了最重要的时间 t_{WC} 和 t_{RC},它们分别是该芯片的写周期和读周期。

在这里须特别强调每一块存储器芯片都有它自己的 t_{WC} 和 t_{RC}。同时,在第 1 章中描述 CPU 时序时曾说明 CPU 读写存储器时有它自己的时序。在 CPU 读写存储器时,加到存储器芯片上的时间必须比存储器芯片所要求的时间长。可粗略地估计为 $4T > t_{WC}$(或 t_{RC}),其中 $4T$ 是 CPU 正常情况下一次读(写)内存所用的时间。工程上在估算时常用 $4T = t_{WC}$(或 t_{RC})。

如果不能满足上面的估计条件,那就是快速 CPU 遇上了慢速内存,其读写一定会不可靠。这时就必须采取措施:如利用 READY 信号插入等待时钟周期 T_W;或者放慢 CPU 的速度,即降低 CPU 的时钟频率;或者更换更快的内存,也就是 t_{WC}(或 t_{RC})更短的存储器芯片。上述讨论是描述存储器芯片时序的主要目的,同时,对 $4T > t_{WC}$(或 t_{RC})要留有一定的余量,如 $4T$ 为 t_{WC}(或 t_{RC})的 1.2～1.5 倍。

4.2.2 EPROM

正如在 4.1.1 节中所提到的,只读存储器(ROM)有多种类型。由于 EPROM 和 EEPROM 存储容量大,可多次擦除后重新对它进行编程而写入新的内容,使用十分方便,尤其是厂家为用户提供了独立的擦除器、编程器或插在各种微型计算机上的编程卡,大大方便了用户,因此,这种类型的只读存储器得到了极其广泛的应用。本节将介绍 EPROM 的使用和编程。

EPROM 是一种可以擦去重写的只读存储器。通常用紫外线对其窗口进行照射,即可把它所存储的内容擦去。之后,又可以用电的方法对其重新编程,写入新的内容。一旦写入,其存储的内容可以长期(几十年)保存,即使去掉电源电压,也不会影响到它所存储的内容。下面以一种典型的 EPROM 芯片为例来做介绍,其他的 EPROM 芯片在使用上是十分类似的。

1. EPROM 2764 的引脚

2764 是一块 $8K \times 8b$ 的 EPROM 芯片,它的引脚与前面提到的 RAM 芯片 6264 是可以兼容的,这对于用户来说是十分方便的。在软件调试时,将程序先放在 RAM 中,以便在调试中进行修改。一旦调试成功,即可把程序固化在 EPROM 中,再将 EPROM 插在原 RAM 的插座上即可正常运行,这是系统设计人员所希望的。EPROM 的制造厂家已为用户提供了许多种不同容量,能与 RAM 相兼容的 EPROM 芯片供使用者选用。2764 的引脚图如图 4.13 所示。

$A_0 \sim A_{12}$ 为 13 条地址信号输入线,说明芯片的容量为 8K 个单元。

$D_0 \sim D_7$ 为 8 条数据线,表明芯片的每个存储单元存放一个字节(8 位二进制数)。在其工作过程中,$D_0 \sim D_7$ 为数据输出线;当对芯片编程时,由此 8 条线输入要写入的数据。

$\overline{CE}$ 为输入信号。当它有效(低电平)时,能选中该芯片,故 $\overline{CE}$ 又称为片选信号(或允许芯片工作信号)。

$\overline{OE}$ 是输出允许信号,当 $\overline{OE}$ 为低电平时,芯片中的数据可由 $D_0 \sim D_7$ 输出。

$\overline{PGM}$ 为负编程脉冲输入端。当对 EPROM 编程时,由此加入编程脉冲,读数据时 $\overline{PGM}$ 为 1。

2. EPROM 2764 的连接使用

2764 在使用时仅用于将其存储的内容读出。其过程与 RAM 的读出十分类似,即送出要读出的地址,然后使$\overline{CE}$和$\overline{OE}$均有效(低电平),则在芯片的$D_0 \sim D_7$上就可以输出要读出的数据。

EPROM 2764 芯片与 8088 总线的连接图如图 4.14 所示。从图中可以看到,该芯片的地址范围为 F0000H~F1FFFH。其中 RESET 为 CPU 的复位信号,有效时为高电平;$\overline{MEMR}$为存储器读控制信号,当 CPU 读存储器时有效(低电平)。

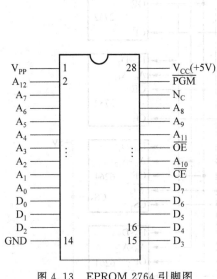

图 4.13　EPROM 2764 引脚图

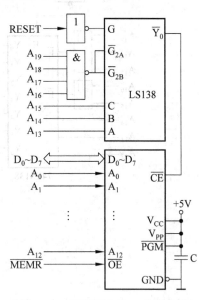

图 4.14　EPROM 2764 的连接图

前面还曾提到,6264 和 2764 是可以兼容的。要做到这一点,只要在连接 2764 时适当加以注意就行。例如,在图 4.14 中,若将$\overline{PGM}$端不接 V_{CC}(+5V),而是与系统的$\overline{MEMW}$存储器写信号接在一起,则插上 2764 只读存储器即可工作,读出其存储的内容。当在此插座上插上 6264 时,又可以对此 RAM 进行读或写。这为程序的调试带来很大的方便。

为了说明 EPROM 的连接,看下面的一个连接实例:利用 2732 和 6264 构成 00000H~02FFFH 的 ROM 存储区和 03000H~06FFFFH 的 RAM 存储区。试画出与 8088 系统总线的连接图(注:可不考虑板内的总线驱动)。

从实例的要求可以看到,要形成的 ROM 区域范围为 12KB。使用的 EPROM 芯片是容量为 4KB 的 EPROM 2732,因此,必须用 3 片 2732 才能构成这 12KB 的 ROM。

同样,要构成的 RAM 区域为 16KB。而使用的 RAM 芯片是静态读写存储器 SRAM 6264,它是一片 8K×8b 的芯片,所以必须用两片 6264 才能构成所要求的内存范围。根据上面的分析所画出的连线电路图如图 4.15 所示。

上面例子中使用的 2732 与 2764 引脚功能上略有不同,此处不做说明,感兴趣的读者可查阅有关手册。

在 EPROM 的连接使用中,同样应注意时序的问题。必须保证 CPU 读出 EPROM 时所提供给芯片的时间必须比 EPROM 芯片所要求的时间长。否则,必须采取其他措施来保证这一点。

3. EPROM 的编程

EPROM 的一个重要优点就是可擦除重写,而且对其某一个存储单元来说,允许擦除重

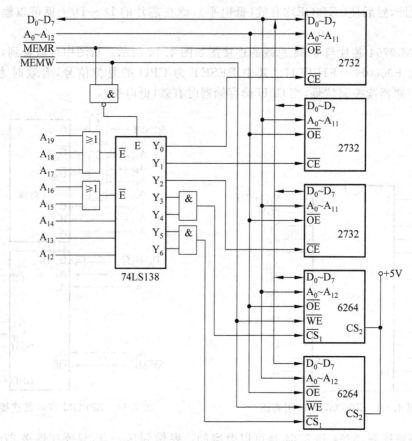

图 4.15　EPROM 与 SRAM 的连接

写的次数超过万次。

1）擦除

那些刚出厂未使用过的 EPROM 芯片均是干净的,干净的标志就是芯片中所有单元的内容均为 FFH。

若 EPROM 芯片已使用过,则在对其编程前必须将其从系统中取下来,放在专门的擦除器上进行擦除。擦除器利用紫外线照射 EPROM 的窗口,一般 15～20 分钟即可擦除干净。

2）编程

对 EPROM 的编程通常有两种方式,即标准编程和快速编程。

（1）标准编程

标准编程过程为：将 EPROM 插到专门的编程器上,V_{CC} 加到 +5V,V_{PP} 加上 EPROM 芯片所要求的高电压（如 +12.5V、+15V、+21V 或 +25V 等）,然后在地址线上加上要编程单元的地址,数据线上加上要写入的数据,使 $\overline{CE}$ 保持低电平,$\overline{OE}$ 为高电平;在上述信号全部达到稳定后,在 $\overline{PGM}$ 端加上 50±5ms 的负脉冲,这样就将一个字节的数据写到了相应的地址单元中。重复上述过程,即可将要写入的数据逐一写入相应的存储单元中。

每写入一个地址单元,在其他信号不变的条件下,将 $\overline{OE}$ 变低,可以立即读出校验;也可在所有单元均写完后再进行最终校验;还可采用上述两种方法进行校验。若写入数据有错,则可从擦除开始重复上述过程,再进行一次写入编程过程。最后,去掉 V_{PP},再去掉 V_{CC},编程结束。

标准编程用在早期的 EPROM 中。这种方式编程有两个重大的缺点:其一是编程时间太长,当 EPROM 容量很大时,每个单元需要 50ms 的编程时间,使写一块大容量芯片的时间长得令人无法接受;其二是不够安全,编程脉冲太宽,致使功耗过大而容易损坏 EPROM。

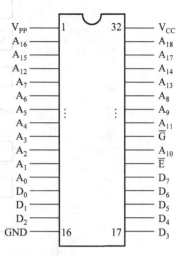

图 4.16　27C040 引脚图

(2)快速编程

随着技术的进步,EPROM 芯片的容量愈来愈大。同时,也研制出相应的快速编程方法。例如,EPROM TMC27C040 是一块 512KB 的芯片,其引脚如图 4.16 所示。

在图 4.16 中,V_{PP} 为编程高电压,编程时加 $+13V$,正常读出时,与 V_{CC} 接在一起。$\overline{G}$ 为输出允许信号。$\overline{E}$ 为片允许信号,编程时,此端加编程脉冲。该芯片在正常读出时的连接与 2764 类似,这里不再说明。

27C040 的编程时序如图 4.17 所示。

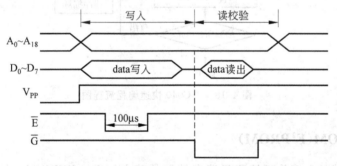

图 4.17　EPROM 27C040 的编程时序图

由图 4.17 可以看到,27C040 所用的编程脉冲只有 $100\mu s$。因此,27C040 的编程时间是很短的。

27C040 的生产厂家提供的编程流程如图 4.18 所示。

由图 4.18 可以看到,27C040 的编程分为 3 大步。第一步是用 $100\mu s$ 的编程脉冲依次写完全部要写的单元。第二步是从头开始校验每个写入的字节。若没有写对,则再重写此单元,用 $100\mu s$ 编程脉冲写一次,立即校验;没有写对再写;若连续 10 次仍未写对,则认为芯片已损坏。这样,对那些第一步未写对的单元进行补写。第三步则是从头到尾对每一个编程单元校验一遍,若全对,则编程即告结束。

注意,不同厂家、不同型号的 EPROM 芯片的编程要求可能略有不同。例如,前面提到的 2764 也可以采用快速编程,但它所用的编程脉冲宽度为 $1\sim 3ms$ 而不是 27C040 的 $100\mu s$,但这种编程思路是可以借鉴的。同时,现在已有许多智能化的编程器,它们可以自适应地判断 EPROM 芯片编程时所要求的 V_{PP} 和编程脉冲宽度,这将为用户带来更大的方便。

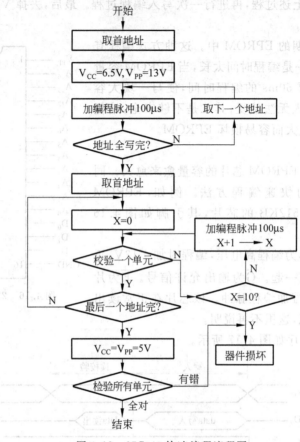

图 4.18 27C040 快速编程流程图

4.2.3 EEPROM(E^2PROM)

EEPROM 就是电擦除可编程只读存储器的英文缩写。EEPROM 在擦除及编程上比 EPROM 更加方便。因为 EPROM 在擦除时必须将芯片取下,放在特定的擦除器中,放在紫外线灯下进行照射将内容擦除干净,再插到专门的编程器上进行编程,然后再插到系统中去工作。而 EEPROM 可以在线进行擦除和编程,使用起来极为方便。

1. 典型 EEPROM 芯片介绍

EEPROM 以其制造工艺及芯片容量的不同而有多种型号。有的与相同容量的 EPROM 完全兼容,例如 2864 与 2764 就完全兼容;有的则具有自己的特点。下面仅以其中一种芯片为例加以说明,读者在掌握了这种芯片的使用之后,对类似的芯片也就不难理解和使用了。

1) 引脚及功能

以 8K×8b 的 EEPROM NMC98C64A 为例来加以说明。这是一片 CMOS 工艺的 EEPROM,其引脚如图 4.19 所示。

$A_0 \sim A_{12}$ 为地址线,用于选择片内的 8K 的存储单元。

$D_0 \sim D_7$ 为 8 条数据线,表明每个存储单元存储一个字节的信息。

$\overline{CE}$ 为片选信号。当 $\overline{CE}$ 为低电平时,选中该芯片;当 $\overline{CE}$ 为高电平时,该芯片不被选中。芯片未被选中时的功耗很小,仅为 $\overline{CE}$ 有效时的 1/1000。

$\overline{OE}$ 为输出允许信号。当 $\overline{CE}=0$、$\overline{OE}=0$、$\overline{WE}=1$ 时,可将选中的地址单元的数据读出。这与 6264 很相似。

$\overline{WE}$ 是写允许信号。当 $\overline{CE}=0$、$\overline{OE}=1$、$\overline{WE}=0$ 时,可以将数据写入指定的存储单元。

READY/$\overline{BUSY}$ 是漏极开路输出端,当写入数据时该信号变低,数据写完后,该信号变高。

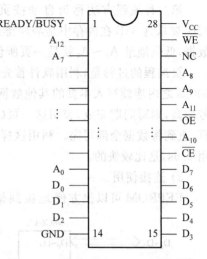

图 4.19 EEPROM 98C64A 引脚图

2) 98C64A 的工作过程

EEPROM 98C64A 的工作过程如下。

(1) 读出数据。由 EEPROM 读出数据的过程与从 EPROM 及 RAM 中读出数据的过程是一样的。当 $\overline{CE}=0$、$\overline{OE}=0$、$\overline{WE}=1$ 时,只要满足芯片所要求的读出时序关系,即可从选中的存储单元中将数据读出。

(2) 写入数据。将数据写入 EEPROM 98C64A 有两种方式。

第一种是按字节编程方式,即一次写入一个字节的数据,字节方式写入的时序如图 4.20 所示。

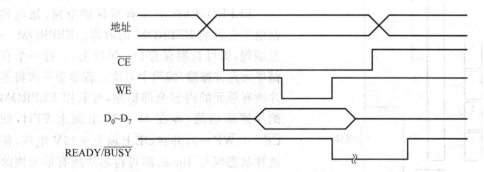

图 4.20 EEPROM 的字节写入时序图

从图 4.20 中可以看出,当 $\overline{CE}=0$、$\overline{OE}=1$ 时,在 $\overline{WE}$ 端加上 100ns 的负脉冲,便可以将数据写入规定的地址单元。这里要特别注意的是,$\overline{WE}$ 脉冲过后,并非表明写入过程已经完成,直到 READY/$\overline{BUSY}$ 端的低电平变高,才完成一个字节的写入。这段时间里包括了对本单元数据擦除和新数据写入的时间。不同的芯片所用的时间略有不同,一般是几百微秒到几十毫秒,98C64A 需要的 T_{WR} 为 5ms,最大为 10ms。

在对 EEPROM 编程的过程中,可以通过程序查询 READY/$\overline{BUSY}$ 信号或利用它产生中断来判断一个字节的写入是否已经完成。对于那些不具备 READY/$\overline{BUSY}$ 信号的芯片,则可用软件或硬件延时的方式保证写入一个字节所需要的时间。

可以看到,在对 EEPROM 编程时可以在线操作,即可在微型计算机系统中直接进行,从而减少了不少麻烦。

第二种编程方法称为自动按页写入（或称页编程）。在 98C64A 中一页数据最多为 32B,要求这 32B 在内存中是顺序排列的,即 98C64A 的高位地址线 $A_{12} \sim A_5$ 用来决定一页数据,低位地址 $A_4 \sim A_0$ 就是一页所包含的 32B,因此,$A_{12} \sim A_5$ 可以称为页地址。

页编程的过程是,利用软件首先向 EEPROM 98C64A 写入页的一个数据,并在此后的 $300\mu s$ 之内连续写入本页的其他数据,然后利用查询或中断看 READY/$\overline{BUSY}$ 是否已变高,若变高,则写周期完成,表明这一页（最多为 32B 的数据）已写入 98C64A。接着可以写下一页,直到将数据全部写完。利用这样的方法,对 8K×8b 的 98C64A 来说,写满该芯片也只用 2.6s,是比较快的。

3) 连接使用

EEPROM 可以很方便地接到微型计算机系统中。图 4.21 就是将 98C64A 连接到 8088 总线上的连接图。当读本芯片的某一单元时,只要执行一条存储器读指令,就会满足 $\overline{CE}=0$、$\overline{MEMW}=1$ 和 $\overline{MEMR}=0$ 的条件,将存储的数据读出。

当需要对 EEPROM 的内容重新编程时,可在图 4.21 的连接下直接进行。可以以字节方式来编程,也可以以页方式编程。图 4.21 中 READY/$\overline{BUSY}$ 信号通过一个接口（三态门）可以读到 CPU,用以判断一个写周期是否结束。

EEPROM 98C64A 有写保护电路,加电和断电不会影响 EEPROM 的内容。EEPROM 一旦编程,即可长期保存（10 年以上）。每一个存储单元允许擦除/编程十万次。若希望一次将芯片所有单元的内容全部擦除,可利用 EEPROM 的片擦除功能,即在 $D_0 \sim D_7$ 上加上 FFH,使 $\overline{CE}=0$、$\overline{WE}=0$,并在 $\overline{OE}$ 上加上 +15V 电压,使这种状态保持 10ms,即可将芯片所有单元擦除干净。

在图 4.21 中,对 EEPROM 编程时可以利用 READY/$\overline{BUSY}$ 状态产生中断,或利用接口查询其状态（见后面章节）。也可以采用延时的方法,只要延时时间能保证芯片写入即可。例如,下面的程序可将 55H 写满整片 98C64A。

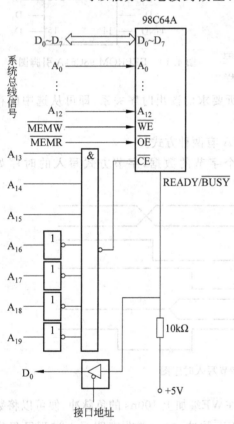

图 4.21 EEPROM 98C64A 的连接

```
START: MOV   AX,0E00H
       MOV   DS,AX
       MOV   SI,0000H
       MOV   CX,2000H
GOON:  MOV   AL,55H
```

```
        MOV  [SI],AL
        CALL T20MS      ;延时 20ms
        INC  SI
        LOOP GOON
        HLT
```

上面这种利用延时等待的编程方式很简单,但要浪费一些 CPU 的时间。

以上仅以 98C64A 为例说明 EEPROM 的应用,实际上有许多种 EEPROM 可供选择,它们的容量不同,写入时间有长有短,有的重复写入可达千万次,有的一页可包括更多字节。例如,此前笔者用过一页为 1024 个单元的 EEPROM,连续写满一页只须等待 6ms。

除上面介绍的并行 EEPROM 外(其数据并行读写),还有串行 EEPROM。串行 EEPROM 由于其读写的数据是串行的,无法用作内存,只能用来当作外存使用,在简单的 IC 卡中应用十分广泛。由于篇幅所限,在此不做介绍。

2. 闪速(Flash)EEPROM

前面介绍的 EEPROM 使用单一电源,可在线编程,但其最重大的缺点就是编程时间太长。尽管有一些 EEPROM 有页编程功能,但编程时间长得令人无法忍受,尤其是在编程大容量芯片时更是这样。为此,人们研制出闪速(Flash)EEPROM,其容量大、编程速度快,获得了广泛的应用。下面以 TMS 28F040 为例进行简单说明。

1) 28F040 的引脚

闪速 28F040 的引脚如图 4.22 所示。

由图 4.22 可以看到,28F040 与 27C040 的引脚是相互兼容的。但前者可以做到在线编程,而后者则无法做到。

28F040 是一块 512KB 的闪速 EEPROM 芯片,其内部可分成 16 个 32KB 的块(或称为页),每一块可独立进行擦除。

2) 工作过程

(1) 工作类型

28F040 主要有如下几种工作类型。

① 读出类型。包括从 28F040 中读出某个单元的数据,读出芯片内部状态寄存器中的内容,以及读出芯片内部的厂家标记和器件标记 3 种情况。

② 写入编程类型。包括对 28F040 进行编程写入及对其内部各 32KB 块的软件保护。

③ 擦除类型:即可以对整片一次擦除,也可以只擦除片内某些块以及在擦除过程中使擦除挂起和恢复擦除。

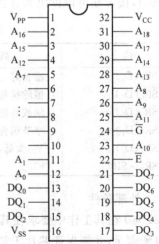

图 4.22　闪速 EEPROM 28F040 引脚图

(2) 命令和状态

要使 28F040 工作,需要首先向芯片内部写入命令,然后再实现具体的工作。28F040 的命令如表 4.2 所示。

表 4.2　28F040 的命令

命　令	总线周期	第一个总线周期			第二个总线周期		
		操作	地址	数据	操作	地址	数据
读存储单元	1	写	×	00H			
读存储单元	1	写	×	FFH			
标记	3	写	×	90H	读	IA	
读状态寄存器	2	写	×	70H	读	×	SRD
清除状态寄存器	1	写	×	50H			
自动块擦除	2	写	×	20H	写	BA	B0H
擦除挂起	1	写	×	B0H			
擦除恢复	1	写	×	D0H			
自动字节编程	2	写	×	10H	写	PA	PD
自动片擦除	2	写	×	32H	写		30H
软件保护	2	写	×	0FH	写	BA	PC

注：IA：厂家标记地址为 0000H，器件标记地址为 00001H

　　BA：选择块的任意地址

　　PA：要编程的存储单元的地址

　　SRD：由状态寄存器读得的数据

　　PD：写入 PA 单元的数据

　　PC：保护命令，具体为：00H 清除所有的保护，FFH 置全片保护，F0H 清地址所规定的块保护，0FH 置地址所规定的块保护。

　　除命令外，28F040 的许多功能需要根据其内部状态寄存器来决定。先向 28F040 写入命令 70H，接着便可以读出寄存器的各位。状态寄存器各位的含义如表 4.3 所示。

表 4.3　状态寄存器各位含义

位	高(1)	低(0)	用于
$SR_7(D_7)$	准备好	忙	写命令
$SR_6(D_6)$	擦除挂起	正在擦除/已完成	擦除挂起
$SR_5(D_5)$	块或片擦除错误	片或块擦除成功	擦除
$SR_4(D_4)$	字节编程错误	字节编程成功	编程状态
$SR_3(D_3)$	V_{PP} 太低，操作失败	V_{PP} 合适	监测 V_{PP}
$SR_2 \sim SR_0$			保留未用

（3）外部条件

28F040 在其工作中要求在其引脚控制端加入适当的电平。这些条件在将来的连接使用中得到满足，才能保证芯片正常工作。

不同工作类型的 28F040 的工作条件是不一样的，具体如表 4.4 所示。

3）主要功能的实现

当介绍完上面 3 个表之后，读者对其主要功能的实现已有所了解。下面对其几种主要功能的实现加以说明。

（1）只读存储单元

在初始加电以后，或在写入 00H 或 FFH 命令之后，芯片就处于只读存储单元的状态，这时就如同读 SRAM 或 EPROM 一样，很容易读出所要读出地址单元的数据。

表 4.4 28F040 的工作条件

	$\overline{E}$	$\overline{G}$	V_{PP}	A_9	A_0	$D_0 \sim D_7$
只读存储单元	V_{IL}	V_{IL}	V_{PPL}	×	×	数据输出
读	V_{IL}	V_{IL}	×	×	×	数据输出
禁止输出	V_{IL}	V_{IH}	V_{PPL}	×	×	高阻
准备状态	V_{IH}	×	×	×	×	高阻
厂家标记	V_{IL}	V_{IL}	×	V_{ID}	V_{IL}	97H
芯片标记	V_{IL}	V_{IL}	×	V_{ID}	V_{IH}	79H
写入	V_{IL}	V_{IH}	V_{PPH}	×	×	数据写入

注:V_{IL} 为低电平;V_{IH} 为高电平(V_{CC});×表示高低电平均可;V_{PPL} 为 $0 \sim V_{CC}$;V_{PPH} 为 +12V;V_{ID} 为 +12V。

(2) 编程写入

28F040 采取字节编程方式,其过程如图 4.23 所示。

由图 4.23 可以看到,28F040 先写入命令 10H,再向写入的地址单元写入相应的数据。接着查询状态,判断这个字节是否写好。写好一个字节后,重复这种过程,逐个字节地写入。28F040 一个字节的写入时间最快为 8.6μs。这种写入与前面提到的 98C64A 的字节编程十分类似,即一条指令足以将数据和地址锁存于芯片内部。在这里,是用 $\overline{E}$ 的下降沿锁存地址,用 $\overline{E}$ 的上升沿锁存数据。指令过后,芯片进行内部操作,98C64A 由 READY/$\overline{BUSY}$ 指示其忙的过程;而 28F040 则以状态寄存器的状态来标志其是否写好。显然,28F040 的编程速度要快得多,这也许就是它称为闪速的缘由吧!

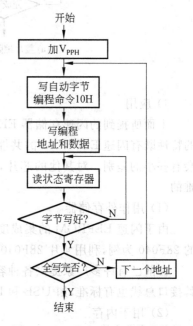

图 4.23 28F040 的字节编程过程

(3) 擦除

在字节编程过程中,写入数据的同时就对该字节单元进行了擦除,而 28F040 还有两种擦除方式。

① 整片擦除。28F040 可以对整片进行一次性擦除,擦除时间最快只用 2.6s。擦除后各单元的内容均为 FFH,受保护的内容不被擦除。

② 块擦除。前面提到,28F040 每 32KB 为一块,每块由 $A_{15} \sim A_{18}$ 的编码来决定。可以有选择地擦除某一块或某些块。在擦除时,只要给出该块的任意一个地址(实际上只关心 $A_{15} \sim A_{18}$)即可。

整片擦除及块擦除流程图分别如图 4.24 中的(a)和(b)所示。

很显然,擦除一块只需更少的时间,最快为 100ms。

(4) 其他

28F040 具有写保护功能,只要利用命令对某一块或某些块规定为写保护,或者设置为整片写保护,则可以保证被保护的内容不被擦除和编程。

擦除挂起是指在擦除过程中需要读数据时可以利用命令暂时挂起擦除。当读完数据后,又可以利用命令恢复擦除。

28F040 当 $\overline{E}$ 为高电平时处于准备状态。在此状态下,其功耗比工作时小两个数量级,只有 $0.55mW$。

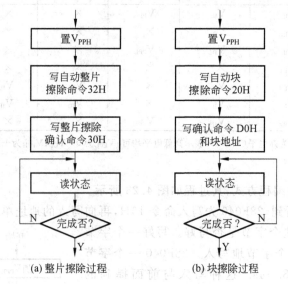

(a) 整片擦除过程　　　　(b) 块擦除过程

图 4.24　28F040 的擦除

4）应用

上面所提到的闪速存储器 EEPROM 是 TMS 28F040,它是一块具体的芯片,它所表现的特性既有闪速 EEPROM 的共性,又有它自己的个性。因此,不同的闪速 EEPROM 之间会有些小的差别。对其他的芯片,只要仔细阅读厂家提供的资料,掌握并用好它们是不困难的。

（1）用作外存储器

由于闪速 EEPROM 的集成度已经做得很高,利用它构成存储卡已十分普遍。以上述的 28F040 为例,利用 4 片 28F040 芯片即可构成 2MB 存储卡。

目前已有许多厂家提供各种容量的存储卡(包括数字相机中的存储卡和 U 盘等),而且其接口总线也有标准,如 USB 和 PCMCIA 等。

（2）用于内存

闪速 EEPROM 用做内存时,可用来存放程序或常量数据,存放要求写入时间不受限制或不频繁改变的数据。

为了说明 28F040 的连接,将其接到 8088 最小模式下的系统总线上,画出的连接图如图 4.25 所示。

在图 4.25 中,利用了 8088 最小模式下的 IO/$\overline{M}$信号,利用 2-4 译码器 74LS139 产生片选控制信号。

4.2.4　8086 处理器总线上的存储器连接

在前面所有对 SRAM、EPROM 或 EEPROM 存储器芯片的连接使用中,均是针对 8088 CPU 系统总线。该总线是 8 位系统总线,其数据线只有 8 位,即 $D_0 \sim D_7$,在连接及译码选片上均比较简单。从 16 位的 8086 CPU 开始,80x86 由 16 位到 32 位直到 64 位。在这样的 CPU 构成的系统中,由于 CPU 的特性决定了存储器的结构比较复杂。在存储器的连接上也有许多不同,在本小节中将予以说明。

8086 CPU 是真正的 16 位处理器,它既能按字节访问内存,又能按字(16 位)访问内存。第 1 章的图 1.15 和图 1.16 中表示了 8086 的系统总线,其数据线是 16 位的,即 $D_0 \sim D_{15}$。

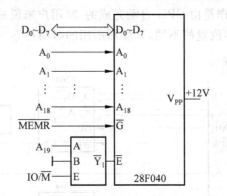

图 4.25   28F040 连接到最小模式下的 8088 系统总线上

1. 8086 系统中内存奇偶分体

在 8086 系统中,为了能够实现一次访问一个字(16 位),又能一次访问一个字节(8 位),所以将其内存地址空间分成偶存储体和奇存储体,前者对应的地址为偶数,而后者对应的地址为奇数。整个 1MB 的内存空间就分为偶存储体 512KB 和奇存储体 512KB。在 8086 系统中,无论实际构成的内存有多大,为了保证 CPU 能一次读写数据的高字节、一次读写数据的低字节,或一次读写数据的高低两个字节(即一个 16 位的字),内存必须分成奇、偶两个体。例如,若构成的内存为 64KB,则必须分成偶地址体 32KB 和奇地址体 32KB。

同时,为做到上面所描述的奇偶分体,在 8086 的引脚上增加了一个 $\overline{\text{BHE}}$ 信号。在第 2 章已经提到,当 8086 读写偶地址字节时,$A_0=0$,$\overline{\text{BHE}}=1$;当读写奇数地址字节时,$A_0=1$,$\overline{\text{BHE}}=0$;当读写一个 16 位字时,$A_0=0$,$\overline{\text{BHE}}=0$。

在 8086 内存的具体连接上就体现出上述的特点。作为例子,将两片 6264 接到 8086 的系统总线上,构成 16KB 的内存,其连接如图 4.26 所示。

在图 4.26 中,将 16KB 的内存分为两个体,偶地址体 8KB 利用高位地址 $A_{19} \sim A_{14}$ 和 A_0 译码构成片选信号;而奇地址体 8KB 利用 $A_{19} \sim A_{14}$ 和 $\overline{\text{BHE}}$ 译码构成片选信号。形成的内存地址范围为 70000H~73FFFH。

显然,图 4.26 的译码连接不是唯一的,还可以有其他的译码方式,这里不再说明。

2. 8086 的内存读写操作

(1) 在 8086 系统中,对内存进行字节操作时,一个总线周期即可完成。当读写的字节在偶地址时,8086 CPU 利用 $D_0 \sim D_7$ 进行传送;而当此字节在奇地址时,8086 CPU 利用 $D_8 \sim D_{15}$ 进行传送。

(2) 当 8086 进行 16 位的字操作时,就存在两种情况。

① 该字是一个规则字(或称为对准字)。所谓规则字就是该字的低字节放偶地址,而高字节在其下一个奇地址单元中。读写这样的字只需一个总线周期,数据由 $D_0 \sim D_{15}$ 传送,其中 $D_0 \sim D_7$ 传送低字节,$D_8 \sim D_{15}$ 传送高字节(此时 A_0 和 $\overline{\text{BHE}}$ 同时为低)。

② 该字是一个非规则字(或称为未对准字)。此时该字的低字节放奇地址,而高字节放下一个偶地址单元。8086 读写非规则字需要两个总线周期:第一个总线周期 8086 送奇地址,$\overline{BHE}=0$,由 $D_8 \sim D_{15}$ 传送低字节,完成一个字节的传送;第二个总线周期 8086 送出下一个偶地地址,$A_0=0$,由 $D_0 \sim D_7$ 传送高字节,完成一个字节的传送。

上面所提到的内存操作是由 CPU 自动完成的,对用户来说是透明的。但是,8086 在读写一个字时,由于字在内存位置的不同,其读写所用的时间是不一样的。

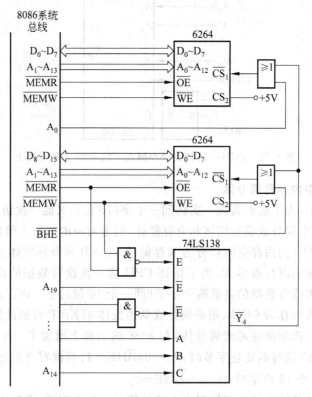

图 4.26 6264 与 8086 系统总线的连接

4.3 动态读写存储器(DRAM)

动态读写存储器(DRAM)以其速度快、集成度高、功耗小及价格低,在微型计算机中得到了极其广泛的使用。PC 中的内存条无一例外地采用 DRAM,现在的许多嵌入式计算机系统中也越来越多地使用这种存储器。在本节中将介绍 DRAM 及内存条方面的内容。

4.3.1 概述

目前,大容量的 DRAM 芯片也已研制出来,为构成大容量的存储器系统提供了便利的条件。下面以一种简单的 DRAM 芯片来例说明 DRAM 的工作原理。

1. DRAM 芯片 2164 的引脚

2164 是一块 64K×1b 的 DRAM 芯片,与其类似的芯片有许多种,如 3764 和 4164 等。这种存储器芯片的引脚与 SRAM 有所不同。2164A 的引脚如图 4.27 所示。

$A_0 \sim A_7$ 为地址输入端。在 DRAM 芯片的构造上,芯片上的地址引脚是复用的。可以看到,2164 的容量为 64K 个单元,每个单元存储一位二进制数。如何来寻址这 64K 个单元呢? 在存取芯片的某单元时,其操作过程是将存取的地址分两次输入到芯片中去,每一次都是由 $A_0 \sim A_7$ 输入。两次加到芯片上去的地址分别称为行地址和列地址。

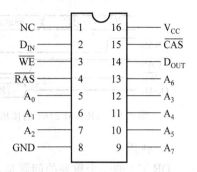

图 4.27 DRAM 2164A 引脚图

可以想象在芯片内部,各存储单元是一种矩阵结构排列。行地址在片内译码选择一行,列地址在片内译码选择一列。这样由选中的行和列来决定所选中的单元,可以简单地认为该芯片有 256 行和 256 列,共同决定 64K 个单元。对于其他 DRAM 芯片也可以同样来考虑,例如,NMC 21257 是 $256K \times 1b$ 的 DRAM 芯片,有 256 行,每行为 1024 列。

综上所述,DRAM 芯片上的地址线是复用的,CPU 对它寻址时的地址信号分为行地址和列地址,分别由芯片上的地址线送入芯片内部进行锁存、译码而选中要寻址的单元。

D_{IN} 和 D_{OUT} 是芯片上的数据线。其中 D_{IN} 为数据输入线,当 CPU 写芯片的某一单元时,要写入的数据由 D_{IN} 送到芯片内部。D_{OUT} 是数据输出线,当 CPU 读芯片的某一单元时,数据由此引脚输出。

$\overline{RAS}$ 为行地址锁存信号。利用该信号将行地址锁存在芯片内部的行地址缓冲寄存器中。

$\overline{CAS}$ 为列地址锁存信号。利用该信号将列地址锁存在芯片内部的列地址缓冲寄存器中。

$\overline{WE}$ 为写允许信号。当该信号为低电平时允许将数据写入,当 $\overline{WE}=1$ 时可以从芯片读出数据。

2. DRAM 的工作过程

1) 读出数据

当要从 DRAM 芯片读出数据时,CPU 首先将行地址加在 $A_0 \sim A_7$ 上,然后送出行地址锁存信号 $\overline{RAS}$,该信号的下降沿将行地址锁存在芯片内部。接着将列地址加到芯片的 $A_0 \sim A_7$ 上,再送列地址锁存信号 $\overline{CAS}$,该信号的下降沿将列地址锁存在芯片内部。然后保持 $\overline{WE}=1$,则在 $\overline{CAS}$ 有效期间(低电平)数据输出并保持。其过程如图 4.28 所示。

2) 写入数据

当需要将数据写入芯片时,前面的过程即锁存地址的过程与读出数据时一样,行列地址先后由 $\overline{RAS}$ 和 $\overline{CAS}$ 锁存在芯片内部。然后 $\overline{WE}$ 有效(为低电平),加上要写入的数据,则将该数据写入选中的存储单元,如图 4.29 所示。

在图 4.29 中,$\overline{WE}$ 变为低电平是在 $\overline{CAS}$ 有效之前,通常称为提前写。这能够将输入端 D_{IN} 的数据写入,而 D_{OUT} 保持高阻状态。若 $\overline{WE}$ 有效(低电平)出现在 $\overline{CAS}$ 有效之后,且满足芯片所要求的滞后时间,则 $\overline{WE}$ 开始时处于读状态,然后才变为写状态。在这种情况下,能够先从选中的单元读出数据,出现在 D_{OUT} 上,然后再将 D_{IN} 上的数据写入该单元。这种情况可一次同时完成读和写,所以称为读变写操作周期。对于 DRAM 芯片的其他功能本节不再赘述。

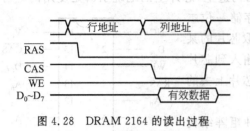
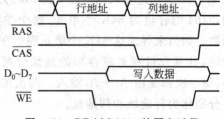

图 4.28　DRAM 2164 的读出过程　　　　图 4.29　DRAM 2164 的写入过程

3) 刷新

DRAM 的一个重要的问题是,它所存储的信息必须定期进行刷新。因为 DRAM 所存储的信息是放在芯片内部电容上的,即每比特信息存放在一个小电容上。由于电容要缓慢地放电,时间久了就会使存放的信息丢失。将 DRAM 所存放的每一比特信息照原样写入原单元的过程称为 DRAM 的刷新。通常 DRAM 要求每隔几毫秒刷新一次。

动态存储器芯片的刷新过程是:每次送出行地址加到芯片上去,利用 $\overline{\text{RAS}}$ 有效将行地址锁存于芯片内部,这时 $\overline{\text{CAS}}$ 保持无效(高电平),这样就可以对这一行的所有列单元进行刷新。每次送出不同的行地址,顺序进行,则可以刷新所有行的存储单元。也就是说行地址循环一遍,则可将整个芯片的所有地址单元刷新一遍。只要保证在芯片所要求的刷新时间内(几毫秒)刷新一遍,也就达到定期刷新的目的。刷新波形如图 4.30 所示。

图 4.30　DRAM 2164 的刷新过程

在图 4.30 中,$\overline{\text{CAS}}$ 保持无效,只利用 $\overline{\text{RAS}}$ 锁存刷新的行地址,进行逐行刷新。尽管还有其他一些刷新方法,但 2164 推荐这种简单有效的刷新过程。其他方法这里不再说明。

4.3.2　内存条

内存条是 PC 的重要组成部分。它是将多片存储器芯片焊在一小条印刷电路板上,构成容量不一的小条。使用时将小条插在主板的内存条插座上。由于 PC 的内存要求容量大、速度快、功耗低且造价低廉,而 DRAM 恰恰具备这些性能。因此,PC 的内存条无一例外地都采用 DRAM。

随着 PC 的发展,构成内存条的 DRAM 也经历了若干代的变更。早期的 PC 所用的 PM DRAM、EDO DRAM 已经不再使用,这里不做说明。下面只介绍当前还在用的芯片 SDRAM 和 DDR SDRAM。

1. SDRAM

SDRAM 又称为同步动态存储器。由于是 DRAM,信息也是存放在电容上,也需要定时刷新。

前面介绍的标准 DRAM 是异步 DRAM,也就是说对它读写的时钟与 CPU 的时钟是不一样的。而在 SDRAM 工作时,其读写过程是与 CPU 时钟(PC 中是由北桥提供的时钟)严格同步的。

2. DDR SDRAM

什么是 DDR SDRAM 内存? 首先从字面上理解,DDR 代表 Double Data Rate——双倍数据速率,DDR SDRAM 就是双倍数据传输率的 SDRAM,DDR SDRAM 内存是更先进的 SDRAM。DDR 在每个时钟周期可以传输两个数据,而 SDRAM 只能传输一个数据。举例来说,DDR 266 能提供 266MHz×2×4B=2.1GB/s 的内存带宽。

3. 内存条的说明

目前,PC 上的内存条主要是由 SDR SDRAM(单倍速率同步 DRAM)或 DDR SDRAM 芯片构成。

标准的 DDR 内存条是 184 引脚的 DIMM(双面引脚内存条)。

新近的 DDR-Ⅱ 内存条所用的 DDR 芯片的速度更高一些。目前有 3 种工作频率:400MHz、533MHz 和 667MHz,分别可以达到的速率为 4.8GB/s、5.6GB/s 和 6.4GB/s。所有的 DDR-Ⅱ 内存条均工作在 1.8V 电压之下,单条容量均在 512MB 以上。DDR-Ⅱ 内存条的引脚有 200 线、220 线和 240 线等几种。

以上介绍了主流内存条的存储器。构成内存条的存储器还有其他类型,这里不再说明。

习　题

1. 某台以 8088 为 CPU 的微型计算机的内存 RAM 区为 0000H～3FFFFH,若采用 6264、62256、2164 或 21256 芯片,则各需要多少片芯片?

2. 利用全地址译码将 6264 芯片接在 8088 的系统总线上,其所占地址范围为 BE000H～BFFFFH,试画连接图。

3. 试利用 6264 芯片在 8088 系统总线上实现 00000H～03FFFH 的内存区域,试画连接电路图。若在 8086 系统总线上实现上述内存,试画其连接电路图。

4. 叙述 EPROM 的编程过程,说明 EEPROM 的编程过程。

5. 已有两片 6116,现欲将它们接到 8088 系统中,其地址范围为 40000H～40FFFH,试画连接电路图。写入某数据,并读出与之比较,如有错,则在 DL 中写入 01H;若每个单元均对,则在 DL 中写入 EEH,试编写此检测程序。

6. 若利用全地址译码将 EPROM 2764(128 或 256)接在首地址为 A0000H 的内存区,试画出电路图。

7. 内存地址 40000H～BBFFFH 共有多少千字节(KB)?

8. 试判断 8088 系统中存储系统译码器 74LS138 的输出 $\overline{Y_0}$、$\overline{Y_4}$、$\overline{Y_6}$ 和 $\overline{Y_7}$ 所决定的内存地址范围,见图 4.31。

9. 若要将 4 块 6264 芯片连接到 8088 微处理器的 A0000H～A7FFFH 的地址空间上,现限定要采用 74LS138 作为地址译码器,试画出连接电路图。

10. 将 4 片 6264 连接到 8086 系统总线上,要求其内存地址范围为 70000H～77FFFH,画出连接图。

11. 简述 EPROM 的编程过程及在编程中应注意的问题。

12. 若在某 8088 微型计算机系统中,要将一块 2764 芯片连接到 E0000H～E7FFFH 的空间中去,利用局部译码方式使它占有整个 32KB 的空间,试画出地址译码器及 2764 芯片与 8088 总线的连接图。

13. EEPROM 98C64A 芯片各引脚的功能是什么？如果要将一片 98C64A 与 8088 微处理器相连接，并能随时改写 98C64A 中各单元的内容，试画出 98C64A 和 8088 的连接电路图（地址空间为 40000H～41FFFH）。

14. 在上题连接图的基础上，通过调用 20ms 延时子程序，试编程序将内存从 B0000H 开始的顺序 8KB 的内容写入图中的 98C64A。

15. 现有容量为 32K×4b 的 SRAM 芯片，在 8086 系统中，利用这样的芯片构成 88000H～97FFFH 的内存，画出最大和最小模式下与系统总线的连接图。

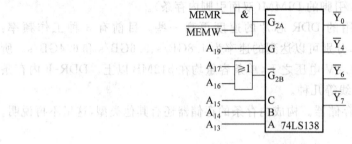

图 4.31　习题 4.8 图

第5章 输入/输出技术

今天,计算机已渗透到人们工作和生活的每一个角落,并产生了极大的影响,这依赖于计算机与外部世界的联系。通过输入/输出可实现计算机与外部世界的信息交换,完成人们所期望的各种功能。因此,输入/输出在整个微型计算机系统中占有极其重要的地位。同时,由于外部设备的多样性,它们输入或输出的信号形式、电平、功率、速率等有很大差别。利用合理的输入/输出技术的方法,可使微型计算机系统可靠、高效地工作。

5.1 输入/输出技术概述

5.1.1 外设接口的编址方式

在微型计算机系统中,主要采用两种不同的外设地址的编址方式。

1. 外设地址与内存地址统一编址

这种编址方式又称为存储器映射编址方式。在这种编址方式中,将外设接口地址和内部存储器地址统一安排在内存的地址空间中。即把内存地址分配给外设,由外设来占用这些地址。存储器不能再使用用于外设的内存地址。这样一来,计算机系统的内存空间一部分留做外设地址来使用,而剩下的内存空间可为内部存储器所使用。

外设与内存统一编址的方法占用了部分内存地址,将外设看作是一些内存单元。因此,原则上说,用于内存的指令都可以用于外设,这给用户提供了极大的方便。但由于外设占用内存地址,这一部分内存不能再用,就相对地减少了内存可用范围。而且,从指令上不易区分是寻址内存的指令还是用于输入/输出的指令。这种编址方式在68系列和65系列的微型计算机中得到了广泛的应用。

2. 外设与内存独立编址

在这种编址方式中,内存地址空间和外设接口地址空间是相互独立的。例如,在8086(8088)CPU中,内存地址是连续的1MB,即00000H~FFFFFH,而外设的最大地址范围是0000H~FFFFH。它们相互独立,互不影响。这是由于CPU在寻址内存和外设时使用了不同的控制信号来加以区分。8086 CPU的M/$\overline{\text{IO}}$信号为1时,表示地址总线上有一个内存地址;当它为0时,则表示地址总线上的地址是一个有效的外设地址。而8088 CPU为IO/$\overline{\text{M}}$,请读者注意。

内存与外设独立编址,各有自己的寻址空间。用于内存和用于外设的指令是不一样的,很容易辨认。但用于外设的指令功能比较弱,一些操作必须由外设首先输入到CPU的寄存器(或累加器)后才能进行。这种编址方式在Z80系列及Intel 80系列微型计算机中得到广泛应用。

5.1.2 外设接口的基本模型

外设经接口与微型计算机的连接框图如图5.1所示。

由图5.1可以看到,接口是CPU与外设间数据交换的通道,或者称为两者间的界面。

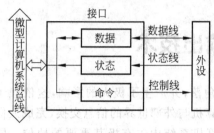

图5.1　外设与接口连接框图

接口的一边挂在系统总线上,另一边与外设相连接。接口与外设间通常有3种信息。

(1) 数据信息。在微型计算机系统中通常有3种数据信息,即数字量、开关量和模拟量。数字量是以二进制编码表示信息。开关量是用两个状态表示的信息,用一位二进制编码即可表示。模拟量是时间上和幅度上均为连续的信息,它必须经过转换,变为二进制编码才能被CPU识别和处理。

(2) 状态信息。状态信息用来表示外设所处的状态。例如,利用BUSY(忙)信号、READY(就绪)信号来表示外设是否正在忙或外设已经就绪。

(3) 控制信息。通常这类信号是CPU经接口发出的用于控制外设工作的信号。

数据信息、控制信息和状态信息通常是利用系统总线在CPU与接口之间进行传送。后面将会看到在微型计算机中是如何利用这些信号实现CPU与外设间进行数据交换的。

通常,一个接口可能有多个寄存器分别存放数据信息、控制信息和状态信息。CPU能够对这些寄存器读或写。人们还将这些能为CPU读或写的寄存器称为"端口"。可见,一个接口可能包含几个端口,也可能只有一个端口。

5.2　程序控制输入/输出

在微型计算机中,有4种基本的输入/输出方法。

(1) 无条件传送方式

(2) 查询传送方式

(3) 中断方式

(4) DMA(直接存储器存取)方式

通常把前两种方式归类为程序控制输入/输出。它们都是利用CPU执行程序,实现微型计算机与外设的数据传送。下面分别予以说明。

5.2.1　无条件传送方式

在微型计算机系统中,有一些简单的外设,当它工作时,随时都准备好接收CPU的输出数据,或它的数据随时都是准备好的,CPU什么时候读它的数据均可以正确地读到。也就是说,外设无条件地准备好向CPU提供数据或接收CPU送来的数据,所以CPU可以无条件地向这样的外设传送数据。在CPU与这样的外设交换数据的过程中,数据交换与指令的执行是同步的,所以有人也称其为同步传送。

在与这类外设进行数据交换时,可以认为只有数据的输入/输出而不再需要图5.1中的控制信息和状态信息。正如在本书的后面将要看到的,在无条件传送方式下,经接口输出的数据常作为控制信号使用,而由接口输入的数据又常作为状态信号来使用。常利用无条件传送的简单外设有许多种,如发光二极管、数码管、开关、继电器和步进电机等。

1. 输入接口

无条件数据输入的例子如图 5.2 所示的电路。在图 5.2 中,把开关 K 看作是一个简单的外设。K 的状态是确定的,要么闭合,要么打开。当计算机通过外设接口读 K 的状态时,一定会读到指令执行时刻 K 的状态。

在图 5.2 中,利用三态门构成输入接口,它可以是第 1 章中所画的 74LS244。图 5.2 中输入接口的地址为 FFF7H。当 CPU 读接口地址 FFF7H 时,加在三态门低电平有效的控制端上的或门的输出为低电平。该电平使三态门导通,则开关 K 的状态就通过数据总线 D_0 读到 CPU。判断读入数据 D_0 的状态即可知 K 的状态。当 $D_0 = 0$ 时,K 闭合;$D_0 = 1$ 时,K 打开。例如,可以利用 K 的状态来控制 CPU 执行不同的程序:当 K 闭合时执行 PROG1,当 K 打开时执行 PROG2。可用下述指令来实现。

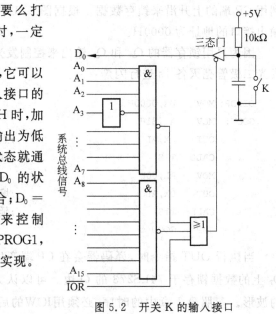

图 5.2　开关 K 的输入接口

```
MOV    DX,0FFF7H
IN     AL,DX
TEST   AL,01H
JZ     PROG1
JMP    PROG2
```

结合第 1 章中所描述的时序,不难看出,在执行上面的程序过程中,只有在执行 IN　AL,DX 指令时才会使图 5.2 中的三态门导通,而即使在从内存中读 IN　AL,DX 指令操作码(ECH)时也不会使三态门导通。

2. 输出接口

无条件传送实现数据输出的例子如图 5.3 所示。

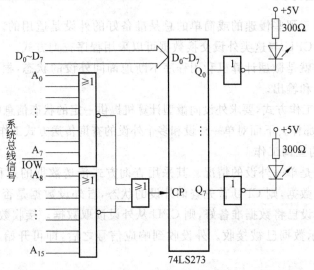

74LS273

图 5.3　锁存器输出接口

在图 5.3 中,发光二极管可以认为是一种最简单的外设,它总是处于准备好的状态,在输出的接口的控制下发光或熄灭。图中锁存器接口使用 74LS273,请特别注意 74LS273 是利用 CP 端的上升沿来锁存数据。根据图 5.3 中译码器(或门)的输出可以断定,该锁存器输出接口的地址为 0000H。

因为只用锁存器的 Q_0 和 Q_7 输出来控制发光二极管的亮灭,利用下面的程序可使两个发光二极管亮灭各 1s 进行闪烁:

```
DIPDP:  MOV    DX,0000H
GOON:   MOV    AL,81H
        OUT    DX,AL              ;点亮发光二极管
        CALL   T1S               ;延时 1s
        MOV    AL,00H
        OUT    DX,AL              ;熄灭发光二极管
        CALL   T1S               ;延时 1s
        JMP    GOON
```

当执行 OUT 指令时,译码器会在 CP 端产生负脉冲,利用该负脉冲的上升沿,将 $D_0 \sim D_7$ 上的数据锁存于 74LS273 的 Q 边。可以认为 CP 端上的负脉冲具有与 $\overline{IOW}$ 脉冲同样的波形。参照第 1 章中的时序,必须用 $\overline{IOW}$ 的后沿(上升沿)将数据总线上已稳定的数据写到接口上。而 $\overline{IOW}$ 前沿(下降沿)所对应的数据还不稳定,或还没有加到锁存器的输入端上。因此,构成锁存器地址译码器时必须注意到时序的问题,使设计出来的译码器是安全可靠的。

从上述可见,开关 K 或发光二极管总是准备好的。当读接口时,总可以读到那一时刻 K 的状态。当写锁存器时,二极管总准备好随时接收发来的数据,点亮或熄灭它。以上是两个最简单的例子,用以说明无条件传送的过程。对于其他类似的外设,如继电器或电机等,需要根据它们的工作特性决定是否可以采用无条件传送这种输入/输出手段。

5.2.2　查询传送方式

无条件传送对于那些慢速的或简单的总是准备好的外设是适用的。但是,许多外设并不总是准备好的。CPU 与这类外设交换数据可以采用程序查询方式。

所谓查询方式就是微型计算机利用程序不断地询问外设的状态,根据它们所处的状态来实现数据的输入和输出。

为了实现这种工作方式,要求外设向微型计算机提供一定的状态信息(或称状态标志),如图 5.1 中所表示的那样。下面对单一外设和多个外设的查询传送方式工作分别加以说明。

1. 单一外设的查询工作

最简单的情况是单一外设的情况。其采用查询方式传送数据的过程如下。如果 CPU 要从外设接收一个数据,则 CPU 首先查询外设的状态,看外设数据是否准备好。若没有准备好,则等待;若外设已将数据准备好,则 CPU 从外设读取数据。接收数据后,CPU 向外设发出响应信号,表示数据已被接收。外设收到响应信号之后,即可开始下一个数据的准备工作。

若 CPU 需要向外设输出一个数据,同样,CPU 首先查询外设的状态,看其是否空闲。

若正忙,则等待;若外设准备就绪,处于空闲状态,则 CPU 向外设送出数据和输出就绪信号。就绪信号用来通知外设:由 CPU 送来有效数据。外设接收数据后,向 CPU 发出数据已收到的状态信息。这样,一个数据的输出过程就告结束。

以上所描述的查询方式工作的输入/输出过程可简要地用图 5.4 所示的流程图来说明。CPU 先查询外设的状态,然后决定数据的传送。

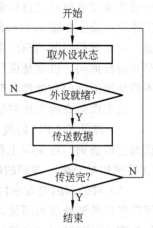

图 5.4　单个外设查询工作

2. 多个外设的查询工作

当微型计算机系统中存在多个外设,需利用查询方式工作时,可采用图 5.5 所示的某种方法实现工作。

由图 5.5 可以看到,图中所表示的多个外设查询方式工作均是对各外设逐个进行轮流查询,并根据其状态决定对其服务。但 3 种方法又略有不同,最终表现在对外设服务的优先级上。不同的应用场合可采用不同的查询方法。

从以上分析可以看到,无条件传送适合于简单的外设,不需要专门的状态及控制信息,仅利用简单的接口通过程序即可实现输入/输出。

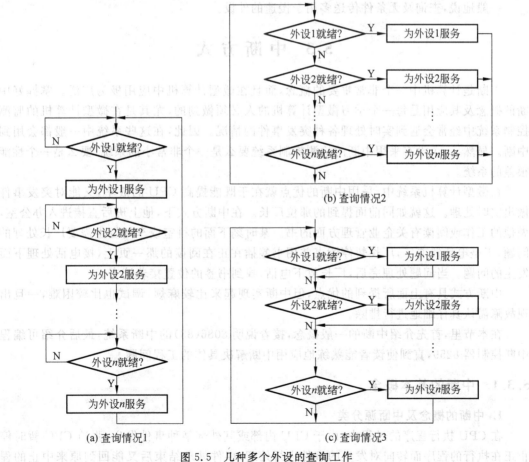

图 5.5　几种多个外设的查询工作

就查询方式来说,当利用查询方式工作时,CPU 对外设的状态逐一进行查询,发现哪个外设需要服务便对它进行服务,然后再继续查询。在这种情况下,CPU 就像采用查询方式工作的厂长。在图 5.5(c)的方式下,厂长一上班就一个科室接一个科室地逐个询问有无需要厂长处理的问题,若有,则厂长加以处理,若没有,则转到下一个科室。询问完科室再逐个车间进行询问。也就是说厂长不做别的事,就是一个科室接一个科室、一个车间接一个车间不停地轮流询问和处理各部门的问题。

从上面对查询方式的描述可以看到,这种工作方式有两大缺点。

(1) 降低了 CPU 的效率。在这种工作方式下,CPU 不做别的事,只是不断地对外设的状态进行查询。在实际工程应用中,对于那些慢速的外设,在不影响外设工作的情况下,CPU 可以抽空做一些别的事。

(2) 对外部的突发事件无法做出实时响应。如上面提到的厂长,在他询问后得知一车间没有厂长要处理的问题,刚刚离开一车间时,一车间发生爆炸(或大火)等突发事件需要厂长处理,而这时厂长(也就是 CPU)根本不知道事件的发生,也就无法做出处理,必须等到他把全厂其他所有车间和科室询问处理完,再回到一车间,才能发现事故,对发生的爆炸(或大火)进行处理。也许这时一切都为时已晚。

查询方式的优点在于这种工作方式原理很容易理解,实现起来也很容易。因此,在那些对实时性要求不高的工程应用中经常被采用。

一般地说,查询及无条件传送多用于慢速的外设。

5.3 中 断 方 式

中断是计算机中一个非常重要的概念,而且在微型计算机中应用极为广泛。掌握好中断的概念及其应用是每一个学习微型计算机的人必须做到的,尤其是在微型计算机的监测控制系统中经常会遇到实时处理各种突发事件的情况。因此,在这些系统中一般都会用到中断。显然,一个没有采用中断的检测控制系统要么是一个非常小的系统,要么是一个性能很差的系统。

在微型计算机系统中,采用中断的优点就在于既能提高 CPU 的效率,又能对突发事件做出实时处理。这就如同前面提到的那位厂长。在中断方式下,他上班后直接进入办公室,做他的工作或阅读有关企业管理方面的书。某时刻下面的科室或车间发生需要厂长处理的问题,于是电话铃响了,厂长暂停读书并用书签插在正在阅读的那一页上,接电话处理下面发生的问题。当问题处理完后,厂长放下电话,找到书签的位置接着读书。

中断方式具有上面所提到的优点,但中断实现起来比较麻烦,调试也比较困难,一旦出现故障需认真仔细地进行排除。

在本节里,首先介绍中断的一般概念,接着说明 8086(88)的中断系统,最后介绍可编程中断控制器 8259,直到使读者能熟练地应用中断解决具体的工程问题。

5.3.1 中断的基本概念

1. 中断的概念及中断源分类

在 CPU 执行程序的过程中,由于 CPU 内部或其外部某种事件发生,强迫 CPU 暂时停止正在执行的程序而转向对发生的事件进行处理,事件处理结束后又能回到原来中止的程序,接着中止前的状态继续执行原来的程序,这一过程称为中断。

引起中断的事件就称为中断源。对中断源的分类各个厂家并不完全统一,通常分为内部中断源和外部中断源两大类。

由处理机内部产生的中断事件称为内部中断源。例如,当 CPU 进行算术运算时由于除数太小致使商无法表示、运算发生溢出或执行软件中断指令等情况,都认为是内部中断。

若中断事件是发生在处理器外部,如由处理机的外部设备产生,这类中断源称为外部中断源。例如,某些外设请求输入/输出数据,硬件时钟定时时间到,某些设备出现故障等,均属于这种情况。这里所说的外部设备含义比较广泛,例如,硬件定时器和 A/D 变换器等均可看作外部设备。

外部中断源产生引起中断的事件,事件发生后,如何告诉 CPU 以便让它做出处理呢?在 CPU 上有专门的中断请求输入引脚,不同的 CPU 中断请求引脚多少不一,多的可多达十几条,而少的则有一两条。如前所述,8086(88)CPU 有两条输入信号线:INTR 和 NMI。外部中断源利用 INTR 和 NMI 告诉 CPU 已发生了中断事件。

2. 中断的一般过程

在这里以 INTR(可屏蔽中断)为例说明中断的一般过程。所谓一般过程就是指无论哪种 CPU(或处理器)都存在这样一个过程。并且通过对一般过程的描述可加深对中断方式工作的理解。可屏蔽中断的一般过程按先后顺序分为如下几步。

1) 中断请求

当外部设备要求 CPU 对它服务时,便产生一个有效的中断请求信号。注意这是一个电平信号,将其加到 CPU 的中断请求输入端,即可对 CPU 提出中断请求。

对于中断请求信号,应注意两个问题:其一是有效的中断请求电平必须保持到被 CPU 发现;其二是当 CPU 响应请求后,应当把有效的请求电平去掉。这样才能保证 CPU 不会对同一请求造成多次响应,而且也为下一次请求做好了准备。在使用可编程中断控制器(如下面要介绍的 8259)时,CPU 的中断响应信号就能做到这一点。若自己构成中断请求硬件,则必须注意到这个问题。

2) 中断承认

CPU 在每条指令执行的最后一个时钟周期检测中断请求输入端有无请求发生,然后决定是否对它做出响应。要使 CPU 承认 INTR 中断请求,必须满足以下 4 个条件。

(1) 一条指令执行结束。CPU 在一条指令执行的最后一个时钟周期对请求进行检测,当满足要叙述的 4 个条件时,本指令结束,即可响应。

(2) CPU 处于开中断状态。只有在 CPU 的 IF=1,即处于开中断时,CPU 才有可能响应可屏蔽中断请求。显然,这是对受 IF 控制的中断请求所设置的条件。

(3) 没有发生复位(RESET)、保持(HOLD)和非屏蔽中断请求(NMI)。在复位或保持请求时,CPU 不工作,不可能响应中断请求;而 NMI 的优先级比 INTR 高,CPU 响应 NMI 而不响应 INTR。

(4) 开中断指令(STI)和中断返回指令(IRET)执行完,还需要执行一条其他指令才能响应 INTR 请求。另外,一些前缀指令,如 LOCK 和 REP 等,将它们后面的指令看作一个总体,直到这种指令执行完,才能响应 INTR 请求。

3）断点保护

中断事件的发生是随机的，尤其是外部中断。由于要求在中断事件处理结束后必须回到被中断的程序，接着中断前的状态继续向下执行，因此，必须进行断点保护。断点保护分为两部分来完成：一部分工作是由 CPU 硬件在中断响应过程中自动完成；另一部分是由程序员在中断服务程序中利用指令来完成。

CPU 在响应中断时，会由 CPU 硬件自动保护断点的部分信息（又称为保护现场）。见图 5.6 中断过程示意图。如果图 5.6 中所示中断事件出现在指令 MOV AL,81H 的执行过程中。当该指令执行结束且满足其他条件，则 CPU 便对该中断做出响应。CPU 保护该指令执行结束时的断点信息。

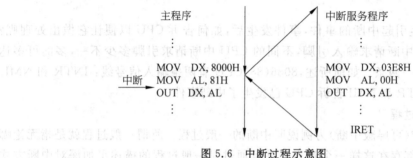

图 5.6 中断过程示意图

不同的 CPU 利用其硬件自动保护的断点信息是不一样的。例如 8086(88)CPU 保护的是 MOV AL,81H 指令执行结束时，也就是下一条指令第一个指令字节所对应的 CS 和 IP，同时保护这时的标志寄存器 F；而 MCS-51 则只保护当时的 PC（它指向下一条指令的第一个字节）。

一般情况下，CPU 硬件自动保护的信息是不够的。由图 5.6 可以看到，中断在 MOV AL,81H 指令执行结束得到响应，经过一系列工作（见后述）转向中断服务程序。在中断服务程序中又用到了寄存器 DX 和 AL，改变了它们的内容，则中断返回到被中断的程序，接着中断前的 OUT DX,AL 指令执行时，DX 和 AL 的内容均已被修改。因此，若不采取保护措施则必然会发生错误。由于中断是随机发生的，在中断服务程序一开始，要由程序设计者保护在本服务程序中所用到的所有寄存器，然后才能使用这些寄存器。

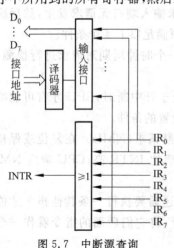

图 5.7 中断源查询

可见，断点保护一部分由 CPU 硬件自动完成，另一部分则由程序设计者完成。这些保护通常是用压入堆栈的方法来实现的。

4）中断源识别

当微型计算机系统中存在多个中断源时，例如有多个中断源通过一条中断请求线 INTR 向 CPU 提出请求，一旦做出响应就必须弄清楚是哪一个中断源提出的请求，以便有针对性地对它服务。这就是中断源识别。常用的中断源识别方法有以下两种。

（1）软件查询：利用输入接口将多个中断源的状态读入，逐个进行查询，查询到是谁就转向对谁服务。软件查询的简化框图如图 5.7 所示，当某中断源提出中断请求时，通过输入接口可以查出中断源,进而对其进行处理。

(2) 中断向量(矢量)法:所谓中断向量就是中断服务程序的入口地址(也就是中断服务程序的起始地址)。如给每一个中断源分配一个特定的中断服务程序的入口地址,将中断源的中断服务程序区分开来。在 8088 CPU 中是给每一个中断源分配一个中断向量码(或叫做中断类型码),中断向量码不是中断向量,但与中断向量有密切的关系,后面将会看到,两者是通过中断向量表联系到一起的。

目前,许多 CPU(或单片机)都采用中断向量法进行中断源识别。

5) 对中断源服务

当确定了中断源并且进行了断点保护,接下来就是对具体中断源的服务。对不同的中断源的服务不一样,一般要根据预先确定的要求编写程序来实现。其详细情况将在中断优先级控制中说明。

6) 断点恢复和中断返回

这里的断点恢复是指恢复那些由设计者在断点保护时所保护的内容。前面已经提到,在断点保护时一部分寄存器的内容是 CPU 硬件自动保护的,另一些寄存器的内容是由设计者(或程序员)通过程序保护的。这里的断点恢复是恢复设计者所保护的内容,通常用弹出堆栈指令来完成(与保护时的压入堆栈操作相反)。

中断返回是一条中断返回 IRET 指令,它的功能就是命令 CPU 自动恢复在断点保护时自动保护的内容。可见,CPU 自动保护的内容由中断返回指令来恢复,而程序员所保护的内容由程序员编程来恢复。

以上就是中断的一般过程。

3. 中断优先级控制

在具有多个中断源的微型计算机中,不同的中断源对服务的要求紧迫程度是不一样的。在这样的微型计算机系统中,需要按中断源的轻重缓急来对它们进行服务。举日常生活中的例子来说,假如医院的急诊医生就是 CPU,在其值班时,一个患感冒的病人和一个因车祸大出血的病人同时进入急诊室,则医生一定会首先抢救更加危重的病人,待大出血的病人处理过后再来诊治患感冒的病人。另一种情况是医生正在对感冒的病人进行诊断,这时抬进来因车祸大出血的病人,则医生一定会暂时离开患感冒的病人而去处理更加危重的病人,待危重病人处理结束后再回来继续为感冒患者服务。

根据上述思想,在微型计算机中提出了中断优先级的控制问题。中断优先级控制应当解决如下两种可能出现的情况。

(1) 当不同优先级的多个中断源同时提出中断请求时,CPU 首先响应最高优先级的中断源。

(2) 当 CPU 正在对某一中断源服务时,有比它优先级更高的中断源提出中断请求,CPU 能够中断正在执行的中断服务程序而去对优先级更高的中断源进行服务,服务结束后再返回原来的优先级较低的中断服务程序继续执行。

上面的第 2 种情况就是优先级高的中断源可以中断优先级低的中断服务程序,这就形成了中断服务程序中嵌套中断服务程序的情况,这就是所谓的中断嵌套。嵌套还可以在多级上进行,形成多级中断嵌套,其示意图如图 5.8 所示。

在这种情况下,中断服务程序有两种形式:一种是允许中断的中断服务程序;另一种是不允许中断的中断服务程序。两种形式的服务程序框图分别如图 5.9(a)和(b)所示。

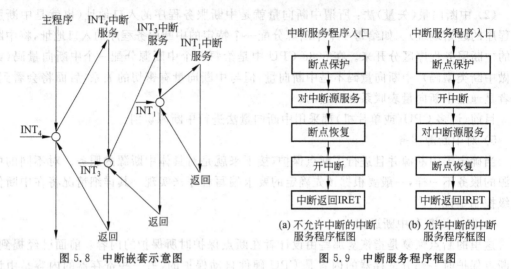

图 5.8　中断嵌套示意图

(a) 不允许中断的中断服务程序框图
(b) 允许中断的中断服务程序框图

图 5.9　中断服务程序框图

由图 5.9 可以看到,两种中断服务程序的区别仅在于不允许中断的中断服务程序一直是关中断的,仅在中断返回前开中断,则整个中断服务程序均不会响应中断。而允许中断的中断服务程序中有开中断指令,则允许中断。

对于图 5.9,更重要的是读者必须记住并理解一个中断服务程序的基本框架:开始必须有断点保护,这就是前面提到的由程序员利用指令完成的那一部分;然后要有对中断源的具体服务;服务完后必定要有断点恢复;最后则是中断返回。这个基本框架是设计人员必须遵循的,是非常重要的。

当微型计算机系统需要中断嵌套工作时,需要编写前面提到的允许中断的中断服务程序。同时,要特别注意,每一次嵌套都要利用堆栈来保护断点,使堆栈内容不断增加,因此,要充分估计堆栈的大小,不要使堆栈发生溢出。

5.3.2　8086(88)的中断系统

8086(88)具有功能很强的中断系统,可以处理 256 个不同方式的中断。每一个中断赋予一个字节的中断向量码(也称中断类型码),CPU 根据向量码的不同来识别不同的中断源。8086(88)中断源分为两大类,下面将逐一加以介绍。

1. 内部中断源

8086(88)的内部中断主要有 5 种。

1) 除法错中断

在 8086(88)执行除法指令时,若除数太小,致使所得的商超过了 CPU 所能表示的数值范围,则 CPU 立即产生一个向量码为 0 的中断。因此,除法错中断又称为方式 0 中断。中断向量码 0 是由 CPU 内部硬件自动产生的。

2) 单步中断

8086(88) CPU 的标志寄存器中有一位 TF 标志——陷阱状态标志。CPU 每执行完一条指令都检测 TF 的状态。如果发现 TF=1,CPU 产生中断向量码为 1 的中断,使 CPU 转向单步中断的处理程序。单步中断广泛应用于程序的调试,使 CPU 一次执行一条指令。

单步中断的中断向量码 01H 也是由 CPU 内部硬件自动产生的。

3）断点中断

8086(88)的指令系统中有一条专门用作设置断点的指令，其操作码为单字节 CCH。CPU 执行该指令产生向量码为 3 的中断（即方式 3 中断）。断点中断在调试过程中用于设置断点。断点中断向量码 03H 也是由 CPU 内部硬件自动产生的。

4）溢出中断

当 CPU 进行算术运算时如果发生溢出，则会使标志寄存器的 OF 标志置 1。如果在算术运算后加一条溢出中断指令 INTO，则溢出中断指令测试 OF 位，若发现 OF＝1，则发生向量码为 4 的中断（即方式 4 中断）。溢出中断的中断向量码 04H 同样是由 CPU 内部硬件自动产生的。若发现 OF＝0，则不发生中断并继续执行该指令后面的指令。

5）用户自定义的软件中断

用户可以用 INT n 这样的指令形式来产生软件中断。其中 INT 为助记符，形成一个字节的操作码；n 为由用户确定的、一个字节的中断向量码。INT n 是由用户自己确定的两个字节的软件中断指令。可见，软件中断指令的中断向量码是由程序员（用户）决定的。

总之，内部中断的中断向量或者是由 CPU 预先确定的，如除法出错、单步、断点和溢出中断，或者由用户预先自行确定。当 CPU 响应这些中断时，CPU 本身或通过软件指令即可获得中断向量码。

2. 外部中断

8086(88)有两个信号输入端供外部中断源提出中断请求，下面分别予以说明。

1）非屏蔽中断 NMI

如前所述，8086(88)的 NMI 不受 IF 标志的限制。只要是 CPU 在正常执行程序，一旦 NMI 请求发生，CPU 在一条指令执行结束后将对它做出响应。NMI 的请求输入为上升沿有效。

8086(88) CPU 响应 NMI 中断请求时，由 CPU 内部硬件自动产生中断向量码 02H，利用该向量码可以获得非屏蔽中断服务程序的入口地址。

2）可屏蔽中断请求 INTR

该中断通常简称为中断请求，它受中断允许标志位 IF 的约束。只有当 IF＝1 时，CPU 才有可能响应 INTR 请求。INTR 为高电平有效。

8086(88) CPU 响应 INTR 中断请求与响应内部中断和外部 NMI 中断的方法不同。在 CPU 响应内部中断和 NMI 中断时，是由 CPU 硬件自动形成或由软件指令提供中断向量码。根据该中断向量码可决定中断服务程序的入口地址，转向相应的中断服务程序去执行。可以认为，中断源在得到 CPU 响应时是与外部没有关系的。

而 INTR 中断响应则不一样，CPU 的响应过程要做两方面的工作。

（1）CPU 首先产生两个连续的中断响应总线周期。在第一个中断响应总线周期，CPU 将地址总线及数据总线置高阻，送出第一个中断响应号 $\overline{\text{INTA}}$。在第二个中断响应总线周期，CPU 送出第二个 $\overline{\text{INTA}}$ 信号。该信号启动外部中断系统，通知它将提出中断请求的中断源的一个字节的中断向量码放到数据总线上，CPU 由数据总线即可获得该中断源的中断向量码。外部中断系统（通常是可编程中断控制器）预先对不同的中断源赋予不同的中断向量码。因此,CPU 获得不同的中断向量码也就可以区分不同的中断源。

(2) 当 CPU 获得中断源的中断向量码后,再由 CPU 硬件进行断点保护(FLAG、CS 和 IP)并关中断。然后,根据中断向量码获得中断源的服务程序入口地址,转向对中断源进行服务。

可见,在获得中断向量码的方式上,INTR 与内部中断和 NMI 中断是不同的。$\overline{\text{INTA}}$ 的时序如图 5.10 所示。

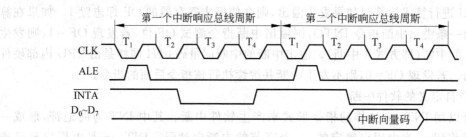

图 5.10 8088 CPU 的 INTR 中断的响应时序

由图 5.10 可见,在响应 INTR 过程中,用两个总线周期。每个总线周期送出一个 $\overline{\text{INTA}}$ 负脉冲。第一个负脉冲用于响应提出中断请求的外设(接口)。第二个负脉冲期间,提出中断请求的外设将其中断源的中断向量码送到数据总线上。CPU 可以从数据总线上获取该向量码。顺便提一句,图 5.10 是 8088 CPU 的中断响应时序。8086 与其不同之处仅仅在于在两个总线周期之间多加了 3 个空闲的时钟周期。

综上所述,可以利用图 5.11 来表示 8086(88) CPU 的中断响应的全过程。

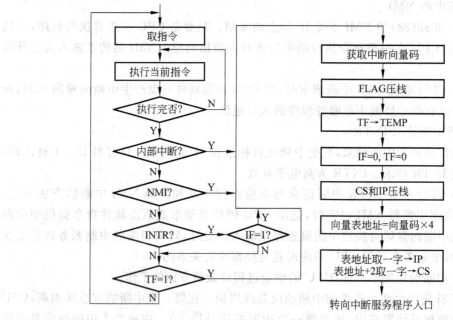

图 5.11 8086(88)中断响应过程

对这一过程总结如下。

(1) 由图 5.11 可见,CPU 利用硬件查询各中断源。一条指令执行结束后,先查询的优先级比后面的高。因此,除单步外的内部中断(除法、断点、溢出及软件中断指令)的优先级最高。依次是 NMI,INTR,最低优先级为单步中断。

(2) 各种中断源在响应过程中获取中断向量码的途径是不一样的。除法、溢出、断点、单步及 NMI 均由 CPU 内部硬件产生;软件中断指令的中断向量码包含在指令中;而 INTR 的中断向量是由 CPU 从数据总线上读取的。

获得中断源的中断向量码以后的过程则全都是一样的(见图 5.11)。

(3) 特别提醒读者注意的是,图 5.11 的整个过程,即从 CPU 硬件查询中断源到 CPU 转到中断服务程序这一复杂的过程,全部都是由 CPU 硬件自动完成的。读者必须记住这个过程,在今后利用中断解决具体的工程问题时,设计人员的工作就在于利用硬件和软件配合 CPU 的这个过程,最终使中断顺利地实现。后面将会看到这一点。

3. 中断向量表

前面提到,中断服务程序的入口地址称为中断向量(或中断矢量),每一个中断源都具有它自己的中断服务程序及其入口地址。前面又提到,每一个中断源都具有它自己的中断向量码。那么,中断向量码和中断向量两者有什么关系呢?

中断向量码和中断向量(即中断服务程序的入口地址)是通过图 5.12 所示的中断向量表建立联系的。

从图 5.12 可以看到,中断向量表是内存 00000H～003FFH 的一段大小为 1024 个存储单元的区域。存储单元的地址(00000H～003FFH)叫做中断向量表地址,在这些地址中存放着中断向量,也就是中断服务程序的入口地址。它如何存放呢? 每一个中断源都按其中断向量码所决定的地址存放其服务程序的入口地址:

中断服务程序的偏移地址 = 向量码
×4(中断向量表地址)及加 1 的地址
中断服务程序的段地址 = 向量码
×4(中断向量表地址)加 2 及加 3 的地址

如上所述,除法中断服务程序入口地址的偏移地址就存放在 00000H 和 00001H 单元中,而入口地址的段地址就存放在 00002H 和 00003H 单元中。参见图 5.11,当除法中断发生后,CPU 响应的最后步骤就是中断向量码(00H)×4 构成中断向量表地址,即从 00000H 和 00001H 单元取出事先放好的中断服务程序入口的偏移地址放进 IP,而将 00002H 和 00003H 单元中取出事先放好的中断服务程序的段地址放到 CS 中。

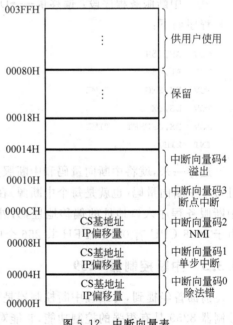

图 5.12 中断向量表

则从下一个总线周期开始,CPU 一定转向除法中断服务程序入口地址,开始执行服务程序。对于其他中断源,其思路与除法中断一样。

中断服务程序的入口地址(即中断向量)必须事先填写到中断向量表中。填写中断向量表可用下面两种方法。

（1）直接编程序填写中断向量表。

若某中断源的中断向量码为 48H，而该中断的中断服务程序名称为 TIME。则可编写
如下程序填写中断向量表：

```
SEDITV: MOV   DX,0000H
        MOV   DS,DX
        MOV   SI,0120H                   ;中断向量码 48H×4＝0120H
        MOV   DX,OFFSET TIME             ;取服务程序入口的偏移地址
        MOV   [SI],DX
        MOV   DX,SEG     TIME            ;取服务程序入口的段地址
        MOV   [SI+2],DX
```

在该程序中，将 TIME 的偏移地址放在了向量码 48H×4＝0120H 及其加 1 的单元中，
也就是中断向量表地址 00120H 和 00121H 中，而把 TIME 所在段的段地址放在了向量码
48H×4＝0120H 的加 2 和加 3 单元中，即 00122H 和 00123H 中。

（2）DOS 系统调用填写中断向量表。

若在 DOS 下工作，则可采用 DOS 系统调用：

INT 21H 的功能 25H

$$25H \longrightarrow AH$$

中断向量码$\longrightarrow$AL

中断服务程序段：偏移量$\longrightarrow$DS：DX

程序如下：

```
MOV   AH,25H                             ;功能号
MOV   AL,48H                             ;中断向量码
MOV   DX,SEG     TIME
MOV   DS,DX
MOV   DX,OFFSET  TIME
INT   21H
```

这样一来，就将中断向量码和中断服务程序的入口地址通过中断向量表联系在一起，而
且每个中断向量码（也就是每个中断源）在中断向量表中占有 4 个地址，其中两个地址存放
中断服务程序入口地址的偏移地址，另外两个地址存放中断服务程序入口地址的段地址。
由于 8088 CPU 有 00H～FFH 共 256 个中断源，所以中断向量表也只有 1KB 大小。

5.3.3　中断控制器 8259

前面曾经提到，可编程中断控制器是当前最常用的解决中断优先级控制的器件。中断
控制器 8259 具有很强的控制功能，它能对 8 个中断源或通过级联对更多个中断源实现优先
级控制。通过提供不同的中断向量码来识别这些中断源，为用户构成中断系统提供强有力
的手段。

从现在开始将介绍一些功能强大的可编程器件。这些可编程器件结构复杂，使用灵活。
从应用角度出发，主要是介绍如何用好它们来完成所需的功能。读者应从以下几个方面来
认识并最终用好它们。

（1）弄清楚芯片外部引脚的功能。只有熟悉每一条引脚，在将来的工程应用中才有可能将芯片正确地连接到系统总线上。

（2）了解芯片的工作方式或工作特性。以便将来遇到具体的工程问题时，能够知道该利用芯片的哪种工作方式或哪些工作特性可以解决问题。

（3）理解芯片内部的控制字、命令字和状态字。以便在具体应用时能选择控制字、命令字并利用状态字对芯片编程。

（4）了解芯片所占的接口地址，以利于对芯片的具体连接。

（5）在上述的基础上，实现对芯片的初始化及具体应用。

上述几个方面是学习和应用每一块可编程芯片必须注意到的。但由于还没有具体介绍芯片，读者不一定能理解，当学到本书后面的章节时会逐渐有所体会。

下面开始具体介绍可编程中断控制器 8259。

1. 8259 的外部引脚

可编程中断控制器 8259 的外部引脚及内部结构简图分别为图 5.13(a)和(b)所示。

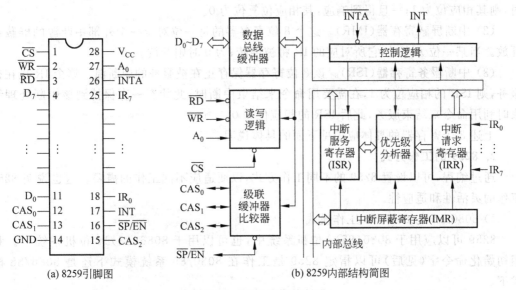

图 5.13 8259 中断控制器

8259 中断控制器的引脚及功能说明如下。

$D_0 \sim D_7$ 为双向数据线，与系统总线的数据线相连接。编程时控制字和命令字由此写入；中断响应时，8259 的中断向量码由此送到数据总线上，提供给 CPU。

$\overline{WR}$ 和 $\overline{RD}$ 为写和读控制信号，与系统总线的写和读信号相连接。

$\overline{CS}$ 为片选信号，只有 $\overline{CS}$ 为低电平时，才能实现 CPU 对 8259 的写或读操作。$\overline{CS}$ 通常在系统中连接地址译码器。

A_0 是 8259 内部寄存器的选择信号。它的不同状态对应不同的内部寄存器。使用中，通常接地址总线的某一位，例如 A_1 或 A_0 等。

INT 为 8259 的中断请求输出信号，可直接接到 CPU 的 INTR 输入端。

$\overline{INTA}$ 为中断响应输入信号。在中断响应过程中，CPU 的中断响应信号由此端进入 8259。

$CAS_0 \sim CAS_2$ 为双向级联控制线。当多个 8259 级联工作时，其中一片为主控级芯片，其他均为从属级芯片。主控级芯片的 $CAS_0 \sim CAS_2$ 作为输出连接到各从属级芯片 $CAS_0 \sim CAS_2$ 上(输入)。当某从属 8259 提出中断请求时,主控级 8259 的 $CAS_0 \sim CAS_2$ 送出相应的编码给从属级,使从属级中断被允许。

$\overline{SP}/\overline{EN}$ 为双功能引脚。当工作在缓冲模式时,它为输出,用以控制缓冲传送;在非缓冲模式时,它用作输入。当 $\overline{SP}=1$ 时,指定 8259 芯片为主控级;$\overline{SP}=0$ 时,指定该芯片为从属级。

$IR_0 \sim IR_7$ 为中断请求输入端。外设的中断请求可加在 8259 的 $IR_0 \sim IR_7$ 的任一端上。该信号可以是上升沿有效提出中断请求,也可以是高电平有效提出中断请求,由程序指定。

图 5.13(b)给出了 8259 的内部结构简图。芯片内部结构并不重要,只要求了解其中的 3 个寄存器。

(1)中断请求寄存器(IRR)。该寄存器是一个 8 位寄存器,用以保存外部中断源($IR_0 \sim IR_7$)的等待响应的中断请求信号。此寄存器的每一位对应一个中断源。当某中断源有请求时,则其相应位为 1;一旦得到响应,其相应位复位为 0。

(2)中断屏蔽寄存器(IMR)。这个 8 位寄存器的每一位对应一个外部中断源的屏蔽或开放。当某一位为 1 时,它所对应的 IR 将被屏蔽;为 0 时则开放。

(3)中断服务寄存器(ISR)。该 8 位寄存器保存正在被服务的中断源。哪个 IR 正在被服务,则 ISR 的相应位为 1,在需要用命令来结束中断时,此状态一直保持到该中断处理结束时利用命令来结束服务,此后 ISR 的相应位为 0。

上述 3 个寄存器的具体应用见下面的具体说明。

2. 8259 的工作方式

通过编程,可以设置 8259 的不同工作方式,以便适应不同工作的需要。这也说明 8259 工作的灵活性和适应性。

1) 8080/85 与 8086/88 工作模式

8259 可以应用于 8080(85)8 位机系统中,也可以用于 8086(88)16 位机系统中。利用初始化命令字(见后)可以指定 8259 是工作在 8080/85 系统模式下还是 8086/88 模式下。

当 8259 工作在 8080/85 模式时,它能很好地与 8080/85 CPU 中断响应过程相配合。在中断响应过程中,8080/85 先后送出 3 个 $\overline{INTA}$ 脉冲加到 8259 上。在此工作模式下,8259 收到第一个 $\overline{INTA}$ 脉冲就立即将 CALL 指令操作码 CDH 通过数据总线传送给 CPU。接着 CPU 送出第二个 $\overline{INTA}$ 脉冲,8259 再次通过数据总线将中断服务程序入口地址的低 8 位传送给 CPU。在第三个 $\overline{INTA}$ 脉冲时,8259 将中断服务程序入口地址的高 8 位地址传送给 CPU。这样一来,CPU 就能很方便地在中断响应时转向中断服务程序。

在 8086/88 模式下的响应中断过程中,CPU 产生两个 $\overline{INTA}$ 脉冲。这时,8259 内部使用第一个 $\overline{INTA}$ 脉冲;在第二个 $\overline{INTA}$ 脉冲期间,8259 通过数据总线将中断源的 1 个字节的中断向量码送到数据总线上并传送给 CPU。

2) 8259 的中断优先级管理方式

(1)一般完全嵌套方式。又称为固定优先级方式,在此方式下,8 个中断源 $IR_0 \sim IR_7$ 的优先级依次降低,即 IR_0 最高,而 IR_7 最低,且固定不变。优先级高的可嵌套优先级低中断的服务程序。

(2) 自动循环优先级方式。该方式规定刚刚服务结束的中断源优先级最低,它的下一个中断源优先级最高并依次降低。可见,8个中断源谁都可能获得最高优先级。当然,在设置自动循环优先级方式的最初,总是 IR_0 的优先级最高。

(3) 特殊循环优先级方式。这种方式是在主程序或中断服务程序中利用命令来一次指定某一中断源的优先级最低。这就意味着它的下一个中断源的优先级最高并依次降低。一次指定后,即开始自动循环。

(4) 特殊全嵌套方式。该方式与完全嵌套方式基本相同。所不同的是在完全嵌套方式下,某一中断源请求得到响应后,则不再响应该优先级的中断源及低于其优先级的中断源的请求,只有高于该优先级的中断源的请求才可以得到响应。而在特殊全嵌套方式下,某一中断源请求得到响应后,它仍允许同级中断请求并能得到响应。

这种方式主要用于级联方式工作。主控芯片采用该方式,才能实现从属芯片的优先级控制。

3) 8259 的屏蔽方式

要理解有关 8259 的中断屏蔽,需弄清楚如下一些概念。

(1) 8259 在某一中断请求得到响应时,会使 ISR 中的相应位置 1。此时,8259 的优先级判决电路就会禁止所有优先级等于或低于它的中断请求,除非再用其他命令来改变这种情况。这是利用 ISR 实现的屏蔽。这种屏蔽随着该中断服务结束,使它在 ISR 中的相应位清 0 而结束。

(2) 利用命令的一般屏蔽。可以利用后面要提到的 OCW1 使某些位对应的中断源屏蔽。该命令写入中断屏蔽寄存器 IMR 中,可以屏蔽置 1 位所对应的中断源。

(3) 特殊屏蔽方式。如前所述,中断响应后,利用 ISR 中的相应位置 1,只能屏蔽同级或更低级的中断源。特殊屏蔽则可以屏蔽更高级的中断源,而使得低级中断源获得响应,嵌套到高优先级的中断服务程序中。

特殊屏蔽方式利用 OCW3 来设置,然后再利用 OCW1 将当前正在服务的中断加以屏蔽,这就可以使 ISR 中当前中断所对应的位清 0,从而使所有未被 OCW1 屏蔽的中断源,包括优先级最低的中断源,都有可能得到响应。

4) 中断结束方式

(1) 自动结束。当系统中只有一片 8259 且不会出现中断嵌套时,可以采用自动结束方式。

当 8259 设置为自动结束时,中断响应的第二个 $\overline{INTA}$ 负脉冲将清除 ISR 中的相应位,从而认为中断结束。实际上这时中断服务程序尚未执行。因此,在这种中断结束方式下不允许中断嵌套。

(2) 一般结束方式。此方式用在一般全嵌套方式下,由 CPU 利用程序发送结束命令(EOI)给 8259,使 8259 的 ISR 中优先级最高的置 1 位清 0,从而结束该位所对应的中断。该命令是利用 OCW2 的最高 3 位为 001 来实现的。

(3) 特殊结束方式。在非一般全嵌套方式下,中断优先级在不断发生改变,无法利用 ISR 中的置 1 位来确定当前正处理的是哪一级中断。这时就要用特殊结束命令(SIOI)来结束所指定的那一级中断。采用这种方式,OCW2 的高 3 位为 011,而用最低 3 位的编码指定要结束的中断源。

5）中断触发方式

8259 有 8 个外部中断源输入端 $IR_0 \sim IR_7$，它们的请求触发方式有以下两种，可以通过编程来设置。

（1）电平触发。利用 IR_x 上的高电平触发中断请求。高电平应维持到中断响应的第 1 个 $\overline{INTA}$ 负脉冲结束。一旦该响应脉冲结束，高电平也应撤销，以防止产生该电平的第二次响应。

（2）边沿触发。利用加到 IR_x 上的信号的上升沿触发中断请求。而高电平不表示有中断请求。

在采用边沿触发方式时，应注意在上升沿产生后的高电平应持续到第 1 个 $\overline{INTA}$ 脉冲结束，甚至可以一直保持高电平。

无论哪种触发方式，若高电平持续时间很短，则 8259 将自动规定该中断由 IR_7 进入。利用这一特性可以克服系统中的窄脉冲干扰。当有大的窄脉冲干扰时，可将相应的 IR_7 的中断服务程序用一条 IRET 指令来实现。显然，若能将请求脉冲保持必要的宽度且系统中没有大的窄脉冲干扰时，IR_7 是可以利用的，只要在 IR_7 的中断服务程序中读 ISR，并查询其状态是否是正常的中断请求即可，这是由于正常的 IR_7 中断会使 ISR 的 D_7 置 1。

3. 8259 的内部控制字

8259 的功能是很强的，在它工作以前必须通过软件命令它做什么。只有在 8259 接收了 CPU 的命令后，它才能按照命令所指示的方式工作，这就是对 8259 的编程。CPU 命令分为两大类：一类是初始化命令字（ICW），主要使 8259 处于初始状态；另一类是操作命令字（OCW），使处于初始状态的 8259 去执行具体的某种操作方式。操作命令字可在 8259 初始化后的任何时刻写入。

1）初始化命令字

（1）初始化命令字 ICW1。在 $A_0 = 0$、$D_4 = 1$ 时为写入，各位的功能如图 5.14 所示。

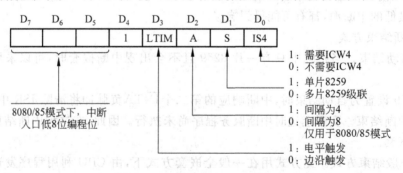

图 5.14 初始化命令字 1（ICW1）

（2）始化命令字 ICW2。在 8080/85 模式下，ICW2 为中断入口地址的高 8 位，与 ICW1 的 $D_7 \sim D_5$ 形成的低 8 位构成 16 位的入口地址。

在 8086/88 模式下，仅用 ICW2 提供不同中断源的中断向量码。当中断响应时，再根据中断向量表获得入口地址。ICW2 如图 5.15 所示。

D_7	D_6	D_5	D_4	D_3	D_2	D_1	D_0
A_{15}/T_7	A_{14}/T_6	A_{13}/T_5	A_{12}/T_4	A_{11}/T_3	A_{10}	A_9	A_8

图 5.15　初始化命令字 2(ICW2)

ICW2 所规定的中断向量码如表 5.1 表示。在表 5.1 中,设计人员在编程时只需规定 ICW2 中的 $T_3 \sim T_7$ 即可,低 3 位是隐含默认的。从而形成了中断源 $IR_0 \sim IR_7$ 的中断向量码。

表 5.1　ICW2 构成 $IR_0 \sim IR_7$ 的中断向量码

	D_7	D_6	D_5	D_4	D_3	D_2	D_1	D_0
IR_7	T_7	T_6	T_5	T_4	T_3	1	1	1
IR_6	T_7	T_6	T_5	T_4	T_3	1	1	0
IR_5	T_7	T_6	T_5	T_4	T_3	1	0	1
IR_4	T_7	T_6	T_5	T_4	T_3	1	0	0
IR_3	T_7	T_6	T_5	T_4	T_3	0	1	1
IR_2	T_7	T_6	T_5	T_4	T_3	0	1	0
IR_1	T_7	T_6	T_5	T_4	T_3	0	0	1
IR_0	T_7	T_6	T_5	T_4	T_3	0	0	0

(3) 初始化命令字 ICW3。该字是用于多片 8259 级联的。在主控 8259 中,ICW3 的每一位对应一个 IR 输入。某一位为 1,表示相应的 IR 接从属 8259。例如,主控 8259 的 IR_4 和 IR_7 接从属 8259,则主控 8259 和 ICW3 的 D_4 和 D_7 必须为 1,而其他不接从属 8259 的各位均为 0。

从属 8259 的 ICW3 的最低 3 位的编码用以表示该从属 8259 接至主控 8259 的 IR 编号。例如,从属 8259 芯片接主控的 IR_4,则从属 ICW3 的 $D_0 \sim D_2$ 的编码为 100(4)。两个 ICW3 如图 5.16 所示。

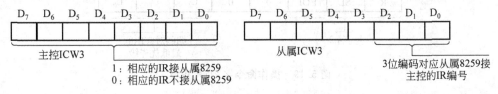

图 5.16　初始化命令字 3(ICW3)

(4) 初始化命令字 ICW4。该 ICW4 各位的功能如图 5.17 所示。

ICW4 中的 AEOI 位用于规定中断结束方式。该位为 0,则规定必须利用程序命令结束中断。详见前面有关 OCW2 的内容。当该位为 1 时,规定为自动结束。

BUF(ICW4 的 D_3)用来指示 8259 的数据线 $D_0 \sim D_7$ 与系统总线 $D_0 \sim D_7$ 连接中间有无缓冲器。如果有缓冲器,则在中断响应过程中应打开缓冲器,保证在这时传送中断向量码。而在对 8259 编程时,又能保证数据正确地写入 8259。这时,可用 8259 的 $\overline{SP}/\overline{EN}$ 信号输出作为控制信号。

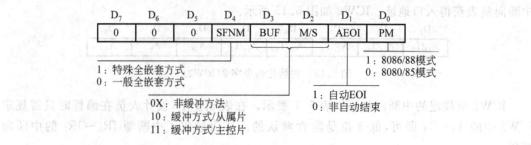

图 5.17 初始化命令字 4(ICW4)

在非缓冲方式下,$\overline{SP}/EN$用来指定本 8259 是主控芯片还是从属芯片。当$\overline{SP}=1$ 时为主片,$\overline{SP}=0$ 时为从属片。

SFNM 位用于级联方式,详情见后。

2) 操作命令字 OCW

在对 8259 用初始化命令字初始化之后,它就进入工作状态,准备好接收 IR 端进入的中断请求。在 8259 工作期间,可随时写入操作命令字,使 8259 按照操作命令字的规定来工作。操作命令字有 3 个,可单独使用。

(1) 操作命令字 OCW1。它用于设置对 8259 中断的屏蔽操作。当这个 8 位的操作命令字的某一位置 1 时,它就屏蔽对应的 IR 输入。如图 5.18 所示,当 $M0=1$ 时,屏蔽 IR_0;$M1=1$ 时,屏蔽 IR_1,依此类推。未被屏蔽的 IR 可继续正常工作。

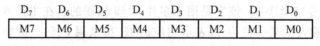

图 5.18 操作命令字 1(OCW1)

(2) 操作命令字 OCW2。该命令字具有多种功能,主要用于设置优先级、循环方式及中断结束方式等。OCW2 各位定义如图 5.19 所示。

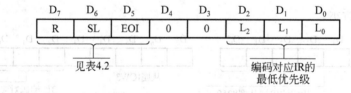

图 5.19 操作命令字 2(OCW2)

操作命令字各位的功能描述如下。

R 为优先级循环控制位。$R=1$ 为循环优先级,$R=0$ 为固定优先级。

L_2、L_1 和 L_0 为系统规定的最低优先级,用它们的编码来指定哪个 IR 优先级最低。

EOI 是中断结束命令。该位为 1 时,将复位现行中断的中断服务寄存器 ISR 中的相应位。在非自动 EOI 的情况下,需要用 OCW2 来复位当前最高优先级所对应的位。

SL 用于选择 L_2、L_1 和 L_0 编码。当 $SL=1$ 时,$L_2 \sim L_0$ 编码有效;$SL=0$ 时,$L_2 \sim L_0$ 编码无效。

OCW2 的具体功能见表 5.2。

表 5.2　OCW2 控制格式

D_7	D_6	D_5	D_4	D_3	D_2	D_1	D_0	功　能
R	SL	EOI	0	0	L_2	L_1	L_0	
0	0	1				…		一般结束命令,使 ISR 中的正在服务位清 0
0	1	1			L_2	L_1	L_0	特殊结束命令,将 $L_2 \sim L_0$ 指定的 ISR 中的相应位清 0
1	0	1				…		自动循环命令,结束正在执行的中断,并使其优先级最低
1	0	0				…		设置自动循环命令,IR_0 优先级最低
0	0	0				…		清除自动循环命令,变为固定优先级
1	1	0			L_2	L_1	L_0	优先级设置命令,$L_2 \sim L_0$ 指定的 IR 优先级最低
1	1	1			L_2	L_1	L_0	结束由 $L_2 \sim L_0$ 指定的中断(ISR 指定位清 0)并使 $L_2 \sim L_0$ 指定的中断优先级最低
0	1	0				…		无效

（3）操作命令字 OCW3。OCW3 可用以设置查询方式、特殊屏蔽方式以及读 8259 的中断请求寄存器 IRR 和中断服务寄存器 ISR 的当前状态。OCW3 各位的功能如图 5.20 所示。

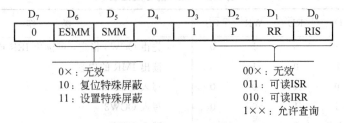

图 5.20　操作命令字 3(OCW3)

OCW3 的 bit6 和 bit5 用于设置特殊屏蔽和撤销特殊屏蔽。当将两位同时为 1 的 OCW3 写入 8259 后,8259 可以响应任何未被屏蔽的中断源。用完此状态后,若再将 ESMM＝1,SMM＝0 的 OCW3 写入 8259,则 8259 将恢复为未设置特殊屏蔽前的优先级方式。

OCW3 的 P 位为查询方式控制位。当 CPU 向 8259 写入 P＝1 的 OCW3 后,只要接着执行一条输入指令,则加到 8259 引脚上的 $\overline{RD}$ 有效信号就可以使 8259 送出一个查询字节,该字节刚好通过这条输入指令读到 CPU 的 AL 中。查询字节的格式如下:

D_7	D_6	D_5	D_4	D_3	D_2	D_1	D_0
I	×	×	×	×	W_2	W_1	W_0

其中 I＝1 表示有中断,I＝0 表示无中断。$W_2 \sim W_0$ 的编码用来表示具有最高优先级的中断是哪一个 IR。

查询方式常用在中断源超过 64 个的情况,一般较少使用。

OCW3 的最后两位编码用来指定读 ISR 还是 IRR。因为 IRR 和 ISR 共用一个地址,所以由 OCW3 事先加以选择。

4. 8259 的寻址

8259 的外部只有一条地址线 A_0，因此它只占两个接口地址。从上面的内容可以看到，要写入 8259 中的命令字和要读出的状态字有许多个。如何利用有限的地址读写更多的状态字和命令字，这就是接口的寻址所考虑的问题。在可编程器件中，经常采用下面的 4 种方法解决这个问题。

（1）利用命令字（或控制字）中的某一位或某几位来标明该字是什么字。例如，对同一地址写入 $D_4 = 1$ 的命令字一定是 ICW1，而 $D_4 = 0$、$D_3 = 0$ 的命令字一定是 OCW2，$D_4 = 0$、$D_3 = 1$ 的命令字是 OCW3。因此，尽管都写入同一地址，但不会出错。

（2）依据顺序。可编程芯片规定写入字的顺序，必须严格按照规定的顺序写入。尽管写入的是同一地址，但不会产生混乱。

（3）根据命令字的某一位或某些位的状态。例如，8259 中 ISR 和 IRR 共用同一个地址。为了加以区别，在读出某个寄存器的状态前，必须先利用 OCW3 的最低两位的编码来指定是哪一个寄存器，然后再去读那个地址。

（4）利用专门的触发器或寄存器的状态作为指针。当状态为 1 时和状态为 0 时分别指向同一地址的不同的字。

上述方法在这里和后面的可编程器件中会遇到。8259 的寻址控制如表 5.3 所示。

表 5.3　8259 的寻址控制

A_0	D_4	D_3	$\overline{RD}$	$\overline{WR}$	$\overline{CS}$	操　　作
0	×	×	0	1	0	先由 OCW3 指定，可读出 IRR 或 ISR 的内容
1	×	×	0	1	0	读出 IMR 的内容
0	0	0	1	0	0	写入 OCW2
0	0	1	1	0	0	写入 OCW3
0	1	×	1	0	0	写入 ICW1
1	×	×	1	0	0	顺序写入 ICW2、ICW3、ICW4 和 OCW1

从表 5.3 中可以看到，利用 $\overline{CS}$ 有效选中 8259，再利用 A_0 来寻址不同的寄存器和命令字，A_0 只可能有两个状态。因此，在硬件系统中，8259 仅占两个外设接口地址。初始化命令与操作命令还利用命令字中的 D_3 和 D_4 及写入的顺序加以区别。

5. 8259 初始化

前面已经提到，8259 仅占两个接口地址。在利用各种命令对其初始化时，一方面利用这两个地址，同时利用命令字中 D_4 和 D_3 的状态及命令字的写入顺序对这些命令加以区分，做到有条不紊地初始化 8259。

对 8259 初始化的命令字的写入顺序如图 5.21 所示。其中 ICW2 必须跟在 ICW1 之后，这就是顺序问题。后面的 ICW3 和 ICW4 是否需要初始化，取决于 ICW1 命令字的内容。ICW2、ICW3 和 ICW4 均使用一个地址，这就决定了图 5.21 所示的顺序。初始化后 8259 可接收操作命令。

假定在微型计算机系统中只有一片 8259，所占的接口地址为 FF00H 和 FF01H。下面是 8259 的初始化程序：

```
SET59A: MOV  DX,0FF00H              ;8259A 的地址,A_0 = 0
        MOV  AL,13H                 ;ICW1,LTIM=0,单片,需要 ICW4
        OUT  DX,AL                  ;上升沿产生中断
        MOV  DX,0FF01H              ;8259 地址,此时 A_0 = 1
        MOV  AL,48H                 ;ICW2,中断向量码
        OUT  DX,AL
        MOV  AL,01H                 ;ICW4,8086/88 模式,非自动 EOI,非缓冲
        OUT  DX,AL                  ;方式,一般全嵌套
        MOV  AL,0C0H                ;OCW1,屏蔽 IR6 和 IR7
        OUT  DX,AL
```

6. 应用

在 8086(88)系统中,要用好 8259,需做好以下 3 件事。

1) 连接 8259 到 8086 系统

将 8259 连接到 8086(88)系统总线上的连接图如图 5.22 所示。

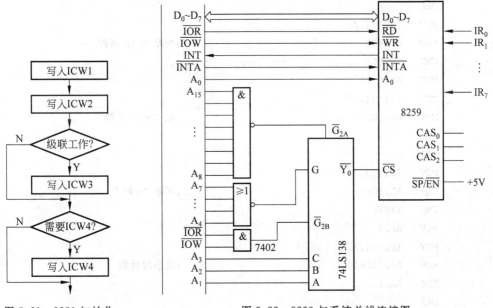

图 5.21　8259 初始化　　　　　　图 5.22　8259 与系统总线连接图

若在图 5.22 所示的 8259 上,将周期为 20ms 的对称方波接在 IR_4 上,以便每 20ms 产生一次定时中断。并且利用此定时中断建立时、分、秒电子时钟。因此,需要对连接好的 8259 初始化,初始化程序在前面已给出。

2) 编写中断服务程序

编写 8259 中断源的中断服务程序,针对 20ms 产生一次的定时中断,中断服务程序如下:

```
CLOCK  PROC  FAR
       PUSH  AX
       PUSH  DS
```

```
            PUSH   SI
            PUSH   DX                        ;程序进行的断点保护
            STI                              ;开中断
            MOV    DX,SEG   TIMER
            MOV    DS,DX
            MOV    SI,OFFSET  TIMER
            MOV    AL,[SI]                    ;取 50 次计数单元
            INC    AL
            MOV    [SI],AL
            CMP    AL,50                      ;判断 1s 到否
            JNE    TRNED
            MOV    AL,0
            MOV    [SI],AL
            MOV    AL,[SI+1]                  ;取 60s 计数
            ADD    AL,1
            DAA
            MOV    [SI+1],AL
            CMP    AL,60H                     ;判断 1min 到否
            JNE    TRNED
            MOV    AL,0
            MOV    [SI+1],AL
            MOV    AL,[SI+2]                  ;取 60min 计数
            ADD    AL,1
            DAA
            MOV    [SI+2],AL
            CMP    AL,60H                     ;判断 1h 到否
            JNE    TRNED
            MOV    AL,0
            MOV    [SI+2],AL
            MOV    AL,[SI+3]                  ;取小时计数
            ADD    AL,1
            DAA
            MOV    [SI+3],AL
            CMP    AL,24H
            JNE    TRNED
            MOV    AL,0
            MOV    [SI+3],AL
    TRNED:  MOV    DX,0FF00H
            MOV    AL,20H                     ;结束中断命令
            OUT    DX,AL
            POP    DX
            POP    SI
            POP    DS
            POP    AX
```

```
        IRET
CLOCK   ENDP
```

3) 填写中断向量表

要做的第 3 件事就是将中断服务程序的入口地址（即中断向量）填到中断向量表中。

在本节前面介绍中断向量表时,已对如何填写中断向量表的两种方法进行了说明。在此,采用其中第一种方法编写程序如下:

```
IRVTB: MOV   DX,0000H
       MOV   DS,DX
       MOV   BX,0130H              ;IR₄ 中断向量码为 4CH,4CH×4=130H
       MOV   DX,SEG    CLOCK
       MOV   [BX+2],DX
       MOV   DX,OFFSET CLOCK
       MOV   [BX],DX
```

做好了上述 3 项工作之后,电子时钟在中断方式之下便可工作。工作前需要修改时、分、秒单元,使起始时间准确。而后,任何时候读出时、分、秒单元的内容,便可以知道当时的时间。

当然,在具体工程应用时必须注意避免产生人为的错误。在上述例子中,由于系统总线的数据线只有 8 位,在读出时间时必须分 3 次读出秒、分、时。若在特定时间(如 3:59:59),当读出秒或分后未来得及读时而发生中断,则会造成小时的错误。若在读分前发生中断,可造成分误差。显然,出现错误的机会是很小的,但必须防止。

防止错误的一种方法是,读时间前关中断,读完再开中断;另一种就是连续读两次时间,若两次读出时间一样则对,不一样则继续读,直到两次一样,即为正确数据。

以上是 20ms 中断实现电子时钟的例子。在实际的工程应用中,重量、位移、深度和距离等若采用中断方式增加或减少,在进行计量时同样会出现上述问题,请读者自行思考。

7. 8259 的级联

当微型计算机系统中的中断源较多,一片 8259 不能解决问题时,可以采用级联工作方式。这时指定一片 8259 为主控芯片,它的 INT 接到 CPU 上;而其余的 8259 芯片均作为从属芯片,其 INT 输出接到主控芯片的 IR 输入端。由于主控 8259 有 8 个 IR 输入端,所以一个主控 8259 最多可以连接 8 片从属 8259,可实现多达 64 个外部中断源 IR 的输入。

由一片主控 8259 和两片从属 8259 构成的级联中断系统框图如图 5.23 所示。图中 3 个 8259 均有各自的地址,由 $\overline{CS}$ 和 A_0 来决定。图 5.23 中未画出 $\overline{CS}$ 译码器。主控 8259 的 $CAS_0 \sim CAS_2$ 作为输出连接到从属芯片的 $CAS_0 \sim CAS_2$ 上。而从属芯片的 INT 分别接主控芯片的 IR_0 和 IR_4。图中未画出其他控制线 $\overline{RD}$ 和 $\overline{WR}$。

在级联系统中,每一片 8259,不管是主控芯片还是从属芯片,都有各自独立的初始化程序,以便设置各自的工作状态。在中断结束时要连发两次 EOI 命令,分别使主控芯片和相应的从属芯片完成中断结束操作。

在中断响应中,若是从属芯片的 IR 提出的中断请求,则主控芯片会通过 $CAS_0 \sim$

CAS_2 来通知相应的从属芯片,而从属芯片即可把相应的中断向量码送出。

在级联方式下,若用一般嵌套方式,即某一级中断得到响应,则自动屏蔽同级及较低级的中断请求,而优先级高的中断请求仍会得到响应。这种方式在单片 8259 中使用是合适的。但在级联方式下,从属芯片的 8 个 IR 输入是有优先级的,但接到主控芯片上,它们就变成主控芯片的同一级了。若从属芯片的 IR_3 经主控芯片得到响应,则从属芯片的 IR_0、IR_1 和 IR_2 也被屏蔽了,因为对从属芯片来讲,它们比 IR_3 的优先级高,这种屏蔽显然是不合理的。

为了避免一般全嵌套方式的这一缺点,在级联方式时,可采前面提到的特殊全嵌套方式。在将主控芯片初始化为特殊全嵌套方式后,必须注意到如下两种情况。

(1) 当从属芯片的中断请求响应后,主控芯片并不封锁从属芯片的 INT 输入。这样就可以使从属芯片中优先级更高的请求得到响应。

(2) 当从属芯片的中断响应结束时,要用软件来检查中断状态寄存器 ISR 的内容,看看当前被服务的是否本从属芯片的唯一一个中断请求。如果是,则连发两个中断结束命令 EOI 分别给从属芯片和主控芯片,将从属芯片的 ISR 中的相应位清 0,同时,再将主控芯片对应于从属芯片的 ISR 位清 0,即将从属芯片和主控芯片一齐结束。若从属芯片 ISR 中的内容表明从属芯片的请求不止一个,则只发一个中断结束命令 EOI,结束从属芯片中的一个中断,不向主控芯片发中断结束命令 EOI。

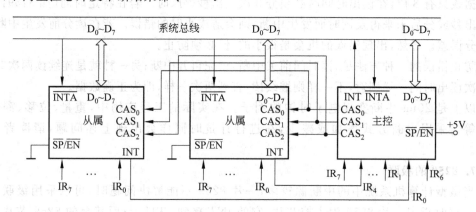

图 5.23 3 片 8259 级联框图

5.4 直接存储器存取(DMA)

前面已经介绍了微型计算机系统中常用的数据输入/输出方法。这些方法对应付慢速及中速外设的数据交换是比较合适的。因此,在速率不是很高的场合下,这些数据输入/输出方法获得了非常广泛的应用。

当高速外设要与微型计算机内存之间进行快速传递数据时,无论是采用查询方式还是中断方式,都要执行程序。CPU 执行指令是需要花时间的,这就不可能使数据传送率提高。利用程序,CPU 从内存(或外设)读数据到累加器,然后再写到接口(或内存)中,若包括修改内存地址,判断数据块是否传送完,8088 CPU(时钟接近 5MHz)传送一个字大约需要几十微秒的时间，由此可大致估计出用程序方法的数据传送速率约为每秒几十千字节。

为了能够实现高速率传送数据，人们提出了直接存储器存取(DMA)方法。

5.4.1 DMA 的一般过程

要实现 DMA 传送，目前都采用大规模集成电路芯片 DMA 控制器(DMAC)。DMA 的工作过程大致如下。

(1) 外设向 DMAC 发送 DMA 传送请求。

(2) DMAC 通过连接到 CPU 的 HOLD 信号向 CPU 提出 DMA 请求。

(3) CPU 在完成当前总线周期后会立即对 DMA 请求作出响应。

CPU 的响应包括两个方面：一方面，CPU 将控制总线、数据总线和地址总线置高阻，即 CPU 放弃对总线的控制权；另一方面，CPU 将有效的 HLDA 信号加到 DMAC 上，以此来通知 DMAC，CPU 已经放弃了总线的控制权。

(4) 待 CPU 将总线置高阻——放弃总线控制权，DMAC 向外设送出 DMAC 的应答信号并立即开始对总线实施控制。

(5) DMAC 送出地址信号和控制信号，实现外设与内存或内存与内存的数据传送。

(6) DMAC 将规定的数据字节传送完之后，通过向 CPU 发 HOLD 信号，撤销对 CPU 的 DMA 请求。CPU 收到此信号，一方面使 HLDA 无效，另一方面又重新开始控制总线，实现正常的运行。

上述过程的示意图如图 5.24 所示。

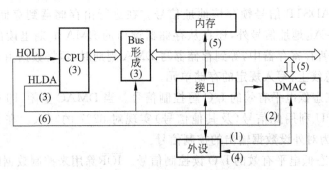

图 5.24　DMA 传送的一般过程示意图

在图 5.24 中，要特别说明的是在步骤(3)CPU 放弃总线控制权时，还必须利用有关信号(如 HLDA)控制 BUS 形成电路，使其放弃总线(置高阻)，避免在 DMA 的传送过程中发生总线竞争，保证将内总线的控制权交给 DMAC。

5.4.2 DMA 控制器 8237

DMA 控制器(DMAC)芯片 8237 是一种高性能的可编程 DMA 控制器。芯片上有 4 个独立的 DMA 通道，可以用来实现内存到接口、接口到内存及内存到内存之间的高速数据传送。

作为可编程接口，应从上节所提到的 5 个方面来认识并最终用好它。下面将从 8237 的引脚开始对它进行介绍，以便达到能够在工程上应用的目的。

1. 8237 的引脚及功能

DMAC 8237 的外部引脚图如图 5.25 所示。

通过上面对于一般过程的描述,应注意到 DMAC 在系统中的双重角色:在它不工作时,它是作为接在总线上的一个可编程接口,此时 CPU 可利用指令对它初始化,写入有关命令;在它工作时,它就成为总线控制器,通过对总线的控制实现 DMA 传送。在熟悉其引脚时请注意到这些特点。

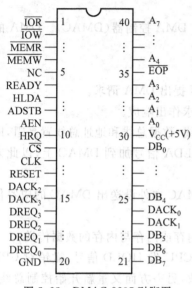

图 5.25 DMAC 8237 引脚图

$A_0 \sim A_3$:双向地址线,具有三态输出。它可以作为输入地址信号,用来选择 8237 的内部寄存器。当 8237 作为主控芯片用来控制总线进行 DMA 传送时,$A_0 \sim A_3$ 作为输出信号成为地址线的最低 4 位,即 $A_0 \sim A_3$。

$A_4 \sim A_7$:三态输出线。在 DMA 传送过程中,由这 4 条引出线送出 $A_4 \sim A_7$ 四位地址信号。

$DB_0 \sim DB_7$:双向三态复用信号线。它们与系统的数据总线相连接。在 CPU 控制系统总线 8237 作为接口时,它们作为数据线,可以通过 $DB_0 \sim DB_7$ 对 8237 编程或读出 8237 的内部寄存器的内容。

在 DMA 操作期间,由 $DB_0 \sim DB_7$ 送出高位地址 $A_8 \sim A_{15}$,并利用 ADSTB 信号锁存该地址信号。在进行由存储器到存储器的 DMA 传送时,除了送出 $A_8 \sim A_{15}$ 地址信号外,还在从存储器读出的 DMA 周期里读出数据,由这些引脚输入到 8237 的暂存寄存器中,等到存储器写 DMA 周期时,再将数据由 8237 的暂存寄存器送到系统数据总线上,写入规定的存储单元。

$\overline{IOW}$:双向三态低电平有效的 I/O 写控制信号。当 DMAC 空闲,即 CPU 获得系统总线的控制权时,CPU 利用此信号(及其他信号)实现对 8237 的写入。在 DMA 传送期间,8237 输出 $\overline{IOW}$ 作为对外设数据输出的控制信号。

$\overline{IOR}$:双向三态低电平有效的 I/O 读控制信号。$\overline{IOR}$ 除用来控制数据的读出外,其双重作用与 $\overline{IOW}$ 一样。

$\overline{MEMW}$:三态输出低电平有效的存储器写控制信号。在 DMA 传送期间,由该端送出有效信号,控制存储器的写操作。

$\overline{MEMR}$:三态输出低电平有效的存储器读控制信号。在 DMA 传送期间,由该端送出有效信号,控制存储器的读操作。

ADSTR:地址选通信号,高电平有效的输出信号。在 DMA 传送期间,由该信号锁存 $DB_0 \sim DB_7$ 送出的高位地址 $A_8 \sim A_{15}$。

AEN:地址允许信号,高电平有效的输出信号。在 DMA 传送期间,利用该信号将 DMAC 的地址送到系统地址总线上,同时禁止其他系统驱动器使用系统总线。

$\overline{CS}$:片选信号,低电平有效的输入信号。在非 DMA 传送时,CPU 利用该信号对 8237 寻址。通常与接口地址译码器连接。

RESET:复位信号,高电平有效的输入信号。复位有效时,将清除 8237 的命令、状态、请求、暂存及先/后触发器，同时置位屏蔽寄存器。复位后，8237 处于空闲周期状态。

READY：准备好输入信号。当 DMAC 工作期间遇上慢速内存或慢速 I/O 接口时，可由它们提供 READY 信号，使 DMAC 在传送过程中插入时钟周期，以便适应慢速内存或外设的传送要求，此信号与 CPU 上的准备好信号 READY 类似。

HRQ：保持请求信号，高电平有效的输出信号。它连接到 CPU 的 HOLD 端，用于请求对系统总线的控制权。

HLDA：保持响应信号，高电平有效的输入信号。当 CPU 对 DMAC 的 HRQ 作出响应时，就会产生一个有效的 HLDA 信号加到 DMAC 上，告诉 DMAC，CPU 已放弃对系统总线的控制权，这时 DMAC 即获得系统总线的控制权。

$DREQ_0 \sim DREQ_3$：DMA 请求（通道 0~3）信号。该信号是一个有效电平可由程序设定的输入信号。这 4 条线分别对应 4 个通道的外设请求。每一个通道在需要 DMA 传送时，可通过各自的 DREQ 端提出请求。8237 规定它们的优先级是可编程指定的。在固定优先级方案中，规定 $DREQ_0$ 优先级最高，而 $DREQ_3$ 优先级最低。当使用 DREQ 提出 DMA 传送时，DREQ 在 DMAC 产生有效的应答信号 DACK 之前必须保持有效。

$DACK_0 \sim DACK_3$：DMA 响应信号，分别对应通道 0~3。该信号是一个有效电平可编程的输出信号。此信号用以告诉外设，其请求 DMA 传送已被批准并开始实施。

CLK：时钟输入，用来控制 8237 的内部操作并决定 DMA 的传送速率。

$\overline{EOP}$：过程结束，低电平有效的双向信号。8237 允许用外部输入信号来终止正在执行的 DMA 传送。通过把外部输入的低电平信号加到 8237 的 $\overline{EOP}$ 端即可做到这一点。另外，当 8237 的任一通道传送结束，到达计数终点时，8237 会产生一个有效的 $\overline{EOP}$ 输出信号。一旦出现 $\overline{EOP}$，不管是来自内部还是外部的，都会终止当前的 DMA 传送，复位请求，并根据编程规定（是否是自动预置）而做相应的操作（见后述）。在 $\overline{EOP}$ 端不用时，应通过数千欧的电阻接到高电平上，以免由它输入干扰信号。

2. 8237 的工作方式

8237 工作时有两种周期，即空闲周期和工作周期。

1) 空闲周期

当 8237 的 4 个通道均无请求时，即进入空闲周期。在此状态下，8237 相当于接在总线上的接口，CPU 可对其编程，设置其工作状态。

在空闲周期里，8237 每一个时钟周期采样 DREQ，看看有无 DMA 请求发生。同时采样 $\overline{CS}$ 的状态，看看有无 CPU 对其内部寄存器寻址。

2) 工作周期

当处于空闲状态的 8237 的某一通道提出 DMA 请求时，它向 CPU 输出 HRQ 有效信号，在未收到 CPU 回答时，8237 仍处于编程状态，又称初始状态。当 CPU 执行当前的总线周期结束，便响应 DMAC 的请求，由 CPU 送出 HLDA 作为回答信号。当 8237 收到 CPU 的 HLDA 后，则开始执行它的工作周期。8237 工作于下面 4 种工作类型之一。

（1）单字节传送。在这种方式下，DMA 传送每次仅送一个字节的数据，传送后 8237 将地址加 1（或减 1），并将要传送的字节数减 1。传送完这一个字节，DMAC 放弃系统总线，将总线控制权交回 CPU。

在这种传送方式下，每个字节传送时，DREQ 保持有效。传送完后，DREQ 变为无效，并使 HRQ 变为无效。这就可以保证每传送一个字节,DMAC 将总线控制权交还给 CPU,以便 CPU 执行一个总线周期。可见,CPU 和 DMAC 在这种情况下轮流控制系统总线。

(2) 数据块传送。在这种传送方式下,DMAC 一旦获得总线控制权,便开始连续传送数据。每传送一个字节,自动修改地址,并使要传送的字节数减 1,直到将所有规定的字节全部传送完,或收到外部 $\overline{EOP}$ 信号,DMAC 才结束传送,将总线控制权交给 CPU。在此方式下,外设的请求信号 DREQ 保持有效,直到收到 DACK 有效信号为止。利用对 8237 编程,可以做到当传送结束时自动初始化。

数据块最大长度可以达到 64KB。在这种方式下,进行 DMA 传送时,CPU 可能会很长时间不能获得总线的控制权。这在有些场合是不利的,例如 PC 就不能采用这种方式。因为在块传送时,8088 CPU 不能占用总线,无法实现对 DRAM 的刷新。

(3) 请求传送。只要 DREQ 有效,DMA 传送一直进行,直到连续传送到字节计数为 0 或外部提供的 $\overline{EOP}$ 或 DREQ 变为无效时止。可见,这种情况是有请求(DREQ 有效)就传送,无请求(DREQ 无效)就不传送。

(4) 级联方式。利用这种方式可以把多个 8237 连接在一起,以便扩展系统的 DMA 通道。下一层的 HRQ 接到上一层的某一通道的 DREQ 上。而上一层的响应信号 DACK 可接下一层的 HLDA 上。其连接如图 5.26 所示。在级联方式下,当第二层 8237 的请求得到响应时,第一层 8237 仅输出 HRQ 信号而不能输出地址及控制信号,因为这时第二层的 8237 应当输出它的通道地址及控制信号,否则将发生竞争。

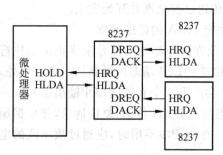

图 5.26 8237 级联方式工作框图

第二层的 8237 才是真正的主控制器,而第一层的 8237 仅对第二层的 HRQ 产生应答信号 DACK 并向微处理器发出 HRQ 信号。

由图 5.26 可以看到,系统中最多可以按第一层一片主控芯片、第二层 4 片从属芯片连接,形成最多可达 16 个通道的 DMA 系统。

3) 数据传送类型

8237 具有如下 3 种数据传送类型。

(1) 由内存到接口(外设):将数据从内存直接传送到接口(外设),8237 的 4 个通道均可实现。任何通道进行这种传送时,8237 送出内存地址和内存读控制信号 $\overline{MEMR}$,将数据读出到数据总线上,同时送出接口写控制信号 $\overline{IOW}$,将数据总线上的数据写到接口,输出给外设,而且可使内存地址自动修改(根据初始化命令加 1 或减 1)、传送的字节计数减 1。此过程可重复进行,直至字节计数减到 0 为止。

(2) 由接口(外设)到内存:这种传送类型 8237 的 4 个通道均可实现。传送时 8237 送出接口的读 $\overline{IOR}$,将外设的数据经接口读到数据总线上,同时送出内存地址和存储器写 $\overline{MEMW}$,将数据总线上的数据写到内存中,而且使内存地址自动修改,字节计数减 1。这一过程可连续进行,直至字节计数减到 0 为止。

(3) 由内存到内存:8237 还可以实现数据从内存某一区域向内存另一区域的高速传送,但这种传送只能由 8237 的通道 0 和通道 1 来实现。在这种传送类型下进行传送时,8237 首先送出由通道 0 所决定的源内存地址、送出存储器的读信号,将内存单元的内容读到8237内部的数据暂存器中,通道0的内存地址自动修改。

接着8237送出由通道1所决定的目的内存地址。将内部数据暂存器中的内容送到数据总线上,同时送出存储器的写控制信号,将数据写入目的地址。接着通道1的内存地址自动修改并且通道1的字节计数减1。到此就将一个字节从内存的某一地址传送到另一地址。其过程可重复进行,直至字节计数减到0为止。

从上面的叙述可以看到,实现由内存到接口或由接口到内存的传送时,只需8237的一个通道即可实现;而由内存到内存的传送必须用两个通道来实现,其中,源内存地址由通道0来决定,目的内存地址及传送字节计数由通道1来决定。

4) 优先级

8237有两种优先级方案可供编程选择。

(1) 固定优先级。规定各通道的优先级是固定的,即通道0的优先级最高,依次降低,通道3的优先级最低。

(2) 循环优先级。规定刚刚传送结束的通道的优先级最低,依次循环。这就可以保证4个通道被服务的机会是均等的。

5) 传送速率

在一般情况下,8237进行一次DMA传送需要4个时钟周期(不包括插入的等待周期)。例如,DMA的时钟周期为210ns时,则一次DMA传送需要210ns×4=840ns。

另外,8237为了提高传送速率,可以在压缩时序状态下工作。在压缩定时下,每一个DMA总线周期仅用两个时钟周期来实现,从而大大提高了传送速率。

3. 8237的内部寄存器

8237有4个独立的DMA通道,有许多内部寄存器。表5.4给出了这些寄存器的名称、长度和数量。

表5.4 8237的内部寄存器

名 称	长度	数量	名 称	长度	数量
基地址寄存器	16 位	4	状态寄存器	8 位	1
基字数寄存器	16 位	4	命令寄存器	8 位	1
当前地址寄存器	16 位	4	暂存寄存器	8 位	1
当前字数寄存器	16 位	4	方式寄存器	8 位	4
地址暂存寄存器	16 位	1	屏蔽寄存器	4 位	1
字数暂存寄存器	16 位	1	请求寄存器	4 位	1

在表5.4中,凡数量为4个的寄存器,则每个通道一个;凡只有一个时,则为各通道所公用。下面就对这些寄存器逐个加以说明。

1) 基地址寄存器

该寄存器用以存放16位地址。在编程时,它与当前地址寄存器被同时写入某一起始地址。在8237的工作过程中其内容不变化。在自动预置和重复传送时,其内容被自动写到当前地址寄存器中。

2) 基字数寄存器

该寄存器用以存放该通道数据传送的个数。在编程时,它与当前字数寄存器被同时写入传送数据的个数。在8237的工作过程中其内容保持不变。在自动预置和重复传送时,其内容被自动写到当前字数寄存器中。

3）当前地址寄存器

该寄存器寄存 DMA 传送期间的地址值。每次传送后自动加 1 或减 1。CPU 可以对其进行读写操作。在选择自动预置时，每当字计数值减为 0 或外部 $\overline{EOP}$ 发生，就会自动将基地址寄存器的内容写入当前地址寄存器中，恢复其初始值。

4）当前字数寄存器

它存放当前要传送的字节数。每传送一个字节，该寄存器的内容减 1。在自动预置下，当计数值减为 0 或外部 $\overline{EOP}$ 产生时，会自动将基字数寄存器的内容写入该寄存器，恢复其初始计数值。值得注意的是传送的字节数比程序写入的多 1 个。例如，写入 100 个，则传送 101 个；写入 FFFFH 可传 64K。

5）地址暂存器和字数暂存寄存器

这两个 16 位的寄存器和 CPU 不直接发生关系，即不对其编程。与用户使用 8237 没有关系。

6）方式寄存器

每个通道有一个方式寄存器，其内容用于指定通道工作方式，各位的作用如图 5.27 所示。

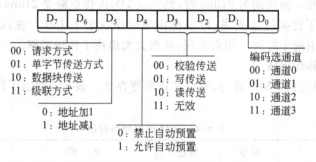

图 5.27　8237 方式控制字各位功能

在图 5.27 中，所谓自动预置，就是当某一通道按要求将数据传送完后，又能自动预置初始地址和传送字节数，然后重复进行前面已进行过的过程。

所谓校验传送，就是实际并不进行传送，只产生地址并响应 $\overline{EOP}$，但不产生读写控制信号，用以校验 8237。

7）命令寄存器

8237 的命令寄存器存放编程命令字，命令字各位的功能如图 5.28 所示。

D_0 用以规定是否允许采用存储器到存储器的传送方式。若允许这样做，则利用通道 0 和通道 1 来实现。

D_1 用来规定通道 0 的地址是否保持不变。如前所述，在存储器到存储器传送中，源地址由通道 0 提供，读出数据到暂存寄存器，然后，由通道 1 送出目的地址，将数据写入。若命令字中 $D_1 = 0$，则在整个数据块传送中（块长由通道 1 决定）保持存储器地址不变。因此，就会将同一个数据写入目的存储器块中。

D_2 是允许或禁止 8237 芯片工作的控制位。

D_3 用于控制 DMAC 的一个 DMA 周期是由两个时钟周期完成（压缩时序），还是由

4 个时钟周期完成(正常时序)。

D_5 用于规定写脉冲的扩展写入比滞后写入提前一个时钟周期,也就是扩展写入的写脉冲宽度要宽一个时钟周期。

命令字的其他各位很容易理解,不再说明。

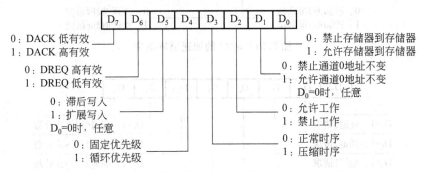

图 5.28　8237 命令字各位功能

8) 请求寄存器

该寄存器用于在软件控制下产生一个 DMA 请求,就如同外部 DREQ 请求一样。利用图 5.29 所示的请求字,$D_0 D_1$ 的不同编码用来表示不同通道的 DMA 请求。在软件编程时,这些请求是不可屏蔽的。利用在本节中所提到的各种控制字对 8237 进行初始化,则可实现所请求的 DMA 传送。这种请求常用于通道工作在存储器到存储器间的数据块传送时。

9) 屏蔽寄存器

8237 的屏蔽字有两种形式。

(1) 单通道屏蔽字。这种屏蔽字的格式如图 5.30 所示。利用这个屏蔽字,每次只能选择一个通道。其中 $D_0 D_1$ 的编码指示所选的通道,$D_2 = 1$ 表示屏蔽置位,禁止该通道接收 DREQ 请求;当 $D_2 = 0$ 时屏蔽复位,即允许 DREQ 请求。

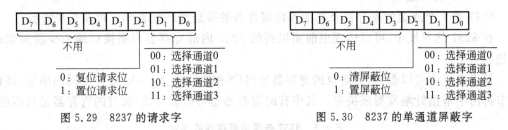

图 5.29　8237 的请求字　　　　　　图 5.30　8237 的单通道屏蔽字

(2) 四通道屏蔽字。可以利用这个屏蔽字同时对 8237 的 4 个通道的屏蔽字进行操作。该屏蔽字的格式如图 5.31 所示。

利用这个屏蔽字同时对 4 个通道操作,故又称为主屏蔽字。它与单通道屏蔽字占用不同的 I/O 接口地址,以此加以区分。

10) 状态寄存器

状态寄存器存放各通道的状态,CPU 读出其内容后,可得知 8237 的工作状态。主要信息是:哪个通道计数已达计数终点,则对应位为 1;哪个通道的 DMA 请求尚未处理,则对应位为 0。状态寄存器的格式如图 5.32 所示。

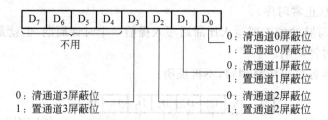

图 5.31　8237 的四通道屏蔽字

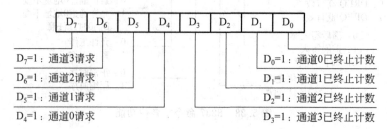

图 5.32　8237 的状态寄存器

11) 暂存寄存器

这个 8 位寄存器用于存储器到存储器传送过程中对数据的暂时存放。

12) 字节指针触发器

这是一个特殊的触发器,用于对前述各 16 位寄存器的寻址。由于 8237 的数据线只有 8 条,前面提到的 16 位寄存器的读或写必须分两次进行,先低字节后高字节。为此,要利用字节指针触发器,当此触发器状态为 0 时,对低字节操作。一旦进行低字节操作后,字节指针触发器会自动置 1,再操作一次又会清 0。利用这种状态,就可以进行多字节的读写。所以,16 位寄存器仅占一个接口地址,高低字节共用。利用字节指针触发器的状态来区分是高字节传送还是低字节传送。

4. 8237 的寻址

8237 的 4 个通道的寄存器及其他各种寄存器的寻址编码如表 5.5 和表 5.6 所示。

在 8237 的寻址中,可以体现出前面提到的 8237 内部寄存器多而接口地址少所采取的措施。

从表 5.5 中可以看到,各通道的寄存器通过 $\overline{CS}$ 和地址线 $A_3 \sim A_0$ 规定不同的地址,高低字节再由字节指针触发器来决定。其中有的寄存器是可以读写的,而有的寄存器是只写的。

表 5.5　8237 各通道寄存器的寻址

通道	寄存器	操作	$\overline{CS}$	$\overline{IOR}$	$\overline{IOW}$	A_3	A_2	A_1	A_0	字节指针触发器	$D_0 \sim D_7$
0	基和当前地址	写	0	1	0	0	0	0	0	0 1	$A_0 \sim A_7$ $A_8 \sim A_{15}$
	当前地址	读	0	0	1	0	0	0	0	0 1	$A_0 \sim A_7$ $A_8 \sim A_{15}$
	基和当前字数	写	0	1	0	0	0	0	1	0 1	$W_0 \sim W_7$ $W_8 \sim W_{15}$

通道	寄存器	操作	$\overline{CS}$	$\overline{IOR}$	$\overline{IOW}$	A_3	A_2	A_1	A_0	字节指针触发器	$D_0 \sim D_7$
0	当前字数	读	0	0	1	0	0	0	1	0 1	$W_0 \sim W_7$ $W_8 \sim W_{15}$
1	基和当前地址	写	0	1	0	0	0	1	0	0 1	$A_0 \sim A_7$ $A_8 \sim A_{15}$
	当前地址	读	0	0	1	0	0	1	0	0 1	$A_0 \sim A_7$ $A_8 \sim A_{15}$
	基和当前字数	写	0	1	0	0	0	1	1	0 1	$W_0 \sim W_7$ $W_8 \sim W_{15}$
	当前字数	读	0	0	1	0	0	1	1	0 1	$W_0 \sim W_7$ $W_8 \sim W_{15}$
2	基和当前地址	写	0	1	0	0	1	0	0	0 1	$A_0 \sim A_7$ $A_8 \sim A_{15}$
	当前地址	读	0	0	1	0	1	0	0	0 1	$A_0 \sim A_7$ $A_8 \sim A_{15}$
	基和当前字数	写	0	1	0	0	1	0	1	0 1	$W_0 \sim W_7$ $W_8 \sim W_{15}$
	当前字数	读	0	0	1	0	1	0	1	0 1	$W_0 \sim W_7$ $W_8 \sim W_{15}$
3	基和当前地址	写	0	1	0	0	1	1	0	0 1	$A_0 \sim A_7$ $A_8 \sim A_{15}$
	当前地址	读	0	0	1	0	1	1	0	0 1	$A_0 \sim A_7$ $A_8 \sim A_{15}$
	基和当前字数	写	0	1	0	0	1	1	1	0 1	$W_0 \sim W_7$ $W_8 \sim W_{15}$
	当前字数	读	0	0	1	0	1	1	1	0 1	$W_0 \sim W_7$ $W_8 \sim W_{15}$

从表 5.6 可以看出,利用 $\overline{CS}$ 和 $A_3 \sim A_0$ 规定寄存器的地址,再利用 $\overline{IOW}$ 或 $\overline{IOR}$ 对其进行写或读。提醒读者注意的是,方式寄存器每通道一个,仅分配一个地址,这是靠方式控制字的 D_1 和 D_0 来决定是哪一个通道的。

表 5.6　软件命令寄存器的寻址

$\overline{CS}$	A_3	A_2	A_1	A_0	$\overline{IOR}$	$\overline{IOW}$	功　　能
0	1	0	0	0	0	1	读状态寄存器
0	1	0	0	0	1	0	写命令寄存器
0	1	0	0	1	0	1	非法
0	1	0	0	1	1	0	写请求寄存器
0	1	0	1	0	1	0	非法
0	1	0	1	0	0	1	写单通道屏蔽寄存器
0	1	0	1	1	0	1	非法
0	1	0	1	1	1	0	写方式寄存器

$\overline{CS}$	A_3	A_2	A_1	A_0	$\overline{IOR}$	$\overline{IOW}$	功　能
0	1	1	0	0	0	1	非法
0	1	1	0	0	1	0	字节指针触发器清零
0	1	1	0	1	0	1	读暂存寄存器
0	1	1	0	1	1	0	总清
0	1	1	1	0	0	1	非法
0	1	1	1	0	1	0	清屏蔽寄存器
0	1	1	1	1	0	1	非法
0	1	1	1	1	1	0	写四通道屏蔽寄存器

5. 连接

8237 的连接是比较麻烦的,原因在于 8237 只能输出 $A_0 \sim A_{15}$ 共 16 条地址线,而现在总线上的内存地址空间有 1MB。如何将 8237 的寻址范围由 64KB 扩大到 1MB 是一个困难。另一个更困难的原因在于 8237 具有双重身份。当它在空闲周期时是作为总线上的一个接口芯片连接到总线上的;而当它工作时,系统总线由它输出的信号来控制,这时 8237 就变成了系统总线的控制器。在这两个不同的周期里,既要保证 8237 工作,又不能发生总线竞争。下面就分别加以说明。

1) 20 位地址信号的形成

在 8086/88 系统中,系统的寻址范围是 1MB,地址线有 20 条,即 $A_0 \sim A_{19}$。为了能够在 8086/88 系统中使用 8237 来实现 DMA,需要用硬件提供一组 4 位的页寄存器。通道 0、1、2 和 3 各有一个 4 位的页寄存器。在进行 DMA 传送之前,这些页寄存器可利用 I/O 地址来装入和读出。当进行 DMA 传送时,DMAC 将 $A_0 \sim A_{15}$ 放在系统总线上,同时页寄存器把 $A_{16} \sim A_{19}$ 也放在系统总线上,形成 $A_0 \sim A_{19}$,这 20 位地址信号实现 DMA 传送。其地址产生框图如图 5.33 所示。

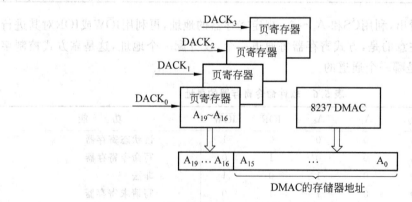

图 5.33　利用页面寄存器形成内存地址

2) 具体连接

工作在最小模式下的一种 8088 CPU,最简单的 8237 的连接如图 5.34 所示。

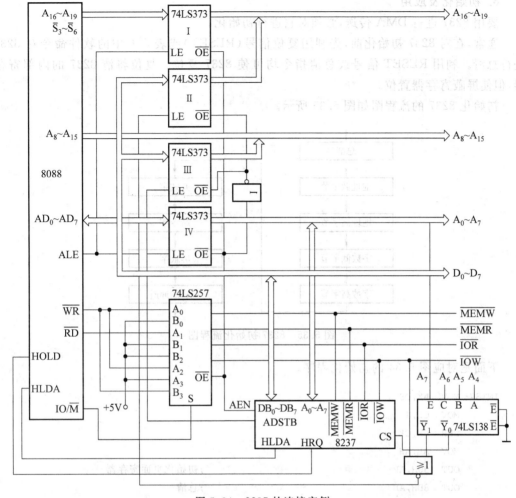

图 5.34 8237 的连接实例

在图 5.34 中,8088 CPU 的总线形成采用最简单的总线驱动形式:数据总线不进行驱动;只对 $A_0 \sim A_7$ 和 $A_{16} \sim A_{19}$ 进行锁存并驱动;$A_8 \sim A_{15}$ 也直接输出形成地址总线。控制信号由 4 个 2 选 1 数字选择器 74LS257 来构成。

DMAC 控制器就在 8088 的这条系统总线上。同样,8237 也采取最简单的连接方式:只用一片 373 构成一个 4 位的页面寄存器,该页面寄存器可以为 8237 的 4 个通道所共用。只是在进行存储器传送时,数据只能在同一个 64KB 的内存范围内传送。页面寄存器由图 5.34 中的 373 Ⅱ 来完成,其接口地址为 9XH。

图 5.34 中 8237 的接口地址为 80H~8FH,由译码器 138 决定。当 8237 工作时,AEN=1,使页面地址输出到 $A_{16} \sim A_{19}$ 上,同时禁止 CPU 的地址驱动器 373 Ⅰ 和 373 Ⅳ 工作。并将 8237 的 $A_0 \sim A_7$ 送到地址总线 $A_0 \sim A_7$ 上,而且利用 ADSTB 将 8237 送出的 $A_8 \sim A_{15}$ 锁存在 373 Ⅲ 上形成 $A_8 \sim A_{15}$。AEN=1 使 257 输出为高阻,以便 8237 输出相应的控制信号。可见,在 8237 工作时,整个系统总线就处于 8237 的控制之下。而在 8237 的空闲周期里,8237 是作为 8088 的一个接口接在总线上,此时,系统总线由 8088 控制。

6. 初始化及应用

要用 8237 进行 DMA 传送,必须对它进行初始化。

通常,在对 8237 初始化前,先利用复位信号(RESET)或表 5.6 中的软件命令对 8237 进行总清。利用 RESET 信号或总清指令均可使 8237 复位。复位将清 8237 的内部寄存器,但使屏蔽寄存器置位。

初始化 8237 的流程图如图 5.35 所示。

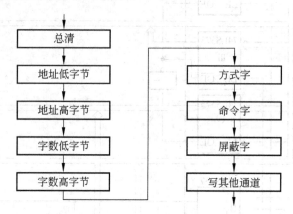

图 5.35 8237 初始化流程图

下面是对应图 5.34 的初始化程序。

```
IN137: MOV   AX,DS
       MOV   CL,4
       SHR   AH,CL
       MOV   AL,AH
       OUT   90H,AL                           ;初始化页面寄存器
       OUT   8DH,AL                           ;总清
       MOV   SI,OFFSET   SDATA                ;取源偏移地址
       MOV   AX,SI
       OUT   80H,AL
       MOV   AL,AH
       OUT   80H,AL                           ;通道 0 地址
       MOV   DI,OFFSET   DDATA                ;目的偏移地址
       MOV   AX,DI
       OUT   82H,AL
       MOV   AL,AH                            ;目的偏移地址
       OUT   82H,AL
       MOV   AX,07FFH                         ;传送计数 2048
       OUT   83H,AL
       MOV   AL,AH
       OUT   83H,AL
       MOV   AL,88H
       OUT   8BH,AL                           ;写通道 0 方式字
       MOV   AL,85H
```

```
        OUT  88H,AL                          ;写通道 1 方式字
        MOV  AL,01H
        OUT  88H,AL                          ;写命令字
        MOV  AL,0EH
        OUT  8FH,AL                          ;写四通道屏蔽字,允许通道
        MOV  AL,04H
        OUT  89H,AL                          ;软件请求
WAITR:  IN   AL,88H                          ;读状态寄存器
        AND  AL,01H
        JZ   WAITR                           ;等待传送结束
```

上面的程序可以实现同一内存段中对 2KB 数据块进行传送。显然,数据块的大小可以改变,但在同一内存数据段中传送则无法改变,除非在图 5.34 中增加页寄存器。

习　题

1. 满足哪些条件时 8086(88) CPU 才能响应 INTR?

2. 说明 8086(88) 软件中断指令 INT n 的执行过程。

3. 利用三态门(74LS244)作为输入接口,接口地址规定为 04E5H,试画出其与 8088 系统总线的连接图。

4. 利用具有三态输出的锁存器(74LS374)作为输出接口,接口地址为 E504H,试画连接图。若上题中输入接口的 bit3、bit4 和 bit7 同时为 1 时,将 DATA 为首地址的 10 个内存数据连续由输出接口输出;若不满足条件则等待,试编程序。

5. 若要求 8259 的地址为 E010H 和 E011H,试画出其与 8088 系统总线的连接图。若系统中只用一片 8259,允许 8 个中断源上升沿触发,不需要缓冲,一般全嵌套方式工作,中断向量规定为 40H,试编写初始化程序。

6. DMAC(8237)占几个接口地址? 这些地址读写时的作用是什么? 叙述 DMAC 由内存向接口传送一个数据块的过程。若希望利用 8237 把内存中的一个数据块传送到内存的另一区域,应当如何处理? 当考虑到 8237 工作在 8088 系统中,数据是由内存的某一段向另一段传送且数据块长度大于 64KB 时,应当如何考虑?

7. 说明微型计算机中常用的外设编址方法及其优缺点。

8. 说明在 8086(88) 系统中采用中断方式工作必须由设计人员完成的 3 项工作。

9. 试描述 NMI 的中断响应过程。

10. 试描述 INT 75H 的中断响应过程。

11. 试描述 INTR 的中断响应过程。

第6章 常用接口芯片及应用

本章将介绍一些常用的接口芯片,并将它们用于一些典型的外设设计。通过本章使读者熟悉接口芯片,并掌握设计外设接口的方法,为以后掌握其他芯片以及设计其他外设的接口电路打下基础。

6.1 简 单 接 口

本节介绍一些经常使用的、结构简单的接口芯片。这些芯片的工作原理十分简单,使用很方便,因此它们的应用非常广泛。

6.1.1 三态门

本书第2章曾描述过由8个三态门构成的芯片74LS244。在第2章中,74LS244是作为信号驱动器使用的。在第5章的图5.2中描述过利用三态门作为输入接口的实例。由于单独的三态门没有数据的锁存能力,因此只能作为输入接口来使用。

6.1.2 锁存器

锁存器具有保持(或锁存)数据的能力,可以用作输出接口。常用的锁存器接口芯片有许多型号,其中有74LS273,它是由8个D触发器集成在一块芯片中构成的。其引脚及真值表如图6.1所示。

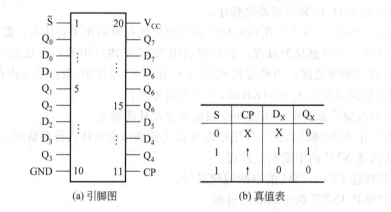

S	CP	D_X	Q_X
0	X	X	0
1	↑	1	1
1	↑	0	0

(a) 引脚图　　　　　　(b) 真值表

图6.1　74LS273 8D锁存器引脚及真值表

在第5章的图5.3中,利用74LS273作为输出接口,用来控制发光二极管发光。

由于锁存器的输出是二态的,没有第三态(高阻状态)。因此,单独的锁存器只能作为输出接口,而不能单独作为输入接口,因为当它作为输入接口时,必然引起数据总线竞争。

6.1.3 带有三态门输出的锁存器

带有三态门输出的锁存器有多种。在第 1 章中曾介绍了 8282(74LS373)和 8283,它们用高电平锁存数据。

在这里再介绍另一种带有三态门输出的锁存器芯片 74LS374,这也是经常使用的芯片,其引脚图及真值表如图 6.2 所示。

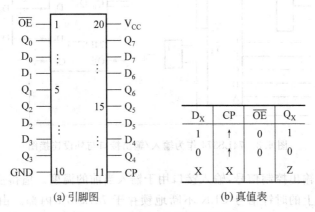

图 6.2　74LS374 的引脚及真值表

由于 74LS374 中既集成了锁存器又集成了三态门,因此,它既可以作为输出接口,又可以作为输入接口使用。为说明它的应用,现举例如下。

假定某外设需要实现最简单的温度控制,外设的引脚如图 6.3 所示,其中温度输出信号 $D_0 \sim D_7$ 可输出最高为 $100℃$、最低为 $0℃$ 的以二进制编码表示的温度值。其控制输入 A 和 B 是用数字编码实现对温度的控制,具体控制规则如下:

B	A	功　能
0	0	降温
1	1	升温
其　他		保持

在上述已知条件下,即在已知外设的引脚和它的控制特性的情况下,需要做好下面两件事。

(1) 首先指定接口地址 8000H～801FH 可随意使用,并利用上面提到的接口芯片 74LS374,将此外设连接到 8088 的系统总线上,画出连接图。也就是说,要做的第一件事就是硬件连接。

图 6.3 给出了外设和它的接口连接电路。

在图 6.3 中,接口地址译码采用了部分地址译码方式。两片 74LS374 分别用作输出接口和输入接口,而且各自占用 16 个接口地址,其中输入接口的地址为 8010H～801FH,而输出接口的地址为 8000H～800FH。由于采用部分地址译码,因此可以使用其中任何一个地址,而剩下的地址空着不用。当然,也可以采用全地址译码方式或采用其他译码电路来实现,只是译码电路更复杂一些。

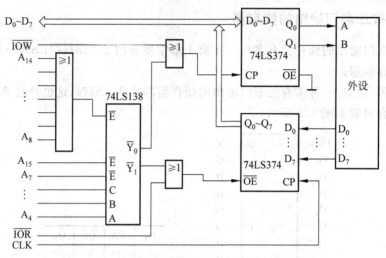

图 6.3 74LS374 作为输入/输出接口与外设连接图

输出接口用于输出控制信号,输入接口用于输入当前的温度。值得注意的是,外设输出的温度值由内总线上的时钟信号 CLK 不断地锁存于 74LS374 内部。由于 CLK 的频率足够高,因此可即时将温度数据锁存。

(2) 在硬件连接的基础上编写程序来控制外设工作。

若要求保持外设的温度为 95℃±1℃,则温度高了就降温,温度低了就升温,根据硬件连接图和控制要求编写程序如下:

```
CONTL: MOV  DX,8010H
       IN   AL,DX
       CMP  AL,96
       JNC  TMDOW
       CMP  AL,95
       JC   TMPUP
       MOV  DX,8000H
       MOV  AL,01H
       OUT  DX,AL
       JMP  CONTL
TMDOW: MOV  DX,8000H
       MOV  AL,00H
       OUT  DX,AL
       JMP  CONTL
TMPUP: MOV  DX,8000H
       MOV  AL,03H
       OUT  DX,AL
       JMP  CONTL
```

该程序思路很简单,这里不再解释。总之,三态门、锁存器或带有三态门输出的锁存器都是相对比较简单的接口芯片,尽管它们的功能比较简单,但使用十分方便,应用非常广泛。

6.2 可编程并行接口 8255

可编程并行接口芯片 8255 已面世三十多年了。由于它功能强、使用方便,因而从一开始就得到了广泛的应用。掌握可编程并行接口芯片 8255 的使用是本书中十分重要的内容。掌握了该芯片的概念和方法,对今后学习使用其他可编程接口芯片也是十分有利的。

6.2.1 8255 的引脚及内部结构

1. 外部引脚及其功能

8255 的外部引脚如图 6.4 所示。

假设 8255 从中间分成两半,其左边与系统总线相连接,而其右边则与外设相连接。它与系统总线相连接的引脚如下。

8 条双向数据线 $D_0 \sim D_7$,用以传送命令、数据或 8255 的状态。

$\overline{RD}$ 为读控制信号线,与其他信号线一起实现对 8255 的读操作。通常接系统总线的 IOR 信号(或 RD 信号)。

$\overline{WR}$ 为写控制信号线,与其他信号线一起实现对 8255 的写操作。通常接系统总线的 $\overline{IOW}$ 信号(或 $\overline{WR}$ 信号)。

$\overline{CS}$ 为片选信号线,当它为低电平时才能选中该 8255 并对它进行读写操作。通常由高位地址译码输出接在 $\overline{CS}$ 上,以便将该 8255 放在接口地址空间的规定地址上。

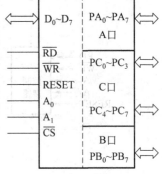

图 6.4 8255 的外部引脚

A_0 和 A_1 为 8255 的地址选择信号线。8255 内部有 3 个口:A 口、B 口和 C 口,还有一个控制寄存器 CR。它们各占一个接口地址。A_0 和 A_1 的不同编码可产生它们的地址,详情见后面 6.2.4 节有关 8255 寻址的内容。通常将 8255 的 A_0 和 A_1 与系统总线的 A_0 和 A_1 相连,它们与 $\overline{CS}$ 一起决定 8255 的接口地址。

RESET 为复位输入信号。此端上的高电平可使 8255 复位。复位后,8255 的 A 口、B 口和 C 口均被定为输入状态。该端低电平使 8255 正常工作。

$PA_0 \sim PA_7$ 为 A 口的 8 条输入/输出信号线。该口的这 8 条线是工作于输入、输出还是双向(输入/输出)方式可由软件编程决定。

$PB_0 \sim PB_7$ 为 B 口的 8 条输入/输出信号线。利用软件编程可指定这 8 条线是输入还是输出。

$PC_0 \sim PC_7$ 这 8 条线根据其工作方式可作为数据的输入或输出线,也可以用作控制信号的输出或状态信号的输入线,详情将在本节后面做介绍。

2. 内部结构

8255 的内部结构框图如图 6.5 所示。

从图 6.5 中可以看到,左边的信号与系统总线相接,而右边是与外设相连接的 3 个接口。

为了控制方便,将 8255 的 3 个接口分成 A、B 两组。其中 A 组包括 A 接口的 8 条线

$PA_0 \sim PA_7$ 和 C 接口的高 4 位 $PC_4 \sim PC_7$；B 组包括 B 接口的 8 条线 $PB_0 \sim PB_7$ 和 C 接口的低 4 位 $PC_0 \sim PC_3$。A 组和 B 组的具体工作方式由软件编程规定。

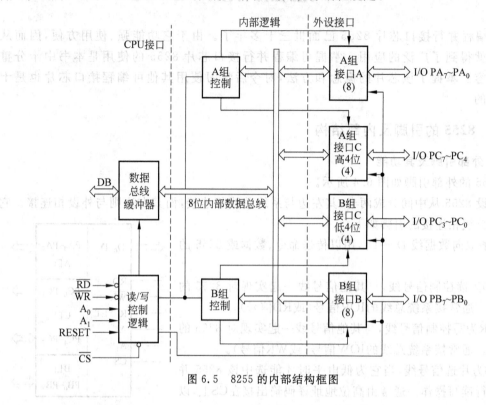

图 6.5　8255 的内部结构框图

6.2.2　8255 的工作方式

8255 有 3 种工作方式：方式 0、方式 1 和方式 2。这些工作方式可以通过编程来指定。下面对它们做具体说明。

1. 工作方式 0

工作方式 0 又称为基本输入/输出方式。在此方式下，8255 的 3 个接口（A、B 和 C 口）24 条线全部规定为数据的输入/输出线。A 接口的 8 条线（$PA_0 \sim PA_7$）、B 接口的 8 条线（$PB_0 \sim PB_7$）、C 接口的高 4 位（$PC_4 \sim PC_7$）和 C 接口的低 4 位（$PC_0 \sim PC_3$）可用程序分别规定它们的输入/输出方向，即可以分别规定它们哪个作为输入，哪个作为输出。由于 A 接口、B 接口和 C 接口高 4 位和 C 接口的低 4 位共有 4 部分，可以分别指定它们的输入/输出方向，因此，它们的输入/输出共有 16 种不同的组合。

在方式 0 下，A 接口、B 接口和 C 接口输出均有锁存能力，即只要向这些输出接口写入数据，则数据将一直维持到写入新的数据为止。但在方式 0 下，这 3 个接口输入全无锁存能力，也就是说外设的数据要一直加在这些接口上，必须保持到被 CPU 读走。

在方式 0 下，可以对 C 接口实现按位操作。其详细情况后面再予以说明。

由于方式 0 使用十分简单，可满足无条件传送和查询方式传送的需要，因此，这种工作方式经常被使用。

2. 工作方式1

工作方式1又称为选通输入/输出方式。只有A接口和B接口能工作在此方式下,而且还必须使用C接口的某些引脚来实现数据传送所需要的握手信号和中断请求输出。通常该方式是以中断方式工作的,这并不是说,该方式不能进行查询工作,而查询方式用方式0更加方便,不必要用方式1。

在工作方式1下,A接口和B接口均可用作输入接口,也可以作为输出接口,且由软件编程来指定。在此工作方式下A接口和B接口的输入、输出均有锁存能力。为了说明问题的方便,下面分别以A接口、B接口均为输出或均为输入加以讨论。在实际工作时则可随意指定。

1) 方式1下A接口、B接口均为输出

当在方式1下,A接口和B接口均工作在输出状态时,要利用C接口的6条线作为控制和状态信号线来实现。其定义如图6.6所示。

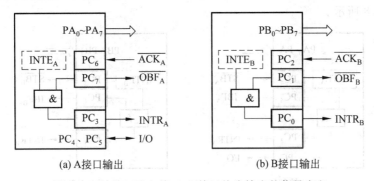

(a) A接口输出　　　　　　　　　　(b) B接口输出

图6.6　方式1下A接口、B接口均为输出的信号定义

为了使A接口或B接口工作于方式1下,必须利用C接口的一些线来实现。如图6.6所示,在方式1下用A接口或B接口输出时,所用到的C接口线是固定不变的,A接口使用PC_3、PC_6和PC_7,而B接口用PC_0、PC_1和PC_2。C接口提供的信号功能如下。

(1) $\overline{OBF}$为输出缓冲器满信号,低电平有效。利用该信号告诉外设,在规定的口上已由CPU输出一个有效数据,外设可从此接口获取此数据。

(2) $\overline{ACK}$为外设响应信号,低电平有效。该信号用来通知接口,外设已将数据接收下来,并使$\overline{OBF}=1$。

(3) INTR为中断请求信号,高电平有效。当外设收到一个数据后,由此信号通知CPU,刚才的输出数据已经被接收,可以再输出下一个数据。

(4) INTE为中断允许状态。由图6.6可以看到,A接口和B接口的INTR均受INTE控制,只有当INTE为高电平时,才有可能产生有效的INTR。

A接口的$INTE_A$由PC_6来控制。用下面提到的C接口按位操作可对PC_6置位或复位,用以对中断请求$INTR_A$进行控制。同理,B接口的$INTE_B$用PC_2的按位操作来进行控制。

在方式1下,某接口的输出过程若利用中断方式进行,则该过程从CPU响应中断开始。进入中断服务程序,CPU向接口写数据,$\overline{IOW}$将数据锁存于接口中。当数据锁存并由信号线输出,8255就去掉INTR信号并使$\overline{OBF}$有效。有效的$\overline{OBF}$通知外设接收数据。一旦外设将数据接收下来,就送出一个有效的$\overline{ACK}$脉冲,该脉冲使$\overline{OBF}$无效(高电平),同时产生一个新的中断请求,请求 CPU 向外设输出下一个数据。上述过程可用图 6.7 的简单时序图进一步说明。

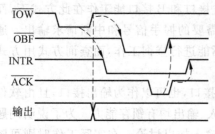

图 6.7　方式 1 下的数据输出时序

在这里提醒读者注意,当两个接口同时为方式 1 输出时,使用 C 接口的 6 条线。剩下的两条线工作在方式 0 下,还可以用程序指定它们的数据传送方向是输入还是输出,而且也可以按位操作方式对它们进行置位或复位。当一个接口工作在方式 1 时,只用去 C 接口的 3 条线,剩下的 5 条线也可按照上面所说的方式工作。

2) 方式 1 下 A 接口、B 接口均为输入

与方式 1 下两个口均为输出类似,为实现选通输入,则同样要利用 C 接口的信号线。其定义如图 6.8 所示。

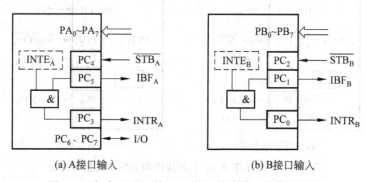

(a) A接口输入　　　　　　　　　　(b) B接口输入

图 6.8　方式 1 下 A 接口、B 接口均为输入的信号定义

在两个接口均为输入时所用到的控制信号的定义如下。

(1) $\overline{STB}$为低电平有效的输入选通信号。它由外设提供,外设利用该信号可将其数据锁存于 8255 接口的输入锁存器中。

(2) IBF 为高电平有效的输入缓冲器满信号。当它有效时,表示已有一个有效的外设数据锁存于 8255 接口的锁存器中。可用此信号通知外设,它的数据已锁存于接口中,尚未被 CPU 读走,暂不能向接口输入数据。

(3) INTR 为中断请求信号,高电平有效。对于 A、B 接口可利用位操作命令分别使$PC_4 = 1$或$PC_2 = 1$,此时若 IBF 和$\overline{STB}$均为高电平时,可使 INTR 有效,向 CPU 提出中断请求。也就是说,当外设将数据锁存于接口中,且又允许中断请求发生时,就会产生中断请求。

(4) INTE 为中断允许状态。见图 6.8,在方式 1 下输入数据时,INTR 同样受中断允许状态 INTE 的控制。A 接口的 $INTE_A$ 是由 PC_4 控制的,当它为 1 时允许中断,当它为 0 时禁止中断。B 接口的 $INTE_B$ 是由 PC_2 控制的。利用 C 接口的按位操作即可实现这样的控制。

方式 1 下的数据输入过程如下所述。

当外设有数据需要输入时,外设将数据送到 8255 的接口上,并利用输出$\overline{STB}$脉冲将数据锁存于 8255 内部,同时,产生 INTR 信号并使 IBF 有效。有效的 IBF 通知外设数据已锁

存而中断请求要求 CPU 从 8255 的接口上读取数据。CPU 响应中断,读取数据后使 IBF 和 INTR 变为无效。上述过程可用图 6.9 的简单时序图进一步说明。

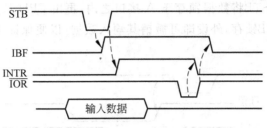

图 6.9　方式 1 下的数据输入时序

在方式 1 下,8255 的 A 接口和 B 接口均可以为输入或输出;也可以一个为输入,另一个为输出;还可以一个工作于方式 1,而另一个工作于方式 0。这种灵活的工作特点是由其可编程的功能来实现的。

3. 工作方式 2

工作方式 2 又称双向输入/输出方式。这种工作方式只有 8255 的 A 接口才有。在 A 接口工作于双向输入/输出方式时,要利用 C 接口的 5 条线才能实现。此时,B 接口只能工作在方式 0 或方式 1,而 C 接口剩下的 3 条线可作为输入/输出线使用或用作 B 接口的方式 1 下的控制线。

A 接口工作于方式 2 时,各信号的定义如图 6.10 所示。图中未画 B 接口的引脚。

当 A 接口工作在方式 2 时,其控制信号 $\overline{OBF}$、$\overline{ACK}$、$\overline{STB}$ 及 INTR 与前面的叙述是一样的,所不同的主要是以下 3 点。

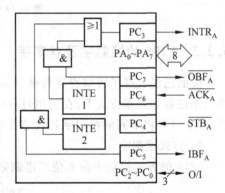

图 6.10　方式 2 下的信号定义

(1) 因为在方式 2 下,A 接口既作为输出又作为输入,因此,只有当 $\overline{ACK}$ 有效时,才能打开 A 接口输出数据三态门,使数据由 $PA_0 \sim PA_7$ 输出;当 $\overline{ACK}$ 无效时,A 接口的输出数据三态门呈高阻状态。

(2) 工作在此方式时 A 接口输入、输出均具备锁存数据的能力。CPU 写 A 接口时,数据锁存于 A 接口,外设的 $\overline{STB}$ 脉冲可将输入数据锁存于 A 接口。

(3) 在此方式下,A 接口的输入或输出均可产生中断。中断信号的输出同时还受到中断允许状态 INTE1 和 INTE2 的控制。INTE1 和 INTE2 的状态分别利用 PC_6 和 PC_4 按位操作来指定。当它们置位时允许中断,而当它们复位时则禁止中断。

A 接口方式 2 的工作过程简述如下。

A 接口工作在方式 2 时,可以认为 A 接口是工作在前面所描述的方式 1 的输入和输出相结合而分时工作的方式下,其工作过程和方式 1 的输入和输出过程十分相似。

在方式 2 下,A 接口的 $PA_0 \sim PA_7$ 8 条数据线既要向外设输出数据,又要从外设输入数据。因此,$PA_0 \sim PA_7$ 是双向工作的。这就必须仔细进行控制,以防止总线竞争发生。

A 接口工作在方式 2 下的时序图如图 6.11 所示。

在图 6.11 中,输入或输出的顺序是任意的。但$\overline{IOW}$应发生在$\overline{ACK}$有效之前,也就是先有 CPU 向 A 接口写数据,再有外设利用$\overline{ACK}$从 A 接口取数据。同样,$\overline{STB}$应发生在$\overline{IOR}$之前,以保证外设先利用$\overline{STB}$将数据锁存于 A 接口之内,再由 CPU 从 A 接口读取数据($\overline{IOR}$有效)。一旦数据由$\overline{STB}$锁存,外设即可撤销其输入数据,以便保证 $PA_0 \sim PA_7$ 的双向数据传送的实现。

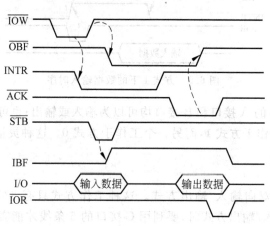

图 6.11　方式 2 下的工作时序

6.2.3　8255 的控制字及状态字

前面已经叙述了可编程并行接口 8255 的工作方式。可以看到,8255 有很强的功能,能够工作在各种工作方式下,在应用过程中,可以利用软件编程来指定 8255 的工作方式。也就是说,只要将不同的控制字装入芯片中的控制寄存器,即可确定 8255 的工作方式。

1. 方式控制字

8255 的方式控制字由 8 位二进制数构成,各位的控制功能如图 6.12 所示。

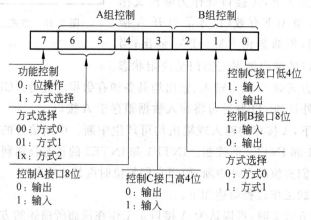

图 6.12　8255 的方式控制字格式

当控制字 bit7＝1 时,控制字的 bit6～bit3 这 4 位用来控制 A 组,即 A 接口的 8 位和 C 接口的高 4 位;而控制字的低 3 位 bit2～bit0 用来控制 B 组,包括 B 接口的 8 位和 C 接口的低 4 位。

当控制字的 bit7＝0 时,指定该控制字仅对 C 接口进行位操作——按位置位或复位操作。对 C 接口按位置/复位操作的控制字格式如图 6.13 所示。如前所述,在必要时,可利用 C 接口的按位置/复位控制字来使 C 接口的某一位输出 0 或 1。

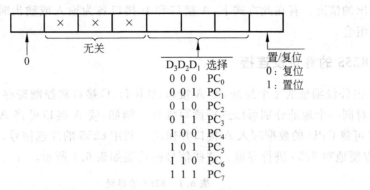

图 6.13　C 接口的按位操作控制字

2. 状态字

当 8255 的 A 接口和 B 接口工作在方式 1 或 A 接口工作在方式 2 时,通过读 C 接口的状态,可以检测 A 接口和 B 接口的状态。

当 8255 的 A 接口和 B 接口均工作在方式 1 的输入时,由 C 接口读的 8 位数据各位的意义如图 6.14 所示。当 8255 的 A 接口和 B 接口均工作在方式 1 的输出时,由 C 接口读出的状态字各位的意义如图 6.15 所示。

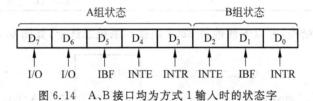

图 6.14　A、B 接口均为方式 1 输入时的状态字

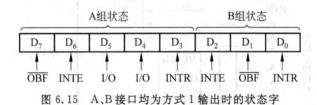

图 6.15　A、B 接口均为方式 1 输出时的状态字

当规定的 8255 的 A 接口工作于方式 2 时,由 C 接口读入的状态字如图 6.16 所示。

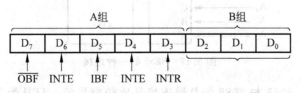

图 6.16　A 接口工作在方式 2 时的状态字

图 6.16 中状态字的 $D_0 \sim D_2$ 由 B 接口的工作方式来决定。当工作在方式 1 输入时,其定义与图 6.14 的 $D_0 \sim D_2$ 相同;当工作在方式 1 输出时,与图 6.15 所定义的 $D_0 \sim D_2$ 相同。

另外需要说明的是,图 6.14 和图 6.15 分别表示在方式 1 下 A 接口和 B 接口同为输入或同为输出的情况。若在此方式下,A 接口和 B 接口各为输入或输出时,状态字为上述两状态字的组合。

6.2.4　8255 的寻址及连接

8255 占外设编址的 4 个地址,即 A 接口、B 接口、C 接口和控制寄存器各占一个外设接口地址。对同一个地址分别可以进行读写操作。例如,读 A 接口可将 A 接口的数据读出;写 A 接口可将 CPU 的数据写入 A 接口并输出。利用 8255 的片选信号、A_0、A_1 以及读写信号,即可方便地对 8255 进行寻址。这些信号的功能如表 6.1 所示。

表 6.1　8255 的寻址

$\overline{CS}$	A_1	A_0	$\overline{IOR}$	$\overline{IOW}$	操　作
0	0	0	0	1	读 A 接口
0	0	1	0	1	读 B 接口
0	1	0	0	1	读 C 接口
0	0	0	1	0	写 A 接口
0	0	1	1	0	写 B 接口
0	1	0	1	0	写 C 接口
0	1	1	1	0	写控制寄存器
1	×	×	×	×	$D_0 \sim D_7$ 三态

根据这种寻址结构,可以方便地将 8255 连接到系统总线上,如图 6.17 所示。

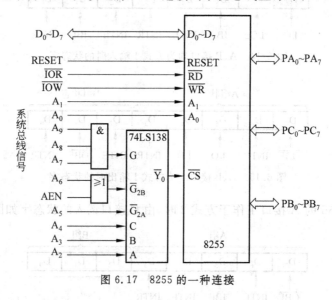

图 6.17　8255 的一种连接

由图 6.17 可见,8255 与 8088 的总线连接是比较容易的。只是为了简化起见,图 6.17 未画出 AEN 的形成。这里可以认为只要 CPU 正常执行指令,AEN 就为低电平。这样,可以看到在图 6.17 中 8255 是由 $A_9 \sim A_0$ 这 10 条地址线来决定其地址的，它所占用的地址为 380H～383H。

6.2.5 8255 的初始化及应用

由于 8255 有多种工作方式，在使用它实现某种功能前，必须对它进行初始化。同时，也需要利用初始化程序使外设处于准备就绪状态。8255 的初始化就包括这两部分工作，即将控制字写入控制寄存器(CR)，并指定工作方式和数据传送方向，以及输出相应的控制信号使外设准备就绪。

在这里，以打印机为例说明 8255 的初始化及应用。首先将打印机经 8255 连接到 8086 系统总线上，如图 6.18 所示。

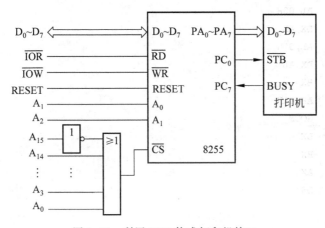

图 6.18 利用 8255 构成打印机接口

从图 6.18 中可以看到，8255 占 4 个偶数接口地址：8000H～8006H。在这里以查询方式实现打印机的打印。对于 8255 在图 6.18 中的应用，其初始化程序可如下编写：

```
INI55: MOV   DX,8006H
       MOV   AL,10001000B
       OUT   DX,AL
       MOV   AL,00000001B
       OUT   DX,AL                    ;使 PC₀ 输出为 1
```

初始化 8255 工作在方式 0，A 接口 8 条线、B 接口 8 条线和 C 接口的低 4 条线($PC_0 \sim PC_3$)均规定为输出；C 接口的高 4 条线($PC_4 \sim PC_7$)定义为输入。而且，利用 C 接口的按位操作将 PC_0 输出高电平。

编写利用查询方式实现打印的打印子程序如下：

```
PRINTER: PROC  FAR
         PUSH  DS
         PUSH  AX
         PUSH  BX
         PUSH  DX
```

```
              MOV    DX,SEG   DATAP
              MOV    DS,DX
              MOV    BX,OFFSET  DATAP
GOON:         MOV    DX,8004H
WAITR:        IN     AL,DX
              AND    AL,80H
              JNZ    WAITR
              MOV    DX,8000H
              MOV    AL,[BX]
              MOV    AH,AL
              OUT    DX,AL
              MOV    DX,8004H
              MOV    AL,00H
              OUT    DX,AL
              MOV    AL,01H
              OUT    DX,AL
              INC    BX
              CMP    AH,0AH
              JNE    GOON
              POP    DX
              POP    BX
              POP    AX
              POP    DS
              RET
PRINTER  ENDP
```

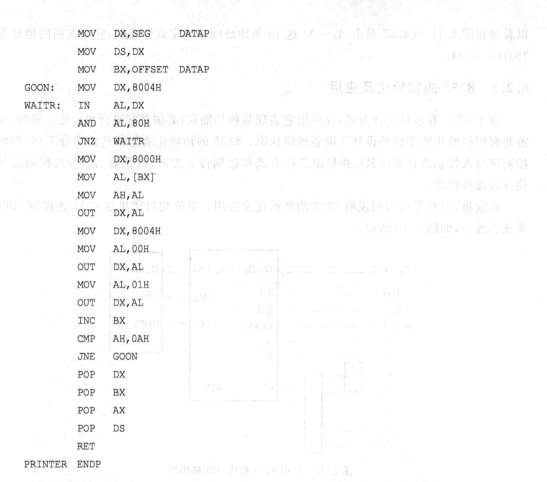

当主程序将要打印的一行字符准备好,这一行字符放在数据段的偏移地址由 DATAP 开始的顺序单元中。一行字符由 0AH 结束。每当一行字符准备好,便可以调用上面的打印子程序来打印这一行字符。

6.3 可编程定时器 8253

微处理器厂家都研制了自己的可编程定时/计数器(简称定时器)。尽管不同的定时器各有其不同的特性,但也有很多共性的东西。本节以 8253 为例来说明定时器的特性,相信掌握了 8253 之后,很容易理解和掌握其他定时器。

6.3.1 8253 的引脚功能及内部结构

1. 8253 的引脚及其功能

8253 的外部引脚如图 6.19 所示。可将 8253 分成图 6.19 所示的左右两部分,左侧与系统总线连接,而右侧则是 3 个可编程定时器(计数器),即 3 个功能完全一样的定时/计数器。每个定时/计数器都有 3 个引脚,其

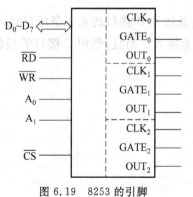

图 6.19 8253 的引脚

中 CLK 为外部计数时钟输入,每一个时钟周期可以对定时/计数器内部的 16 位计数器减
1;OUT 为定时/计数器的输出信号,不同的工作方式输出不同的波形,详见 6.3.2 节;门控信
号 GATE 用以控制定时/计数器的工作,见 6.3.2 节。

引脚 A_0 和 A_1 为 8253 内部计数器和控制寄存器的编码选择信号,其功能如下:

A_1	A_0	功　能	A_1	A_0	功　能
0	0	可选择计数器 0	1	0	可选择计数器 2
0	1	可选择计数器 1	1	1	可选择控制寄存器 CR

$\overline{CS}$ 为片选信号,当其有效(低电平)时,选中该 8253,实现对它的读写操作。

$\overline{RD}$ 为读控制信号,低电平有效。

$\overline{WR}$ 为写控制信号,低电平有效。

上述的 A_0、A_1 和 $\overline{CS}$、$\overline{RD}$、$\overline{WR}$ 共同实现 8253 的寻址及读写。

8253 芯片的双向数据总线 $D_0 \sim D_7$ 用于传送控制字和计数器的计数值。

2. 8253 的内部结构

8253 的内部结构框图如图 6.20 所示。

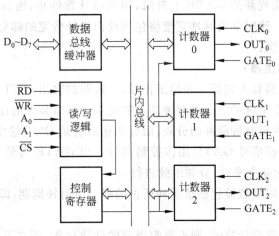

图 6.20　8253 的内部结构框图

6.3.2　8253 的工作方式

从图 6.20 可以看到,可编程定时器 8253 内部有 3 个相同的 16 位计数器。它们都能够
实现以下的 6 种工作方式。

1. 方式 0(计数结束产生中断)

在方式 0 下,GATE 必须为 1,计数器在外部时钟作用下,每个时钟周期计数器减 1。当
GATE＝0 时,计数停止。

当 GATE＝1 时,写入控制字和计数值后,需要一个 CLK 脉冲周期才将计数初值传送
到计数器减 1 部件。而 OUT 是在写入控制字和计数值后就变低,直到计数减到 0 才变高。
因此,OUT 的负脉冲宽度应为计数值加 1 个时钟周期。例如,若计数值为 100,写入后
OUT 变低,此低电平持续时间为 101 个时钟周期。

在方式 0 下，每写一次计数值可获得一个负脉冲。若想再产生负脉冲,就再写一次计数值。总是在写入计数值时 OUT 变低,计数值加 1 个时钟周期后变高。

如果在计数过程中写入新的计数值,则写入第一个字节时停止计数,写入第二个字节的下一个时钟周期开始按新的计数值重新计数。

若在 GATE=0 时写入计数值 N,计数器不工作。当 GATE 变为高电平时,计数开始,并且 OUT 输出端经计数值 N 个时钟周期(不是 $N+1$)变为高电平。

在方式 0 下,常利用 OUT 的上升沿作为中断请求信号。

2. 方式 1(可编程单稳)

在此方式下,写入控制字和计数值后,计数开始是以 GATE 的上升沿启动。同时,OUT 输出低电平,此低电平一直维持到计数器减到 0。这样就可以从 OUT 输出一个负脉冲,该脉冲由 GATE 上升沿开始,负脉冲的宽度为计数值个时钟脉冲周期。若想再次获得同样宽度的负脉冲,只要用 GATE 上升沿再触发一次即可。可见,在此种方式下,装入计数值后可多次触发。

如果在形成单个负脉冲的计数过程中改变计数值,则不会影响正在进行的计数。新的计数值只有在前面的负脉冲形成后又出现 GATE 上升沿才起作用。但是,若在形成单个负脉冲的计数过程中又出现新的 GATE 上升沿,则当前计数停止,而后面的计数以原来的初始的计数值开始工作。这时的负脉冲宽度将包括前面未计数完的部分和全部原始计数值两部分之和,使负脉冲加宽。

3. 方式 2(频率发生器)

在该方式下,计数器装入初值。开始工作后,计数器的输出 OUT 将连续输出一个时钟周期宽的负脉冲。两个负脉冲之间的时钟周期数就是计数器装入的计数初值。这样就可以利用不同的计数值达到对时钟脉冲的分频,而分频输出就是 OUT 输出。

在这种方式下,门控信号 GATE 用作控制信号。当 GATE 为低电平时,强迫 OUT 输出高电平;当 GATE 为高电平时,分频继续进行。

在此方式下,计数周期数应包括负脉冲所占的那一个时钟周期,即计数减到 1 时开始送出负脉冲。

在计数过程中,若改变计数值,则不影响当前的计数过程,而在下一次计数分频时采用新的计数值。

4. 方式 3(方波发生器)

在这种方式下,可以从 OUT 得到对称的方波输出。当装入的计数值 N 为偶数时,则前 $N/2$ 计数过程中 OUT 为高,后 $N/2$ 计数过程中 OUT 为低,如此一直进行下去。若 N 为奇数,则 $(N+1)/2$ 计数过程中 OUT 保持高电平,而 $(N-1)/2$ 计数期间 OUT 为低电平。

在此方式下,当 GATE 信号为低电平时,强迫 OUT 输出高电平;而当 GATE 为高电平时,OUT 输出对称方波。

在产生方波的过程中若装入新的计数值,则方波的下一个电平将反映新计数值所规定的方波宽度。

5. 方式 4(软件触发选通)

该方式与方式 0 有类似的地方,即写入计数值后,要用一个时钟周期将计数值传送到计数器的减 1 部件,然后计数开始,每个时钟周期减 1。当计数减到 0 时,由 OUT 输出一个时钟周期宽度的负脉冲。

若写入的计数值为 N,在计数值写入后经过 $N+1$ 个时钟周期才有负脉冲出现。

在此方式下,每写入一次计数值只得到一个负脉冲。

此方式同样受 GATE 信号控制。只有当 GATE 为高电平时计数才进行,当 GATE 为低电平时禁止计数。

若在计数过程中装入新的计数值,计数器从下一时钟周期开始以新的计数值进行计数。

6. 方式 5(硬件触发选通)

设置此方式后,OUT 输出为高电平。在 GATE 的上升沿使计数开始,当计数结束时由输出端 OUT 送出一个宽度为一个时钟周期的负脉冲。

在此方式下,GATE 电平的高低不影响计数,计数由 GATE 的上升沿启动。

若在计数结束前又出现 GATE 上升沿,则计数从头开始。

可见,若写入计数值为 N,则 GATE 上升沿后 N 个时钟周期结束时,OUT 会输出一个时钟周期宽度的负脉冲。同样,可用 GATE 上升沿多次触发计数器产生负脉冲。

从 8253 的 6 种工作方式可以看到,门控信号 GATE 十分重要,而且对于不同的工作方式其作用不一样。现将各种方式下 GATE 的作用列于表 6.2 中。

表 6.2　GATE 信号功能表

GATE	低电平或变到低电平	上升沿	高电平
方式 0	禁止计数	不影响	允许计数
方式 1	不影响	启动计数	不影响
方式 2	禁止计数并置 OUT 为高	初始化计数	允许计数
方式 3	同方式 2	同方式 2	同方式 2
方式 4	禁止计数	不影响	允许计数
方式 5	不影响	启动计数	不影响

6.3.3　8253 的控制字

8253 的控制字格式如图 6.21 所示。

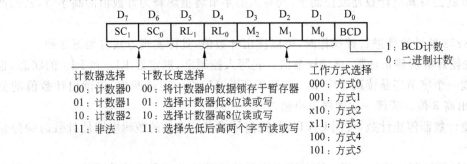

图 6.21　8253 的控制字格式

8253 的控制字在初始化时要写入控制寄存器。而 8253 的控制寄存器只分配一个接口地址,但是每个计数器都必须有自己的控制字。为了加以区别,就利用控制字的最高两位($D_7 D_6$)的编码来指定在该地址上的控制字是哪个计数器的控制字。这样就不会发生混乱了。

8253 的控制字 D_0 用来定义用户所使用的计数值是二进制数还是 BCD 数。因为每个计数器都是 16 位(二进制)计数器,所以允许用户使用的二进制数为 0000H～FFFFH,十进制数为 0000～9999。由于计数器做减 1 操作,所以当初始计数值为 0000 时对应最大计数值。

在 8253 控制字中,$RL_1 RL_0$ 为 00 时的作用将在下面说明。控制字其他各位的功能很明确,此处不再说明。

8253 的每个计数器都有自己的一个 16 位的计数值寄存器,存放 16 位的计数值。由于其使用简单,也不做说明。

6.3.4　8253 的寻址及连接

1. 寻址

8253 占用 4 个接口地址,地址由 $\overline{CS}$、A_0 和 A_1 来确定。同时,再配合 $\overline{RD}$ 和 $\overline{WR}$ 控制信号,可以实现各种读写操作。上述信号的组合功能由表 6.3 来说明。

表 6.3　各寻址信号的组合功能

$\overline{CS}$	A_1	A_0	$\overline{RD}$	$\overline{WR}$	功　　能
0	0	0	1	0	写计数器 0
0	0	1	1	0	写计数器 1
0	1	0	1	0	写计数器 2
0	1	1	1	0	写方式控制字
0	0	0	0	1	读计数器 0
0	0	1	0	1	读计数器 1
0	1	0	0	1	读计数器 2
0	1	1	0	1	无效

从表 6.3 可以看到,对 8253 的控制字或任一计数器均可以用它们各自的地址进行写操作。只是要注意,应根据相应控制字中 RL_1 和 RL_0 的编码向某一计数器写入计数值。当其编码是 11 时,一定要装入两个字节的计数值,且先写入低字节再写入高字节。若此时只写了一个字节就去写其他计数器或控制字,则写入的字节将被解释为计数值的高字节,从而产生错误。

当对 8253 的计数器进行读操作时,可以读出计数值,具体实现方法有如下 3 种。

(1) 先使计数器停止计数,再读计数值。先写入控制字,规定好 RL_1 和 RL_0 的状态,也就是规定读一个字节还是读两个字节。若其编码为 11,则一定读两次,先读出计数值的低 8 位,再读出高 8 位。若读一次同样会出错。

为了使计数器停止计数,可用 GATE 门控信号或自己设计的逻辑电路使计数时钟停止工作。

(2) 在计数过程中读计数值。这时读出当前的计数值并不影响计数器的工作。为做到这一点,首先写入 8253 一个特定的控制字:$SC_1 SC_2 00\times\times\times\times$。这是控制字的一种形式。

其中 SC_1 和 SC_0 与图 6.21 的定义一样。后面两位刚好定义 RL_1 和 RL_0 为 00。将此控制字写入 8253 后，就可将选中的计数器的当前计数值锁存到一个暂存器中，然后，利用读计数器操作——两条输入指令即可读出 16 位计数值。

（3）连续两次读计数值，若两次读出的计数值相同或相差很小（仅最低一位或最低两位不同）则认为读出的计数值正确。若相差很大可再继续读计数值，直到连续两次读出的计数值相同或相差很小，则读出的计数值正确。

2. 连接

为了用好 8253，读者必须能熟练地将它连接到系统总线上。图 6.22 就是 8253 与 8088 系统总线连接的例子。

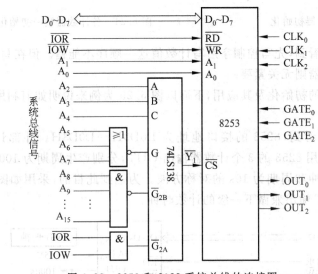

图 6.22　8253 和 8088 系统总线的连接图

在图 6.22 中，主要解决了 8253 与 8088 总线的连接。通过译码器，使 8253 占用 FF04H～FF07H 共 4 个接口地址。

6.3.5　8253 的初始化及应用

与任何可编程接口芯片一样，由于 8253 有多种功能，在使用它之前必须进行初始化。初始化程序通常要放在加电复位后进行或放在用户程序的开始。8253 的初始化可以灵活地进行，通常可采用下述两种初始化顺序之一。

1. 逐个计数器分别初始化

对某一计数器先写入控制字，再写入计数值，如图 6.23 所示。初始化完一个计数器后，用同样的顺序初始化下一个计数器，直至要初始化的计数器全部初始化完。

在初始化过程中，先初始化哪一个计数器无关紧要，重要的是对每一个计数器的初始化顺序不能错，必须按图 6.23 的顺序进行。

2. 各计数器统一初始化

先将计数器的控制字写入各计数器，再将各计数器的计数值写入各计数器。其顺序如图 6.24 所示。

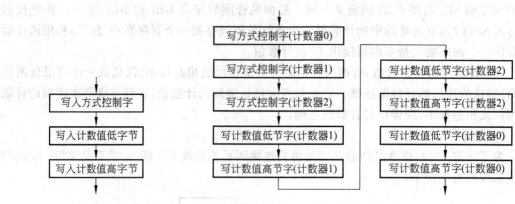

图 6.23 单个计数器初始化　　　　　　图 6.24 各计数器统一初始化

从图 6.24 可以看到,先写控制字后写计数值这一顺序不能错。但在写控制字或写计数值时,先写哪个计数器则无关紧要。

为了说明 8253 的初始化及其应用,下面以图 6.25 为例来说明如何利用 8255 获得所需要的定时波形。

由图 6.25 可以看到,8253 的接口地址为 D0D0H～D0D3H。外部计数时钟频率为 2MHz。该举例是利用 8253 的 3 个计数器输出 OUT,分别产生周期为 $100\mu s$ 的对称方波、周期为 1s 的负窄脉冲和周期为 10s 的对称方波。为达到此目的,采用如图 6.25 所示的连接,用上一级的 OUT 输出兼做下一级的计数时钟。

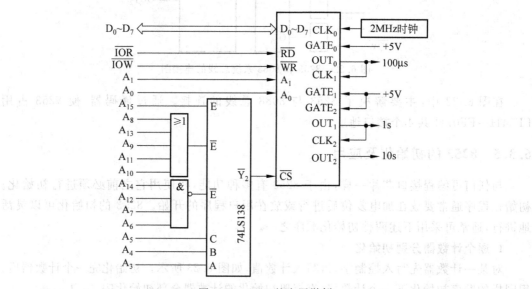

图 6.25　8253 的应用举例

与图 6.25 相对应的 8253 的初始化程序如下:

```
INT153: MOV  DX,0D0D3H
        MOV  AL,00110110B
        OUT  DX,AL                          ;计数器 0 方式字
        MOV  AL,200
```

```
        MOV   DX,0D0D0H
        OUT   DX,AL
        MOV   AL,0
        OUT   DX,AL                              ;计数器 0 计数值
        MOV   DX,0D0D3H
        MOV   AL,01110100B
        OUT   DX,AL                              ;计数器 1 方式字
        MOV   DX,0D0D1H
        MOV   AX,10000
        OUT   DX,AL
        MOV   AL,AH
        OUT   DX,AL                              ;计数器 1 计数值
        MOV   DX,0D0D3H
        MOV   AL,10110110B                        ;计数器 2 方式字
        OUT   DX,AL
        MOV   DX,0D0D2H
        MOV   AL,10
        OUT   DX,AL
        MOV   AL,0
        OUT   DX,AL                              ;计数器 2 计数值
        HLT
```

6.4 可编程串行接口 8250

微型计算机与外设(包括其他微型计算机)之间通常以两种方式通信,即串行通信和并行通信。并行通信是指同时传送构成一组数据的各位,例如 8 位数据或 16 位数据并行传送。串行通信是指一位接一位地传送数据。并行通信用前面提到的并行接口即可实现。对于串行通信,现已研制出许多串行接口可供使用。

并行与串行通信各有其优缺点。一般而言,串行通信使用的传输线少,传送距离远,而并行通信则与之相反。

6.4.1 概述

在串行通信中,经常采用两种最基本的通信方式,一种是同步通信,另一种是异步通信。

1. 同步通信

所谓同步通信,是指在约定的波特率(每秒钟传送的位数)下发送端和接收端的频率保持严格的一致(同步)。因为发送和接收的每一位数据均保持同步,所以传送信息的位数几乎不受限制,通常一次通信传送的数据有几十到几百字节。这种通信的发送器和接收器比较复杂,成本也较高。

同步通信的数据格式有许多种,图 6.26 表示的是某种同步通信的数据格式。

在图 6.26 中,除数据场(数据信息)的字节数不受限制外,其他均为 8 位。

CRC 编码即循环冗余校验码,用它可以检验所传输数据中出现的错误。

标志符 01111110	地址符 8位	控制符 8位	数据信息	CRC1	CRC2	标志符 01111110

图 6.26 某种同步通信的数据格式

2. 异步通信

异步通信是指收发端在约定的波特率下不需要严格同步,而允许有相对的迟延,即两端的频率差别在 5% 以内就能正确地实现通信。异步通信的数据传送格式如图 6.27 所示。

起始位	数据位	奇偶位	停止位

图 6.27 异步串行通信的数据格式

异步通信每传送一个字符均由一位低电平的起始位开始,接着传送数据位,数据可以是 5 位、6 位、7 位或 8 位,可由程序指定。在传送时,按低位在前、高位在后的顺序传送。数据位的后面可以加上一位奇偶校验位,也可以不加这一位,这可由程序来指定。最后传送的是一位、一位半或两位高电平的停止位。这样,一个字符就传送完了,称为一个数据帧。在传送两个字符之间的空闲期间,要由高电平 1 来填充。

异步通信每传送一个字符都要增加大约 20% 的用于同步和帧格式检测的附加信息位,这必然降低传输效率。但这种通信方式简单可靠,实现起来比较容易,故广泛应用于各种微型计算机系统中。

6.4.2 可编程串行接口 8250

各微处理器厂家都为自己的微处理器生产出相应的可编程串行接口。Intel 公司提供的常用串行接口有 8250 和 8251。还有其他多种可编程串行接口芯片可供选用。选择某一片串行接口芯片,掌握它的使用,以后再遇到其他类似的芯片也就不难掌握了。为此,在这里选择 8250 为对象来介绍可编程串行接口的应用。

1. 引脚及功能

8250 的外部引脚及内部结构简图如图 6.28(a) 和 (b) 所示。

CS_0、CS_1 和 $\overline{CS_2}$ 为输入片选信号。只有当它们同时有效,即 $CS_0 = 1$,$CS_1 = 1$,$\overline{CS_2} = 0$ 时,才能选中该片 8250。

A_0、A_1 和 A_2 为 8250 内部寄存器的选择信号。这 3 个输入信号的不同编码用以选中 8250 内部不同的寄存器。详细情况在后面有关寻址的内容中再做介绍。

$\overline{ADS}$ 为地址选通信号。该输入信号有效(低电平)时,可将 CS_0、CS_1、$\overline{CS_2}$ 及 A_0、A_1、A_2 锁存于 8250 内部。若在工作中不需要随时锁存上述信号,则可把 $\overline{ADS}$ 直接接地,使其总有效。

DISTR 和 $\overline{DISTR}$ 为数据输入选通信号。当它们其中一个有效,即 DISTR 为高电平或 $\overline{DISTR}$ 为低电平时,被选中的 8250 寄存器内容可被读出。$\overline{DISTR}$ 经常与系统总线上的 $\overline{IOR}$ 相连接。当它们同时无效时,8250 不能读出。

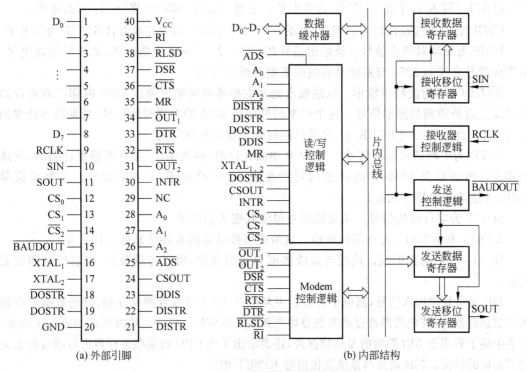

图 6.28　8250 的外部引脚及内部结构

DOSTR 和$\overline{\text{DOSTR}}$为数据输出选通信号。当它们其中一个有效,即 DOSTR 为高电平或$\overline{\text{DOSTR}}$为低电平时,被选中的 8250 寄存器可写入数据或控制字。$\overline{\text{DOSTR}}$常与系统总线的$\overline{\text{IOW}}$相连。当它们同时无效时,8250 不能写入。

RCLK 为接收时钟信号。该输入信号的频率为接收信号波频率的 16 倍。

SIN 为串行信号输入端。外设或其他系统传送来的串行数据由该端进入 8250。

$\overline{\text{CTS}}$为清除发送信号。该输入信号为低电平时,表示提供 CTS 信号的设备已准备好,可以接收 8250 发来的数据。它还作为 8250 向外设发出的 $\overline{\text{RTS}}$信号的外设回答信号使用。

$\overline{\text{RTS}}$为请求发送信号。该输出信号为低电平时用作 8250 向外设发送数据的请求信号。它与下面的$\overline{\text{DTR}}$有同样的功能。

$\overline{\text{DTR}}$为数据终端准备好信号。该输出信号有效(低电平)时表示 8250 已准备好。它是向外设发送数据的请求信号。

$\overline{\text{DSR}}$为数据装置准备好信号。该输入信号低电平有效,用来表示接收数据的外设已准备好。

$\overline{\text{RLSD}}$为接收线路信号检测信号。该信号低电平有效,表示 Modem(调制解调器)已将载波检出,通信信号传输正常。

$\overline{\text{RI}}$为振铃指示信号。该输入信号低电平有效,表示 Modem 已接收到一个电话铃声信号。

$\overline{\text{OUT}}_1$是由用户编程指定的输出端。若用户在 Modem 控制寄存器第二位(对应$\overline{\text{OUT}}_1$)写入 1,则$\overline{\text{OUT}}_1$输出端可输出低电平。主复位信号(MR)可将$\overline{\text{OUT}}_1$置高电平。

$\overline{\text{OUT}}_2$与$\overline{\text{OUT}}_1$一样,可以由用户编程指定。只是要将 Modem 控制寄存器的第三位

（对应 $\overline{OUT_2}$）写入 1，才能使 $\overline{OUT_2}$ 为低电平。主复位信号（MR）可将 $\overline{OUT_2}$ 置高电平。

CSOUT 为片选输出信号。当 8250 的 CS_0、CS_1 和 $\overline{CS_2}$ 同时有效时，CSOUT 为高电平。

DDIS 为驱动器禁止信号。该输出信号在 CPU 读 8250 时为低电平，非读时为高电平。可用此信号来控制 8250 与系统总线间的数据总线驱动器。

$\overline{BAUDOUT}$ 为波特率输出。该端输出的是主参考时钟频率除以 8250 内部除数寄存器中的除数后所得到的频率信号。这个频率信号就是 8250 的发送时钟信号，是发送波特率的 16 倍，若将此信号接到 RCLK 上，又可以同时作为接收时钟使用。

INTR 为中断请求输出信号。当 8250 中断允许时，接收错误、接收数据寄存器满、发送数据寄存器空以及 Modem 的状态均可产生有效的（高电平）INTR 信号。主复位信号（MR）可使该输出信号无效。

SOUT 为串行输出信号。主复位信号可使其变为高电平。

$XTAL_1$ 和 $XTAL_2$ 为外部时钟端。这两端可接晶体或直接接外部时钟信号。

$D_0 \sim D_7$ 为双向数据线。该线与系统数据总线相连接，用以传送数据、控制信息和状态信息。

MR 为主复位输入信号，高电平有效。主复位时，除了接收数据寄存器、发送数据寄存器和除数锁存器外，其他内部寄存器及信号均受到主复位信号的影响。详细情况如表 6.4 所示。在表中除了列出受 MR 影响的复位情况外，还表示出了当 CPU 对某些寄存器进行读写时也会使其复位的情况。MR 通常与系统复位信号 RESET 相连。

表 6.4　MR 的功能

寄存器或信号	复 位 控 制	复位后的状态
通信控制寄存器	MR	各位均低电平
中断允许寄存器	MR	各位均低电平
中断标识寄存器	MR	0 位高，其余各位为低
Modem 控制寄存器	MR	各位均低
通信状态寄存器	MR	除 5、6 位外其余各位均高
INTR（线路状态错）	读通信状态寄存器或 MR	低电平
INTR（发送寄存器空）	读中断标志寄存器，写发送数据寄存器或 MR	低电平
INTR（接收寄存器满）	读接收数据寄存器或 MR	低电平
INTR（Modem 状态改变）	读 Modem 状态寄存器或 MR	低电平
SOUT	MR	高电平
$\overline{OUT_1}$，$\overline{OUT_2}$，RTS，DTR	MR	高电平

2. 8250 的工作过程

这里简要说明 8250 的工作过程。

1）发送数据

CPU 执行有关程序，可将要发送的数据写到 8250 的发送数据寄存器中（见图 6.28(b)）。当发送移位寄存器中的数据全部由 SOUT 移出，则发送移位寄存器就空了。这时，发送数据寄存器中待发送的数据会自动并行送到发送移位寄存器中。发送移位寄存器在发送时钟的激励下一位接一位地发送出去。在发送过程中，它会按照事先由程序规定好的格式加上启动位、校验位和停止位。

一旦发送数据寄存器的内容送到发送移位寄存器中，则发送数据寄存器就空了。它变空后,会在状态寄存器中建立发送数据寄存器空的状态位;而且也可以由此而产生中断。因此,利用查询该状态或利用中断都可实现数据的串行发送。

2) 接收数据

由通信对方来的数据在接收时钟 RCLK 的作用下,通过 SIN 逐位进入接收移位寄存器。当接收移位寄存器接收到一个完整的数据后会立即自动并行传送到接收数据寄存器中,这时接收数据寄存器就满了。该寄存器满后,可在状态寄存器中建立收满的状态;而且也可以因此而产生中断。因而,利用查询该状态或利用中断均可实现串行数据的接收。

目前,串行异步通信的速率一般在几百波特到几万波特。无论是用查询方式或中断方式实现通信均不很困难。

3. 内部寄存器

现在介绍 8250 的一些内部寄存器。只有了解这些内部寄存器各位的功能,才能用好 8250。介绍这些内部寄存器的出发点也在于此。以下 10 个内部寄存器与用户编程使用 8250 有关。

1) 通信控制字寄存器

通信控制字寄存器是一个 8 位的寄存器,其主要功能如图 6.29 所示。

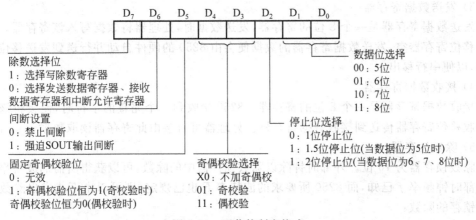

图 6.29 通信控制字格式

该控制字主要用于决定在串行通信时所使用的数据格式,例如数据位数、奇偶校验及停止位的多少。应特别注意该控制字的 D_7。当需要读写除数锁存器时,必须先将该控制字的 D_7 置 1;而在读写其他 3 个寄存器时,又要使该控制字的 D_7 为 0。

2) 通信状态寄存器

通信状态寄存器是一个 8 位寄存器,其各位的功能如图 6.30 所示。

通信状态字用于说明在通信过程中 8250 接收和发送数据的情况。

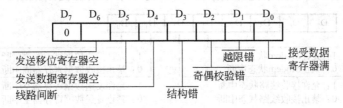

图 6.30 通信状态字格式

D_0 为 1 时表示 8250 已接收到一个完整的字符,处理器可以从 8250 的接收数据寄存器中读取。一旦读取后,该位即变为 0。

D_1 是越限状态标志。当前一数据尚在接收数据寄存器中而未被处理器读走,后一个数据已经到来而将其破坏时,该位为 1。处理器读接收数据寄存器时使该位清 0。

D_2 为奇偶校验错标志。在 8250 对收到一个完整的数据进行奇偶校验运算时,若发现算出的值与发送来的奇偶校验位不同,则使该位为 1,表示数据可能有错。在处理器读寄存器时该位复位。当收到正确数据时,可使该位复位。

D_3 为结构错标志。当接收到的数据停止位不正确时,该位置 1。

D_4 为线路间断标志。若在大于一个完整的数据字的时间里收到的均为空闲状态,则该位置 1,表示线路信号间断。当处理器读寄存器时使其复位。

出现以上 4 种状态中的任何一种都会使 8250 发出线路状态错中断。

D_5 为 1 时表示发送数据寄存器空。处理器一将数据写入发送数据寄存器,则使其复位。

D_6 为 1 时表示发送移位寄存器中无数据。当发送数据寄存器并行送入发送移位寄存器数据时,该位清 0。

D_7 位恒为 0。

3)发送数据寄存器

发送数据寄存器是一个 8 位的寄存器,发送数据时,处理器将数据写入该寄存器。只要发送移位寄存器空,发送数据寄存器的数据便会由 8250 的硬件自动并行送到发送移位寄存器中,以便串行移出。

4)接收数据寄存器

接收数据寄存器是一个 8 位的寄存器。8250 接收到一个完整的字符时,便会将该字符由接收移位寄存器传送到接收数据寄存器。处理器可直接由此寄存器读取数据。

5)除数锁存器

除数锁存器为 16 位。外部时钟除以除数锁存器中的除数,可以获得所需的波特率。如果外部时钟频率 f 已知,而 8250 所要求的波特率 F 也已规定,则可以由下式求出除数锁存器应锁存的除数:

$$除数 = f/(16F)$$

例如,当输入时钟频率为 1.8432MHz 时,若要求使用 1200 波特来传送数据,这时可算出锁存于除数锁存器的除数应为 96。在 8250 工作前首先要将除数写到除数锁存器中,以便产生所希望的波特率。为了写入除数,首先在通信控制字中将 D_7 置 1,然后就可以将 16 位除数先低 8 位、后高 8 位地写入除数锁存器中。

6)中断允许寄存器

中断允许字的格式如图 6.31 所示,该字存于中断允许寄存器中,它只用 $D_0 \sim D_3$ 这 4 位。每位的 1 或 0 分别用于允许或禁止 8250 的 4 个中断源提出中断。如果该寄存器的

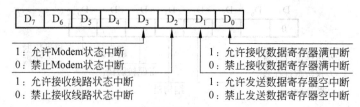

图 6.31 中断允许字格式

$D_0 \sim D_3$ 均为 0，则禁止 8250 提出中断。该寄存器的高 4 位不用。

在中断允许字中，接收线路状态包括越限错、奇偶错、结构错及间断等中断源引起的中断。对于 Modem 状态引起的中断见下面对 Modem 状态寄存器的解释。

7）中断标志寄存器

中断标志寄存器为 8 位，高 5 位为 0，只用低 3 位做 8250 的中断标志。8250 有 4 个中断源，在 8250 内部安排优先级的顺序如下所述。

最高优先级为接收器线路状态中断，包括越限、奇偶错、结构错和间断等。读通信状态寄存器可使此中断复位。

下一个优先级是接收数据寄存器满中断。读接收数据寄存器可复位此中断。

再下一个优先级为发送数据寄存器空中断。写发送数据寄存器可使这一中断复位。

最低优先级为 Modem 状态中断，包括发送结束、数传机准备好、振铃指示和接收线路信号检测等 Modem 状态中断源。读 Modem 状态寄存器可复位该中断。

中断标志寄存器的格式如图 6.32 所示。

8）Modem 控制寄存器

Modem 控制寄存器是一个 8 位的寄存器，用以控制 Modem 或其他数字设备。各位的功能如图 6.33 所示。

图 6.32　中断标志寄存器格式　　　　图 6.33　Modem 控制寄存器内容

D_0 位表示数据终端准备好。当该位为 1 时，使 8250 的 $\overline{\text{DTR}}$ 输出为低电平，向 Modem 表明 8250 已准备好。若该位为 0，则 $\overline{\text{DTR}}$ 输出高电平，表明 8250 未准备好。

D_1 位为 1 时，8250 的 $\overline{\text{RTS}}$ 输出低电平，向 Modem 发出请求发送信号，也以此来通知 Modem，串行接口 8250 已准备好。当该位为 0 时，$\overline{\text{RTS}}$ 输出高电平，表明 8250 未准备好。

D_2 位和 D_3 位分别用以控制 8250 的输出信号 $\overline{\text{OUT}_1}$ 和 $\overline{\text{OUT}_2}$。当它们为 1 时，对应的 $\overline{\text{OUT}}$ 输出为 0；而当为 0 时，控制 8250 的 $\overline{\text{OUT}}$ 输出为 1。

可见，上面 4 位的作用在于，它们的状态反相后从相应的引脚上输出。

D_4 位用来控制循环检测，实现 8250 对自身的自测试。当 $D_4 = 1$ 时，SOUT 为高电平状态，而 SIN 将与系统相分离。这时发送移位寄存器的数据将由 8250 内部直接回送到接收移位寄存器的输入端。Modem 用以控制 8250 的 4 个信号 $\overline{\text{CTS}}$、$\overline{\text{DSR}}$、$\overline{\text{RLSD}}$ 和 $\overline{\text{RI}}$ 与系统分离。同时，8250 用来控制 Modem 的 4 个输出信号 $\overline{\text{RTS}}$、$\overline{\text{DTR}}$、$\overline{\text{OUT}_1}$ 和 $\overline{\text{OUT}_2}$ 在 8250 芯片内部分别与 $\overline{\text{CTS}}$、$\overline{\text{DSR}}$、$\overline{\text{RLSD}}$ 及 $\overline{\text{RI}}$ 相连，完成信号在 8250 芯片内部的返回。这样一来，8250 发送的串行数据立即在 8250 内部被接收，从而完成 8250 的自测试，而且在完成自测试过程中不需要外部连接。

在 $D_4=1$ 即自测试的情况下中断仍能进行。值得注意的是,在这种情况下,Modem 状态中断是由 Modem 控制寄存器提供的。这一点在上面已经阐明。

当 $D_4=0$ 时,8250 正常工作。若由自测试转到正常工作,则必须对 8250 重新初始化,其中包括将 D_4 清 0。

9）Modem 状态寄存器

Modem 状态寄存器用以提供 Modem 或其他外设加到 8250 上的控制线的信号状态以及这些控制线的状态变化。当由 Modem 来的控制线变化时,Modem 状态寄存器的低 4 位被相应地置 1。在读此寄存器时,使这 4 位同时清 0。Modem 状态字格式如图 6.34 所示。

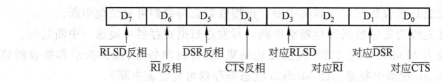

图 6.34 Modem 状态字格式

Modem 状态字的低 4 位分别对应 $\overline{CTS}$、$\overline{DSR}$、$\overline{RI}$ 和 RLSD。当某位为 1 时,表示自上次读该寄存器之后,相应的输入信号已改变状态;当某位为 0 时,则说明相应输入信号状态无改变。

该寄存器 D_4 位的状态是输入信号 $\overline{CTS}$ 反相之后的状态。在自测试时,该位的状态等于 Modem 控制寄存器 $\overline{RTS}$ 位的状态。

此寄存器的 D_5 位对应 $\overline{DSR}$ 输入状态的反相,自测试时为 $\overline{DTR}$ 的状态。

D_6 位对应 $\overline{RI}$ 输入信号的反相,自测试时为 $\overline{OUT}_1$ 的状态。

D_7 位对应 $\overline{RLSD}$ 状态的反相,自测试时为 $\overline{OUT}_2$ 的状态。

4. 8250 的寻址及连接

8250 内部有 10 个与编程使用有关的寄存器,利用片选信号 CS_0、CS_1 和 $\overline{CS}_2$ 可以选中 8250。利用片上的 A_0、A_1、A_2 这 3 条地址线最多可以选择 8 个寄存器,对应 3 位地址线的 8 种不同编码。再利用通信控制字的最高位——除数锁定位(DLAB)来选中除数锁定寄存器。由于有的寄存器是只写的,有的寄存器是只读的,所以还可以利用读写信号来加以选择。通过上述这些办法可以顺利地对 8250 进行寻址。一个 8250 芯片占用 7 个接口地址。具体的地址安排见表 6.5。

表 6.5　8250 的寻址

CS_0	CS_1	$\overline{CS}_2$	DLAB	A_2	A_1	A_0	RD　WR	所选寄存器
1	1	0	0	0	0	0	只读	接收数据寄存器
1	1	0	0	0	0	0	只写	发送数据寄存器
1	1	0	0	0	0	1	可读写	中断允许寄存器
1	1	0	×	0	1	0	只读	中断标志寄存器
1	1	0	×	0	1	1	可读写	通信控制寄存器
1	1	0	×	1	0	0	可读写	Modem 控制寄存器
1	1	0	×	1	0	1	只读	通信状态寄存器
1	1	0	×	1	1	0	只读	Modem 状态寄存器
1	1	0	1	0	0	0	可读写	除数(低 8 位)锁存器
1	1	0	1	0	0	1	可读写	除数(高 8 位)锁存器
1	1	0	×	1	1	1		不用

为了说明 8250 的连接,现以早期的 PC 中 8250 与 8088 系统总线的连接为例,其连接图如图 6.35 所示。

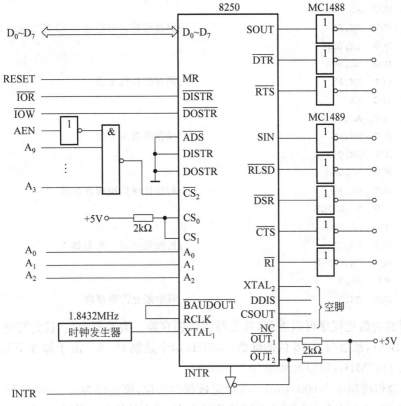

图 6.35　8250 的连接

在图 6.35 中,8250 的片选信号是由 AEN 和 $A_3 \sim A_9$ 译码产生的,这是由 PC 的结构决定的。PC 的接口地址采用部分地址译码,只用 $A_0 \sim A_9$ 这 10 条地址译码决定接口地址,剩下的 6 条地址线 $A_{10} \sim A_{15}$ 空着不用。因此,PC 可用的接口地址只有 1K(1024)个。同时,由于 DMAC 的工作需要,只有 AEN 信号为低电平时,接口才能工作,所以出现了图 6.35 中的译码器产生 8250 的片选信号。这时,8250 的地址范围为 3F8H~3FFH。

图 6.35 中利用外部时钟发生器产生时钟信号加到 8250 的 $XTAL_1$ 上。8250 的波特率输出信号 $\overline{BAUDOUT}$ 加到 RCLK 上作为接收时钟。图 6.35 中的 MC1488 和 MC1489 是用于电平转换的,它们可分别进行 TTL 与 RS-232C 间的电平转换。

5. 初始化及应用

8250 的初始化过程通常是首先将通信控制字的 D_7 置 1,即使 DLAB=1。在此条件下将除数的低 8 位和高 8 位分别写入 8250 的除数锁存器。然后,再以不同的地址分别写入通信控制字、Modem 控制字和中断允许字等。具体初始化过程可按图 6.36 所示的顺序依次进行。

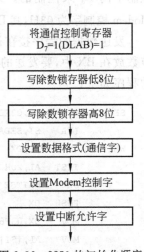

图 6.36　8250 的初始化顺序

185

依据图 6.35 的连接编写的对 8250 进行初始化的程序如下：

```
INTI50: MOV   DX,03FBH
        MOV   AL,80H
        OUT   DX,AL                        ;将通信控制寄存器 D₇=1 即 DLAB=1
        MOV   DX,03F8H
        MOV   AL,60H
        OUT   DX,AL                        ;锁存除数低 8 位
        INC   DX
        MOV   AL,0
        OUT   DX,AL                        ;锁存除数高 8 位
        MOV   DX,03FBH
        MOV   AL,0AH
        OUT   DX,AL                        ;初始化通信控制寄存器
        MOV   DX,03FCH
        MOV   AL,03H
        OUT   DX,AL                        ;初始化 Modem 控制器
        MOV   DX,03F9H
        MOV   AL,0
        OUT   DX,AL                        ;写中断允许寄存器
```

从上面的初始化程序可以看到，首先写除数锁存器。为要写除数，首先写通信控制寄存器，使 DLAB=1，然后写入 16 位的除数 0060H，即十进制数 96。由于加在 XTAL₁ 上的时钟频率为 1.8432MHz，所以波特率为 1200baud。

初始化通信控制字为 00001010。其指定数据为 7 位，停止位为 1 位，奇校验。Modem 控制字为 03H，即 00000011，使 DTR 和 RTS 均为低电平，即有效状态。最后，将中断允许控制字写入中断允许寄存器。由于中断允许字为 00H，所以禁止 4 个中断源可能形成的中断。有关 8250 中断的问题，在硬件上 INTR 是通过 OUT₂ 输出控制的三态门接到 8259 上的。若允许中断，则一方面要使 OUT₂ 输出为低电平，同时，再初始化中断允许寄存器。OUT₂ 是由 Modem 控制字的 D₃ 来控制的。只有当 Modem 控制字的 D₃=1 时，OUT₂ 才为低电平。上述的 Modem 控制字为 03H，其 D₃=0，所以 OUT₂=1，这时禁止中断请求输出。

发送数据的程序接在初始化程序之后。若采用查询方式发送数据，且要发送数据的字节数放在 BX 中，要发送的数据顺序存放在以 SEDATA 为首地址的内存区中，则发送数据的程序如下：

```
SEDPG:  MOV   DX,03FDH
        LEA   SI,SEDATA
WAITSE: IN    AL,DX
        TEST  AL,20H
        JZ    WAITSE
        PUSH  DX
        MOV   DX,03F8H
        MOV   AL,[SI]
        OUT   DX,AL
```

```
        POP    DX
        INC    SI
        DEC    BX
        JNZ    WAITSE
```

同样,在初始化后,可以利用查询方式实现数据的接收。下面是 8250 接收一个数据的程序:

```
REVPG:  MOV    DX,03FDH
WAITRE: IN     AL,DX
        TEST   AL,1EH
        JNZ    ERROR
        TEST   AL,01H
        JZ     WAITRE
        MOV    DX,03F8H
        IN     AL,DX
        AND    AL,7FH
```

该程序首先测试通信状态寄存器,看接收的数据是否有错。若有错就转向错误处理 ERROR;若无错时,再看是否已收到一个完整的数据。若是,则从 8250 的接收数据寄存器中读出,并取事先约定的 7 位数据,将其放在 AL 中。

下面仍以图 6.35 所示的连接形式为例,说明利用中断方式通过 8250 实现串行异步通信的过程。为了便于叙述,设想系统以查询方式发送数据,以中断方式接收数据,则对 8250 的初始化程序如下:

```
INISIR: MOV    DX,03FBH
        MOV    AL,80H
        OUT    DX,AL                   ;置 DLAB=1
        MOV    DX,03F8H
        MOV    AL,0CH
        OUT    DX,AL
        MOV    DX,03F9H
        MOV    AL,0                    ;置除数为 000CH,规定为 9600baud
        OUT    DX,AL
        MOV    DX,03FBH
        MOV    AL,0AH
        OUT    DX,AL                   ;初始化通信控制寄存器
        MOV    DX,03FCH
        MOV    AL,0BH
        OUT    DX,AL                   ;初始化 Modem 寄存器
        MOV    DX,03F9H
        MOV    AL,01H
        OUT    DX,AL                   ;初始化中断允许寄存器
        STI                            ;允许接收数据寄存器满产生中断
```

该程序对 8250 进行初始化,并在初始化完时(假如其他接口初始化在此之前)开中断。

接收中断服务程序如下：

```
RECVE:  PUSH    AX
        PUSH    BX
        PUSH    DX
        PUSH    DS
        STI
        MOV     DX,03FDH
        IN      AL,DX
        TEST    AL,1EH
        JNZ     ERROR
        MOV     DX,03F8H
        IN      AL,DX
        AND     AL,7FH
        MOV     BX, BUFFER
        MOV     [BX],AL
        INC     BX
        MOV     BUFFER,BX
        MOV     DX,INTRER
        MOV     AL,20H          ;将 EOI 命令发给中断控制器 8259
        OUT     DX,AL
        POP     DS
        POP     DX
        POP     BX
        POP     AX
        IRET
```

    以上就是接收一个字符的中断服务程序。当接收数据寄存器满而产生中断时,此中断请求经过中断控制器 8259 加到 CPU 上。如第 5 章所述,中断响应后,可以转向上述中断服务程序。由于初始化时只允许此一个中断发生,故中断服务程序不需要用查询中断标志字的方式确定是哪一个中断。该中断服务程序首先进行断点现场保护,再取得接收数据过程中的状态,看有无差错。若有错则转向错误处理;无错则取得接收到的一个字符,将它放在 DS:BX 指定的存储单元中,并存储接收数据缓冲区的指针到 BUFFER,以供下次中断使用。然后恢复断点,开中断并中断返回。这里须特别说明的是,在中断服务程序结束前,必须给 8259 一个中断结束命令 EOI,这是第 5 章已经叙述过的。只有这样,8259 才能将接收中断的状态复位,使系统正常工作。

6.4.3 串行总线 RS-232C 的接口

    RS-232C 总线的接口信号可以用多种方法形成。特别是各微型计算机芯片生产厂家提供了多种芯片,使实现该总线变得非常容易。例如,SIO、ACIA、8251(8250)和 16550 等均可以实现接口信号。同时,不少厂家也生产了插在各种总线上的 RS-232C 通信接口插件(卡),在需要时可以直接选购。为了说明问题,将简化的 RS-232C 接口形成电路以图 6.37 来表示。

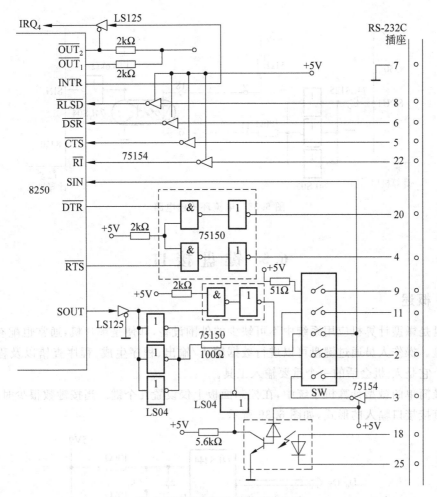

图 6.37　RS-232C 总线形成电路

由图 6.37 可以看到,接口芯片 8250 提供的输出信号主要是 SOUT、$\overline{DTR}$ 和 $\overline{RTS}$ 等,均要通过电平转换电路 75150 将 8250 的 TTL 电平转换成负逻辑的 RS-232C 电平,然后接到 25 线插座的相应引脚上,传送到接收端。同样,对方发送来的 RS-232C 电平信号,如 SIN、$\overline{CTS}$ 和 $\overline{DSR}$ 等也要经电平转换电路 75154 将 RS-232C 电平转换为 8250 所需要的 TTL 电平。

除了上面的电路之外,也常用 MC1488 和 MC1489 来实现 RS-232C 收发器。信号由 8250 产生并发送,此信号经 MC1488 驱动器转换为 RS-232C 电平进行传送。信号到达对方,再由对方的接收电路 MC1489 将其转换为 TTL 电平,加到对方的 8250 或其他类似芯片上。对方发来的信号同样用 MC1489 进行转换,如图 6.35 所示。

为了提高串行传送的抗干扰性,增加传送距离(通常可达 1km)。经常采用电流环进行串行数据传送,实际上图 6.37 中已包括了电流环电路。为了表达得更加清楚,现只将电流环部分画出,如图 6.38 所示。

图 6.38 只画出了由微型计算机甲向微型计算机乙的电流环传送电路。读者一定可以想象得出从乙向甲的电流环传送的情况。当 SOUT 输出为高电平时,环路中有 20mA 左右的电流,使发光二极管发光,经光敏三极管可在 8250 的 SIN 端得到高电平。当 SOUT 发送低电平时,电流环路中无电流,则 SIN 可收到低电平。

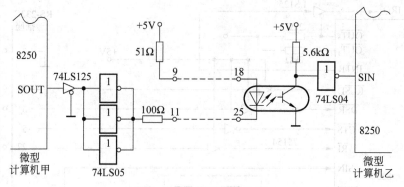

图 6.38　电流环传输电路

6.5　键盘接口

6.5.1　概述

　　键盘是微型计算机应用系统中不可缺少的外围设备,即使是单片机,通常也配有十六进制的键盘。操作人员通过键盘可以进行数据输入/输出、程序生成、程序查错以及程序执行等操作。它是人-机会话的一个重要输入工具。

　　在最简单的微型计算机系统中,在控制面板上仅设置几个键。当按键数很少时,常采用三态门直接接口输入的形式,如图 6.39 所示。

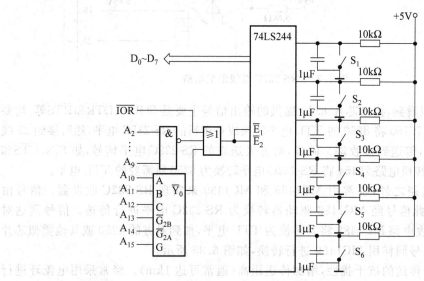

图 6.39　三态门按键接口

　　在图 6.39 中,采用的三态门可以是前面提到的 74LS244。利用一片 74LS244 即可接 8个按键。由于这种键很少,接口很简单,此处不再说明。

　　常用的键盘有两种类型,即编码式键盘和非编码式键盘。编码式键盘包括检测按了哪一个键,并产生这个键相应代码的一些必要硬件(通常这种键盘中有一个单片机作为其控制核心）。非编码式键盘没有这样一些独立的硬件，而分析哪一个键按下这样的操作是通过接口硬件，并由主处理器执行相应程序来完成的。主处理器需要周期性地对键盘进行扫描，查询是否有键闭合，这样主机效率就会下降。由此可见，两种键盘各有优缺点，前者需要较多的硬件，价格较高；后者主机效率低，费时间，但价格较低。目前小型的微型计算机应用系统常使用非编码式的键盘。另外，在微型计算机应用系统中，控制台面板的功能按键接口和非编码式键盘非常类似。因此，下面以非编码式键盘接口为例，讲述硬、软件的接口。

6.5.2 矩阵键盘的基本结构

一般非编码式键盘采用矩阵结构，如图 6.40 所示。图中采用 6×5 矩阵，共有 30 个按键。微处理器通过对行和列进行扫描来确定有没有键按下，是哪一个键按下。然后将按下键的行、列编码送处理器进行处理。

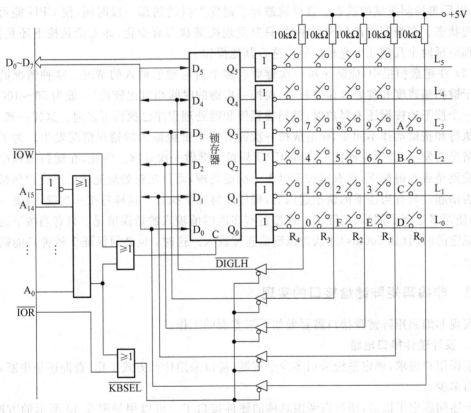

图 6.40　矩阵结构键盘及其接口

在 30 个按键中，16 个键（0～F）是十六进制键，其余则是功能键。每个键占有唯一的行与列的交叉点，每个交叉点分配有相应的键值。只要是按下某一个键，经键盘扫描程序和接口，并经键盘译码程序，就可以得到相应的键值，也就是说，微处理器知道了是哪一个键被按下，然后就可以做相应的处理。如按下第 2 行、第 4 列的按键（十六进制"4"键），则经键盘扫描和键盘译码以后，就可以在寄存器 AL 中得到对应的键值 04H。在图 6.40 中按键对应的键值被标注在交叉点的旁边。

微处理器通过接口对键盘矩阵进行扫描的过程如下：在初始状态下，所有行线均为高电平。扫描开始，首先给第 0 行加一个低电平，即扫描第 0 行。然后检查一下各列信号，看是否有哪一列输出变成了低电平（当键按下时，行线和列线通过键接触在一起，行线的低电平就传送到对应的列线）；如果其中有一列变为低电平，则根据行列号即可知道是哪一个键按下了。如果未发现有变为低电平的列线，则接着扫描下 1 行。这时，使第 0 行变高，第 1 行变低，然后再检查各列线情况。……如此循环扫描，只要有键按下，总是可以发现的。

在扫描键盘的过程中，应注意以下问题。

（1）当操作者按下或抬起按键时，按键会产生机械抖动。这种抖动经常发生在按下或抬起的瞬间，一般持续几毫秒到十几毫秒，抖动时间随键的结构不同而不同。在扫描键盘过程中，必须想办法消除键抖动，否则会引起错误。

消除键抖动可以用硬件电路来实现，如 MC14490 就是六路消抖电路。

较简单的办法是用软件延时方法来消除键的抖动。即一旦发现有键按下，就延时 20ms 以后再检测按键的状态。这样就避开了键发生抖动的那一段时间，使 CPU 能可靠地读按键状态。在编制键盘扫描程序时，只要发现按键状态有变化，即无论是按下还是抬起，程序都应延时十几到几十毫秒以后再进行其他操作。

（2）在键盘扫描中，应防止按一次键而有多个对应键值输入的情况。这种情况的发生是由于键扫描速度和键处理速度较快，而按一次键的时间相对比较长（一般为 50~100ms）。当某一个按下的按键还未释放时，键扫描程序和键处理程序已执行了多遍。这样一来，由于程序执行和按键动作不同步，而造成按一次键有多个键值输入的错误情况发生。为了防止这种情况的发生，必须保证按一次键，CPU 只对该键做一次处理。为此，在键扫描程序中不仅要检测是否有键按下，在有键按下时作一次键处理，而且在键处理完毕后还应检测按下的键是否抬起。只有当按下的键抬起以后，程序才再往下执行。这样每按一次键，只做一次键处理，使两者达到了同步，消除了一次按键有多次键值输入的错误情况。只有当按下键超过某一规定的时间（如 500ms）才认为该键值连读输入。这时，也必须保证 1 秒钟只能输入几个键值。

6.5.3 非编码矩阵键盘接口的实现

实现非编码矩阵键盘接口需要做如下三方面的工作。

1. 设计硬件接口电路

根据用户需求，确定系统采用多少个按键；接口采用什么方式工作，查询还是中断；接口地址为多少。

上述问题定了以后，便可以考虑具体的硬件接口了。可以用如图 6.40 所示的方法，用锁存器作为行的输出接口，用三态门作为列的输入接口。很显然，完全可以利用可编程输入/输出接口 8255 来实现矩阵键盘接口。在后面将要提到，厂家为设计者提供了专用的矩阵键盘接口芯片也是应当考虑选用的。

在下面的讨论中，仍以图 6.40 为例，采用锁存器和三态门作为键盘接口。为了说明问题简单，图 6.40 中只画出了 6 行 5 列的矩阵。实际上若用一片 8D 锁存器（74LS273 或 374）、一片 74LS244 三态门电路，可以实现 8×8 的矩阵键盘接口。

2. 在 ROM 中建立键值表

由图 6.40 可以看到,按键的行列号并不是按键的键值。因为行列号是不会改变的,而行列交叉点上的键值是由设计者自己定义的。如何确定按键的键值呢? 有很多种方法可以解决此问题,下面是其中一种。

当每个按键的键值确定之后,可以通过查表值建立与键值的关系。在某行某列上的按键所对应的查表值可以用下述公式来计算:

$$查表值 = (FFH - 行号) \times 16 + 列值 \tag{6-1}$$

例如,在图 6.40 中,按键"0",也就是键值为 0 的那个键,被规定放置在第 0 行上,而当 0 键按下时,该行一定为低电平,而其他各行一定为高电平,因此此时的列值为 0FH,这时利用上面的公式可计算出查表值为 FFH。而按键"1"的查表值为 EFH。依此类推,就可以建立表 6.6 所示的查表值与键值一一对应的键值表。为简化起见,只列出 0~F 这 16 个键的键值表。

表 6.6 键值表

查表值	键值	查表值	键值	查表值	键值	查表值	键值
FF	0	DF	4	D7	8	FD	C
EF	1	E7	5	DB	9	0D	D
F7	2	EB	6	DD	A	0B	E
FB	3	CF	7	ED	B	07	F

3. 编写键盘扫描程序

在一些小的微型计算机应用系统中,例如小的单片机系统中,经常采用查询方式对键盘进行扫描。这是因为微型计算机应用系统的用户程序一定是循环程序。这个循环程序可能有许多个环,若满足不同的条件,处于不同的状态,CPU 就运行不同的循环。同时,由于小系统的程序不很复杂,CPU 完成一次时间最长的循环也不需要多少时间。

基于上述情况,可以将键盘扫描程序插在用户程序每次循环都必须运行的必经之路上,由于 CPU 执行用户循环是很快的,而用户按一次键的时间是很长的(例如 50~100ms)。因此,CPU 对用户按键的响应对用户来说是感觉不到有延迟的。

在上述情况下,就可以编写基于查询方式的键盘扫描图程序。其基本思想就是 CPU 进入键盘扫描程序,使所有各行变低电平,看是否有键按下。若有,则列值肯定不为 1FH;若没有则程序转出,本次扫描就完成了。若有键按下,则延时 20ms 消除抖动影响。然后,再逐行变低电平进行逐行扫描,决定按下的键是在哪一行上并读出此时的列值。计算查表值,查键值表即可获得按下键的键值。

键盘扫描及译码程序的流程图如图 6.41 所示(参照图 6.40)。首先向行寄存器送 3FH,由于 8D 锁存器输出加有反相器,故使所有行线置为低电平。然后读列输入端口,看是否有某一条列线变成低电平(只要有键按下,总有一条列线为低电平),即列输入口的 $b_0 \sim b_4$ 位中有某一位为 0。如果有键按下,则进行键盘扫描;否则就说明无键按下,就跳过键盘扫描程序。

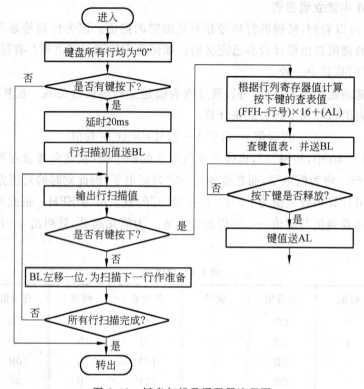

图 6.41 键盘扫描及译码器流程图

当发现有键按下时,就进行逐行扫描,首先使 L_0 行线置成低电平(行寄存器 b_0 位送 1),其他行线 $L_1 \sim L_5$ 均为高电平(行寄存器 $b_1 \sim b_5$ 位送 0)。然后读列输入端口,看是否有某一行和列线是低电平(表示有键按下)。如果有,根据所在行列号即可从键值表中查得按键的对应键值。如果所有列线都是高电平,说明按键不在当前扫描的那一行,接着就扫描 L_1 行,使 L_1 行变低,L_0 和 $L_2 \sim L_5$ 行线均为高电平。如此循环,最终可以对所有键扫描一次。为了消除键抖动,当判断出键盘上有键按下时,应先延时 20ms,然后再进行键盘扫描。

键盘扫描程序如下:

```
DECKY:  MOV   AL,3FH
        MOV   DX,DIGLH
        OUT   DX,AL                ;行线全部置为低电平
        MOV   DX,KBSEL
        IN    AL,DX
        AND   AL,1FH
        CMP   AL,1FH                ;判有无键闭合
        JZ    DISUP                 ;无键闭合转出
        CALL  D20MS                 ;消除键抖动
        MOV   BL,01H                ;初始化行扫描值
KEYDN1: MOV   DX,DIGLH
        MOV   AL,BL
        OUT   DX,AL                 ;行扫描
        MOV   DX,KBSEL
```

```
            IN      AL,DX                    ;该行是否有键闭合
            AND     AL,1FH                   ;有则转译码程序
            CMP     AL,1FH
            JNZ     KEYDN2
            SHL     BL,1
            MOV     AL,40H
            CMP     AL,BL                    ;所有行都扫描完否
            JNZ     KEYDN1                   ;未完
            JMP     DISUP                    ;完,转显示
    KEYDN2: MOV     CH,00H                   ;键盘译码程序
    KEYDN3: DEC     CH
            SHR     BL,1
            JNZ     KEYDN3
            SHL     CH,1
            SHL     CH,1
            SHL     CH,1
            SHL     CH,1
            ADD     AL,CH                    ;实现(FFH-行号)×16+列
            MOV     DI,KYTBL                 ;端口值
    KEYDN4: CMP     AL,[DI]                  ;寻找键值
            JZ      KEYDN5
            INC     DI
            INC     BL                       ;表序号加1
            JMP     KEYDN4
    KEYDN5: MOV     DX,KBSEL
    KEYDN6: IN      AL,DX
            AND     AL,1FH
            CMP     AL,1FH                   ;检测键是否释放
            JNZ     KEYDN6                   ;未释放继续检测
            CALL    D20MS                    ;消除键抖动
            MOV     AL,BL                    ;键值送AL
            ⋮
```

4. 几点说明

（1）在前面实现非编码矩阵键盘接口的描述中,利用一个公式实现查表值与键值的一一对应关系。实际上还有许多方法都是可以实现的,在许多书中都有讲述。例如,完全可以用一个字节(8位二进制数)来描述一个按键所在的行号和列号。因为每一个键唯一地对应一个行号和列号。若用高4位编码表示行号,低4位编码表示列号,则一个字节的值最多可用来描述16行×16列的矩阵键盘。键盘扫描实现起来也不复杂。

（2）上面所采用的是每循环一次即查询有没有键按下的查询方法。有时,为了能更迅速地响应按键,或用户一次循环时间过长,使得对用户按键响应过于迟缓,则可以采用中断方式对按键进行扫描。具体实现方法是:可将图6.40上的列线 R_0~R_4 接到列接口(三态门)上,同时,再接到如图6.42所示的电路上。

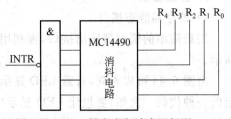

图6.42　键盘中断请求逻辑图

由图 6.42 可以看到,无论哪一列上的按键按下,必定使那一列变为低电平。此电平利用硬件消抖电路 MC14490 消除抖动的影响,经与非门产生中断请求信号。若有抖动加在中断请求上,将会引起多次中断,处理起来会很麻烦。

中断响应后,利用中断服务程序对键盘进行扫描,扫描程序与前面图 6.41 所示的流程很类似。最终对按键进行处理。

6.6 显示器接口

微型计算机应用系统中使用的显示器种类繁多。简单的有 LED 数码显示器或 LCD 液晶数码显示器,复杂的有液晶 LCD 点阵显示器或大屏幕 LED 点阵显示器等。由于篇幅所限,在本节中只对 LED 的显示接口做简单介绍。

6.6.1 七段数码显示器

七段数码显示器如图 6.43 所示,其工作原理一看等效电路即可明白:当某个发光二极管通过一定的电流(如 5～10mA)时,该段就发光。控制让某些段发光,某些段不发光,则可以显示一系列数字和符号。

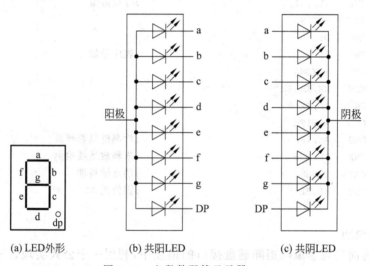

(a) LED 外形   (b) 共阳 LED   (c) 共阴 LED

图 6.43 七段数码管显示器

6.6.2 LED 接口电路

1. 静态接口

1) 锁存器静态接口

用最简单的锁存器输出接口,再利用 OC 门加以驱动的锁存器静态 LED 接口如图 6.44 所示。

由图 6.44 可以看到,若需 LED 显示什么数字或符号,需要在锁存器上锁存该数码相对应的一种代码。例如,要想让 LED 显示"5"这个数字,则需使 a、c、d、f 和 g 点亮,而其他各段熄灭。这就是在锁存器上锁存 6DH 这样一个代码,即

```
MOV  DX,8000H
MOV  AL,6DH
OUT  DX,AL
```

执行完上述 3 条指令,LED 便可以显示"5"。

在图 6.44 的连接中,通常将要显示的字符所对应的代码作成一个表放在内存中,使用时随时从表中取出,写到锁存器上即可。

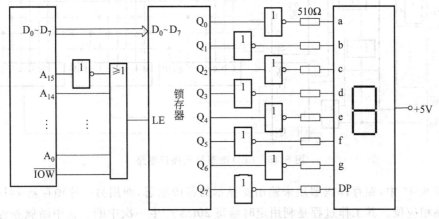

图 6.44　锁存器静态 LED 接口

2) 译码器静态接口

为了方便用户的使用,许多厂家将锁存器、译码器和驱动器集成在一块芯片中。图 6.45 就是利用这种 LED 译码驱动器显示器接口连接的实例。

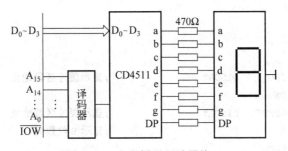

图 6.45　七段译码驱动器接口

在图 6.44 中,一个字节的数据($D_0 \sim D_7$)仅可显示一位字符。而图 6.45 中可用 $D_0 \sim D_7$ 分别接两片 4511,可显示两位字符。前者是要用软件译码,而后者是硬件译码,用起来更加方便。这种现成的译码驱动器种类繁多,可根据厂家的手册选用。

在上面所描述的两种情况中,只要将数据写到接口上,LED 就显示该字符并一直显示到写下一个字符或断电为止,所以称为静态显示。

2. 动态接口

在静态接口显示 LED 时,每一位 LED 要用一片锁存器。当显示位数比较多时,会要求使用许多锁存器。为了硬件上的简化,可采用动态显示。

动态显示的基本思路就是利用人的视觉暂留特性,使每一位 LED 每秒钟显示几十次

（如 50 次），显示时间为 1～5ms。显示时间越短，显示亮度越暗。一个 8 位的动态 LED 显示接口电路如图 6.46 所示，图中仅画出了其中 3 位。

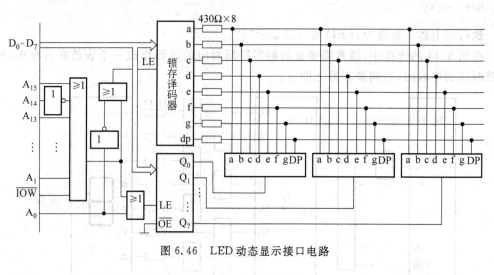

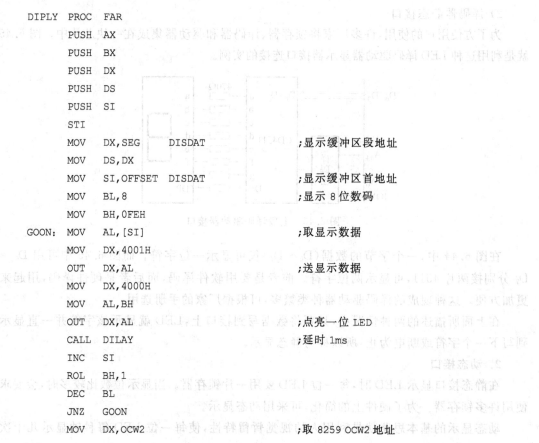

图 6.46　LED 动态显示接口电路

在图 6.46 中，锁存译码器用来输出要显示的各段状态，而用另一片锁存器 74LS374 的输出点亮相应位。其工作过程是利用定时器每 20ms 产生一次中断。在中断服务程序中使各位 LED 分别显示 1ms。中断服务程序（即显示程序）如下：

```
DIPLY   PROC  FAR
        PUSH  AX
        PUSH  BX
        PUSH  DX
        PUSH  DS
        PUSH  SI
        STI
        MOV   DX,SEG   DISDAT          ;显示缓冲区段地址
        MOV   DS,DX
        MOV   SI,OFFSET  DISDAT        ;显示缓冲区首地址
        MOV   BL,8                     ;显示 8 位数码
        MOV   BH,0FEH
GOON:   MOV   AL,[SI]                  ;取显示数据
        MOV   DX,4001H
        OUT   DX,AL                    ;送显示数据
        MOV   DX,4000H
        MOV   AL,BH
        OUT   DX,AL                    ;点亮一位 LED
        CALL  DILAY                    ;延时 1ms
        INC   SI
        ROL   BH,1
        DEC   BL
        JNZ   GOON
        MOV   DX,OCW2                  ;取 8259 OCW2 地址
```

```
        MOV   AL,20H
        OUT   DX,AL                          ;8259 的结束中断命令
        MOV   DX,4000H
        MOV   AL,0FFH
        OUT   DX,AL                          ;熄灭 LED
        POP   SI
        POP   DS
        POP   DX
        POP   BX
        POP   AX
        IRET
DIPLY   ENDP
```

利用上述程序每 20ms 中断一次，将显示缓冲区中要显示的数据显示一遍。

动态显示的优点是节省了锁存译码电路。上面的例子中 8 位 LED 只用公共的一片电路，省下了 7 片锁存译码器专用芯片；同时，既简化了地址译码，又节省了接口地址。其缺点是占用了处理机的许多时间。在上面的例子中，每 20ms 用于显示的时间超过 8ms。在许多中断源较多、时间要求紧迫的应用系统中需要仔细考虑这样做是否可行。

6.7　光电隔离输入/输出接口

6.7.1　隔离的概念及意义

在微型计算机应用系统中，微型计算机与外设通过接口相连接。外设的状态信息通过总线传送到微型计算机，而微型计算机的控制信号也是通过总线传送给外设。为了进行电信号的传送，它们必须有公共的接地端。当它们之间有一定的距离时，公共的地端会有一定的电阻存在，例如几到几十毫欧或更大。为了说明问题，将等效的示意图以图 6.47 来表示。

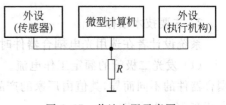

图 6.47　共地电阻示意图

在图 6.47 中，将地电阻集中表示为 R。可以这样理解：当图中的三部分工作时，它们的电流都会流过共地电阻 R。

当大功率外设工作时，会有大电流流过 R。例如，在以往的工作中曾遇到外设电流高达 50 000A，而且不是恒定的，而是时大时小的。即使功率小一些的继电器、电机或阀门等，其工作电流也比较大，且它们的工作又往往与大电流设备联系在一起。这些大功率设备会在地上造成很大的干扰电压。这种干扰足以导致微型计算机无法正常工作，更不用说对弱信号的外设。例如，传感器输出信号有时只有毫伏（或毫安）级的水平，极易受到干扰。因此，若不采取措施，大功率外设所产生的共地干扰会使得系统无法工作。

弱信号外设由于信号弱、电流小，不足以对微型计算机构成干扰。但是，微型计算机工作时的脉冲电流在地电阻上的影响却足以干扰外设的弱信号，更不用说大功率外设所构成的干扰。

由上述可以看到，在微型计算机应用系统中，由于共地的干扰，会使系统不能正常工作。

如果切断三者的共地关系,则共地干扰问题也就不存在了。但是,没有了共地关系,电信号无法构成回路,则传感器来的信号和微型计算机送出的控制信号也就无法传送。为此,必须采取措施,保证既能将地隔开,又能将信号顺利地进行传送。可以采用如下的措施。

(1)采用变压器隔离。变压器隔离的思想就是使变压器的初级和次级不共地。初级的电信号先转变成磁场,经磁场传送(耦合)到次级再转变成电信号。磁场的传送(耦合)不需要共地,故可以将初级和次级的地进行隔离。

(2)采用光电耦合器件隔离。其思路是将电信号转变成光信号,光信号传送到接收边再转换成电信号。由于光的传送不需要共地,所以可以将光电耦合器件两边的地加以隔离。

(3)继电器隔离。利用继电器将控制边与大功率外设边的地隔离开。

总之,在这里所强调的隔离是指将可能产生共地干扰的部件间的地加以隔离,以有效地克服设备间的共地干扰。正如前面所说,有的系统中大功率外设的共地干扰高达2000V,不采取措施是无法保证系统可靠工作的。下面将介绍有关光电隔离的问题。

6.7.2 光电耦合器件

1. 光电耦合器的结构
光电耦合器的结构如图6.48所示。

 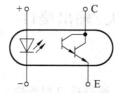

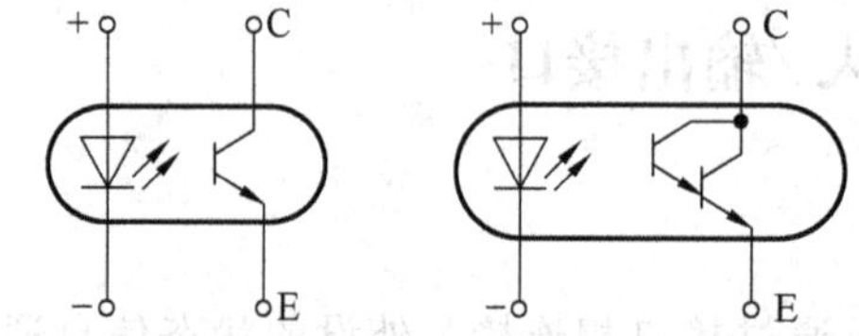

(a) 一般光电耦合器件　(b) 复合管光电耦合器件

图6.48　光电耦合器件的结构

从图6.48中可以看到,光电耦合器件由发光二极管和光敏三极管构成。当发光二极管流有一定电流时,发光二极管就发光,发出的光照射到光敏三极管上,就会产生一定的基极电流,使光敏三极管导通。若没有电流(或电流非常小)流过发光二极管,则其不发光,进而光敏三极管就处于截止状态。

2. 主要技术指标
系统设计者在选用光电耦合器件时应注意以下一些主要的技术指标。

(1)发光二极管的额定工作电流。光电耦合器件的发光二极管的额定工作电流因光电耦合器件的不同而异,其值由厂家的产品手册查出。笔者以往用过的发光二极管额定工作电流在10mA左右。

(2)电流传输比。发光二极管加上额定电流 I_F 时,所发光照射到光敏三极管上可激发出一定的基极电流。该电流使光敏三极管工作在线性工作区时的电流为 I_C。式6-2定义为电流传输比:

$$电流传输比 = \frac{I_C}{I_F} \tag{6-2}$$

这就像在线性工作区里给定 I_F 可获得多大的 I_C。如图6.48(a)所示的光电耦合器件的电流传输比为0.5~0.6,可见10mA的 I_F 只能获取5~6mA的 I_C。

为了提高电流传输比,厂家生产出如图6.48(b)所示的复合管光电耦合器件。该器件的电流传输比一般为20~30。若需要更大的电流时,可外接大功率晶体管。

(3)光电耦合器件的传输速度。由于光电耦合器件的工作过程中需要进行电→光→电的两次物理量的转换,这种转换需要时间,因此,不同的光电耦合器件都具有不同传输速度。

一般常见的光电耦合器件的速度在几十千赫到几百千赫。现在高速光电耦合器件的传输速度可达几兆赫。

（4）光电耦合器件的耐压。在光电隔离器件工作时,发光二极管的一边与光敏三极管的一边分别属于两个不同的地。有时,特别是在大功率外设的情况下,两地之间的电位差高达数千伏,而这种电位差最终都加在了光电耦合器的两边。为了避免两者之间被击穿,在设计电路时要选择耐压值合适的光电耦合器件。一般常见的光电耦合器的耐压值为 $0.5 \sim 10\text{kV}$ 之间。选择器件时注意留有一定的余量。

（5）其他。作为一种特殊的二极管和三极管,光电耦合器件还有一系列的电气指标,包括电压、功耗和工作环境要求等。特别请注意光电耦合器件的封装形式及所封装的二极管和三极管的数量。有许多厂家为用户提供了许多种形式的产品供选择。

3. 基本工作原理

1）光电隔离输入接口

光电隔离输入接口的一个典型实例如图 6.49 所示。

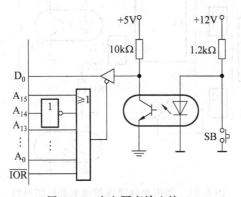

图 6.49　光电隔离输入接口

在图 6.49 中,12V 和 5V 电源的地是相互隔离的地。按钮 SB 的状态利用此接口可以输入到微型计算机中。

2）光电隔离输出接口

光电隔离输出接口的原理图如图 6.50 所示。

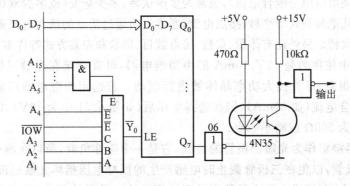

图 6.50　光电隔离输出接口

在图 6.50 中,利用 8D 锁存器作为输出接口,通过译码器赋予接口地址(此图中

74LS273 占两个接口地址,因为 A_0 未参加译码)。利用 OC 门 7406 与发光二极管相连接。当 74LS273 的 Q_7 输出为 1 时,经光电隔离器将高电平输出,当 Q_7 为 0 时,输出为低电平,这就保证了正确的输出。图中接输出的是工作在 +15V 的 CMOS 反相器。

图 6.50 只画出了锁存器 74LS273 的一个输出 Q_7。实际上,74LS273 有 $Q_0 \sim Q_7$ 共 8 个输出可供使用。

6.7.3　光电耦合器件的应用

图 6.51 是利用光电耦合器件对继电器进行控制,并利用继电器的常闭接点将继电器的状态经三态门输入接口反馈到微型计算机。

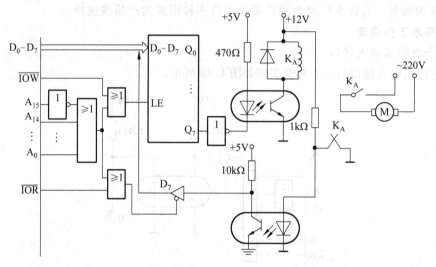

图 6.51　利用光电隔离的继电器控制电路

目前,常用的继电器分为两大类:电磁继电器和固态继电器。前者是机电器件,而后者是半导体器件,此处不做详细说明。

在图 6.51 中使用的是电磁继电器,即当有适当的电流流过继电器绕组时便产生磁场,将继电器的衔铁吸下,使常开接点闭合,常闭接点断开。电磁继电器有许多技术指标:工作电压和工作电流(或绕组电阻与吸合电流),通常为多少伏特、多少毫安(或多少欧姆、多少毫安);吸合时间,通常是几毫秒到几十毫秒;接点电流,通常给出通过接点的最大电流多少安培;接点耐压,一般为多少伏特。另外还有体积、重量、接点数目、形状和安装方式等许多指标。

在图 6.51 中使用的是 12V、10mA 的小型继电器,可直接接在光敏三极管上。若要求电流很大、电压很高,可外接大功率晶体管进行驱动。若选用的继电器厂家给出绕组电阻(如 100Ω)和吸合电流(如 20mA),则在选择电压后(如图 6.51 中为 12V),需加入串联的限流电阻,此时应为 500Ω 或略小一点。

由于继电器绕组作为光敏三极管的负载,它是一个感性负载,所以在继电器两端需要并联一个保护二极管,以免在三极管截止时电感产生的反峰电压损坏光敏三极管。

在图 6.51 中,利用光电耦合器件将微型计算机边与外设边隔离,这时两边的地是不相连的,是完全独立的两个地。

图 6.51 所示的电路的功能就是通过光电隔离输出接口来控制一个电机转动。同时,为了

可靠,将继电器常闭接点的状态加以利用,实现向继电器发送吸合命令。若 3 次吸合命令尚不能使继电器吸合,则转向故障处理(ERROR);若继电器吸合,则转向 GOOD。其程序如下:

```
KCJDS:  MOV   CL,3
GOON:   MOV   DX,8000H
        MOV   AL,80H
        OUT   DX,AL              ;发出继电器吸合命令
        CALL  T20MS              ;延时时间＞继电器吸合时间
        IN    AL,DX              ;取继电器状态
        AND   AL,80H
        JZ    GOOD
        MOV   AL,00H
        OUT   DX,AL
        CALL  T5MS
        DEC   CL
        JNZ   GOON
        JMP   ERROR
GOOD:   ⋮
```

在图 6.51 所示的应用实例中,用的是 8086 的总线信号和指令。实际上,在硬件电路图中,只要将 $\overline{IOR}$ 和 $\overline{IOW}$ 换成 $\overline{RD}$ 和 $\overline{WR}$,则图 6.51 的连接图就变成了 MCS-51 扩展总线的连接图。相应的程序也就很容易转换成 MCS-51 的指令。这就是说,只要读者认真掌握了任何一个处理器或单片机,再去应用其他的微型计算机将是十分容易的。

6.8　数/模(D/A)变换器接口

D/A 变换器和 6.9 节要介绍的 A/D 变换器是微型计算机应用系统中非常重要的两个部件,掌握它们的接口设计方法至关重要。

6.8.1　D/A 和 A/D 在控制系统中的地位

图 6.52 是一个简单的控制系统框图。

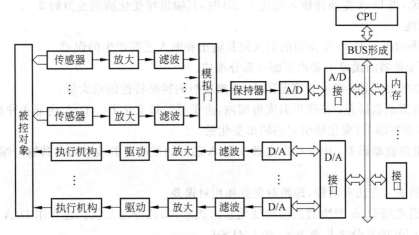

图 6.52　微型计算机控制系统框图

在图 6.52 中,微型计算机控制系统主要包括三大部分:输入测量、微型计算机、输出控制。

1. 输入测量部分

此部分用来将被控对象的各种参数通过传感器转换成电信号(电流或电压)。假定传感器输出的都是模拟信号,并经过放大、滤波、模拟门和保持器而到达 A/D 变换器。A/D 变换器的主要功能就是将模拟信号转换为数字信号(二进制编码)。数字信号经接口进入微型计算机。

2. 微型计算机

微型计算机的功能就是对测量信号进行处理,包括工程量的转换、显示、打印、存储和报警,以及进行规定的自动控制算法的计算,并将计算的结果送出。

3. 输出控制部分

由于许多控制执行机构需要模拟量工作,而微型计算机送出的是数字量,为此,需要经接口将数字量加到 D/A 变换器上,利用 D/A 变换器将数字量转换成模拟信号,经放大及驱动加到执行机构上,对被控对象实施控制。

从上面的描述中可以看到,D/A 和 A/D 变换器在微型计算机系统中具有重要的作用。

6.8.2 D/A 变换器的基本原理

1. D/A 变换器原理

典型的 D/A 变换器通常由模拟开关、权电阻网络和缓冲电路等组成,其框图如图 6.53 所示。

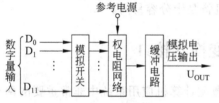

图 6.53 D/A 变换器结构框图

通常利用锁存器将要变换的数字信号加到模拟开关上,控制模拟开关将不同的权电阻接通或断开,经缓冲电路输出相应的模拟电压。其内部变换的细节并不重要。

2. D/A 变换器的主要技术指标

1) 分辨率

分辨率表示 D/A 变换器的 1LSB(最低有效位)输入其输出变化的程度,通常用 D/A 变换器输入的二进制位数来描述,如 8 位、10 位和 12 位等。对于一个分辨率为 n 位的 D/A 变换器来说,当 D/A 变换器输入变化 1LSB 时,其输出将变化满刻度值的 2^{-n}。

2) 精度

精度表示由于 D/A 变换器的引入使其输出和输入之间产生的误差。

D/A 变换器的误差主要由下面几部分组成。

(1) 非线性误差:在满刻度范围内,偏离理想的转换特性的最大值。

(2) 温度系数误差:在使用温度范围内,由于温度每变化 1℃,D/A 内部各种参数(如增益、线性度和零漂等)变化所引起的输出变化量。

(3) 电源波动误差:由于标准电源及 D/A 芯片的供电电源波动而在其输出端所产生的变化量。

误差的表示方法有两种,即绝对误差和相对误差。

绝对误差用 D/A 变换器的输出变化量来表示,如几分之几伏。也有用 D/A 变换器最低有效位 LSB 的几分之几来表示,如 1/4LSB。

相对误差是绝对误差除以满刻度的值,再用百分比来表示。例如,绝对误差为±0.05V,输出满刻度值为5V,则相对误差可表示为±1%。

有的D/A变换电路还应包括与D/A芯片输出相接的运算放大器,这些器件也会给D/A变换器带来误差。考虑到这些因素是相对独立的,因此D/A变换器的总精度如用均方误差来表示,则可写为:

$$\varepsilon_{总}^2 = \varepsilon_{非线性}^2 + \varepsilon_{电源波动}^2 + \varepsilon_{温度漂移}^2 + \varepsilon_{运放}^2$$

则均方根误差为:

$$\varepsilon = \sqrt{\varepsilon_{非线性}^2 + \varepsilon_{电源波动}^2 + \varepsilon_{温度漂移}^2 + \varepsilon_{运放}^2} \tag{6-3}$$

若某系统要求D/A变换电路的总误差必须小于0.1%,已知某D/A芯片的最大非线性误差为0.05%,则根据式6-3可以确定电源波动、温度漂移和运算放大器所引起的均方误差为

$$\varepsilon_{电源波动}^2 + \varepsilon_{温度漂移}^2 + \varepsilon_{运放}^2 = 1/1\,000\,000 - 0.25/1\,000\,000 = 0.75/1\,000\,000$$

又假设后三者是相等的,则经计算可得

$$\varepsilon_{电源波动}^2 + \varepsilon_{温度漂移}^2 + \varepsilon_{运放}^2 = 0.05\%$$

由此误差分配就可以选择合适的电源及运算放大器,使其满足D/A变换电路的精度要求。

当然,反过来也可以。已知其他各种误差再来推算D/A芯片的非线性误差,最后再根据此误差来选择合适的D/A芯片。

需要特别指出的是,D/A芯片的分辨率会对系统误差产生影响。因为它确定了系统控制精度,即确定了控制电压的最小量化电平,是系统固有的。为了消除(近似消除)这种影响,一般在系统设计中应选择D/A变换器的位数,使其最低有效位1位的变化所引起的误差应远远小于D/A芯片的总误差。如上例所述,系统要求D/A变换电路的误差应小于0.1%,那么D/A芯片的位数应选择为12位。因为12位D/A的最低有效位的1位变化所引起的误差约为0.02%(1/4096)。

3) 变换时间

当数据变化是满刻度时,从数码输入到输出达到终值的±1/2LSB时所需要的时间称为变换时间。该时间限制了D/A变换器的速率。通常电流输出型D/A变换器比电压输出型D/A变换器具有更短的变换时间。

上述这些指标在D/A芯片的手册中均可查到,它们是用户在实际应用时选择合适的D/A芯片的主要依据。

另外要注意的是,有的D/A变换电路还包括输出电路中的运算放大器。此时D/A变换电路的变换时间应为D/A芯片的变换时间和运算放大器的建立时间之和。例如,D/A芯片的变换时间为1μs,运算放大器的频率响应为1MHz(建立时间为1μs),则整个D/A变换电路的变换时间为2μs。如果系统要求的D/A变换时间为1μs,则应重新选择速度更高的D/A芯片和运算放大器。

4) 动态范围

所谓动态范围,就是D/A变换电路的最大和最小的电压输出值范围。D/A变换电路后接的控制对象不同,其要求也有所不同。

D/A芯片的动态范围一般决定于参考电压U_{REF}的高低,参考电压高,动态范围就大。参考电压的大小通常由D/A芯片手册给出,整个D/A变换电路的动态范围还与输出电路的运算放大器的级数及连接方法有关。有时,即使D/A芯片的动态范围较小,但只要适当

地选择相应的运算放大器做输出电路,就可扩大变换电路的动态范围。

6.8.3 典型的 D/A 变换器芯片举例

1. 引脚及功能

目前各国生产的 D/A 变换器的型号很多,如按数码位数分有 8 位、10 位、12 位和 16 位等;如按速度分又有低速和高速等。但是,无论是哪一种型号的芯片,它们的基本原理和功能是一致的,其芯片的引脚定义也是类同的。一般都有数码输入端和模拟量的输出端。其中模拟量的输出端又有单端输出和差动输出两种。为了使 D/A 变换器工作,CPU 送给 D/A 变换器的数码一定要进行锁存保持。有的 D/A 变换器芯片内部带有锁存器,则此时 D/A 变换器可作为 CPU 的一个外围设备端口而挂在总线上。在需要进行 D/A 变换时,CPU 通过片选信号和写控制信号将数据写至 D/A 变换器。

下面介绍一种常用的 8 位 D/A 变换器 DAC0832,其引脚如图 6.54(a)所示,内部结构框图如图 6.54(b)所示。DAC0832 共有 20 条引脚,各引脚定义如下。

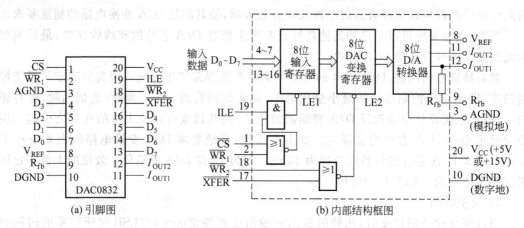

(a) 引脚图　　　　　　　　　(b) 内部结构框图

图 6.54　DAC0832 引脚及内部结构

$D_0 \sim D_7$ 为 8 条输入数据线。

ILE 为输入寄存器选通命令,它与 $\overline{CS}$ 和 $\overline{WR_1}$ 配合使输入寄存器的输出随输入变化。

$\overline{CS}$ 为片选信号。

$\overline{WR_1}$ 为写输入寄存器信号。

$\overline{WR_2}$ 为写变换寄存器信号。

$\overline{XFER}$ 为允许输入寄存器数据传送到变换寄存器。

V_{REF} 为参考电压输入端,其电源电压可在 $-10V \sim +10V$ 范围中选取。在计算中 V_{REF} 也可写做 U_{REF}。

I_{OUT1} 和 I_{OUT2} 为 D/A 变换器差动电流输出。

R_{fb} 为反馈端,接运算放大器输出。

V_{cc} 为电源电压,$+5V$ 或 $+15V$。

AGND 为模拟信号地。

DGND 为数字信号地。

从 DAC0832 芯片的内部结构框图可以看出,D/A 变换是分两步进行的。

首先当 CPU 将要变换的数据送到 $D_0 \sim D_7$ 端时,使 ILF=1,$\overline{CS}$=0,$\overline{WR_1}$=0,这时数据可以锁存到 DAC0832 的输入寄存器中,但输出的模拟量并未改变。

为了使输出模拟量与输入的数据相对应,接着应使 $\overline{WR_2}$ 和 $\overline{XFER}$ 同时有效,在这两个信号作用下,输入寄存器中的数据才被锁存到变换寄存器,再经变换网络,使输出模拟量发生一次新的变化。

当图 6.54(b) 中输入寄存器锁存控制端 LE1 为高电平时,该锁存器可认为处于直通状态。可用变换寄存器的锁存控制端 LE2 的正脉冲锁存数据并获得模拟输出。反之,也可以使 LE2 为高电平,而用 LE1 的正脉冲(高到低的跃变)锁存数字信号并获得相应的模拟输出。此时,由于 LE2 为高电平,变换寄存器处于直通状态。

在通常情况下,如果将 DAC0832 芯片的 $\overline{WR_2}$ 和 $\overline{XFER}$ 接地,ILE 接高电平,则只要在 $D_0 \sim D_7$ 端送一个 8 位数据,并同时给 $\overline{CS}$ 和 $\overline{WR_1}$ 送一个负选通脉冲,即可完成一次新的变换。

2. 几种典型的输出连接方式

前面已经提到,D/A 变换器输出的模拟量有的是电流,有的是电压。一般微型计算机应用系统往往需要电压输出,当 D/A 变换器输出为电流时,就必须进行电流至电压的转换。

1) 单极性输出电路

单极性输出电路如图 6.55 所示。D/A 芯片输出电流 I 经输出电路转换成单极性的电压输出。图 6.55(a) 为反相输出电路,其输出电压为:

$$U_{OUT} = - IR \tag{6-4}$$

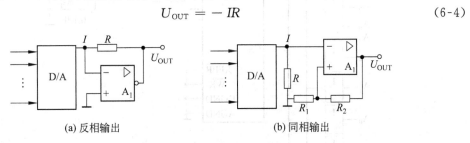

(a) 反相输出　　　　　　　　　　(b) 同相输出

图 6.55　单极性输出的连接

图 6.55(b) 是同相输出电路,其电压输出为:

$$U_{OUT} = IR\left(1 + \frac{R_2}{R_1}\right) \tag{6-5}$$

2) 双极性输出电路

在某些微型计算机应用系统中,要求 D/A 的输出电压是双极性的,例如要求输出 $-5 \sim +5V$。在这种情况下,D/A 的输出电路要做相应的变化。图 6.56 就是 DAC0832 双极性输出电路的实例。

如图 6.56 所示,D/A 的输出经运算放大器 A_1 和 A_2 放大和偏移以后,在运算放大器 A_2 的输出端就可得到双极性的 $-5 \sim +5V$ 的输出电压,图中 U_{REF} 为 A_2 提供一个偏移电流,

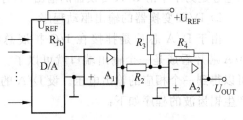

图 6.56　双极性输出的连接

且 U_{REF} 的极性选择应使偏移电流方向与 A_1 输出的电流方向相反。再选择 $R_4 = R_3 = 2R_2$，以使偏移电流恰好为 A_1 的输出电流的 $1/2$，从而使 A_2 的输出特性在 A_1 的输出特性基础上再上移 $1/2$ 的动态范围。由电路各参数计算可得到最后的输出电压表达式为

$$U_{OUT} = 2U_1 - U_{REF} \tag{6-6}$$

设 U_1 为 $0 \sim -5V$，则选取 U_{REF} 为 $+5V$，那么

$$U_{OUT} = (0 \sim 10V) - 5V = -5 \sim 5V \tag{6-7}$$

3. D/A 变换器接口

前面已经提到，在各类 D/A 变换芯片中，从结构上来说大致可以分成本身带锁存器和不带锁存器的两种。前者可以直接挂接到 CPU 的总线上，电路连接比较简单。后者需要在 CPU 和 D/A 芯片之间插入一个锁存器，以保持 D/A 有一个稳定的输入数据。

1) DAC0832 与 8088 总线的连接

DAC0832 是一种 8 位的 D/A 芯片。片内有两个寄存器作为输入和输出之间的缓冲。这种芯片可以直接接在微型计算机的系统总线上，其连接电路如图 6.57 所示。

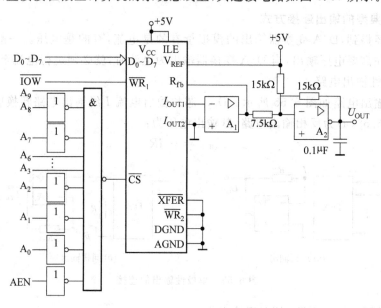

图 6.57 DAC0832 与 PC 总线的连接

图 6.57 中的双极性输出端为 U_{OUT}。当 D/A 变换器输入端的数据在 00H～FFH 间变化时，U_{OUT} 输出将在 $-5 \sim +5V$ 之间变化。如果想要单极性 $0 \sim +5V$ 输出，则只要使 $V_{REF} = -5V$，然后直接从运算放大器 A_1 的输出端输出即可。在图中的输出端接一个 $680 \sim 6800pF$ 的电容是为了平滑 D/A 变换器的输出，同时也可以提高抗脉冲干扰的能力。

2) D/A 变换器的输出驱动程序

由于 D/A 芯片是挂接在 I/O 扩展总线上的，因此在编写 D/A 驱动程序时，只要把 D/A 芯片看成是一个输出端口就可以了。向该端口送一个 8 位的数据，在 D/A 输出端就可以得到一个相应的输出电压。设 D/A 的端口地址为 278H，则用 8088 汇编语言书写的能产生锯齿波的程序如下：

```
DAOUT: MOV  DX,278H                    ;端口地址送 DX
```

```
        MOV  AL,00H                         ;准备起始输出数据
LOOP:   OUT  DX,AL
        DEC  AL
        JMP  LOOP                           ;循环形成周期锯齿波
```

可以想象,利用 D/A 变换器可以产生频率比较低的任意波形。因此,它可以作为函数发生器产生所需波形。这些波形是由程序产生的,当 CPU 的速度一定时,所产生的波形频率不可能很高。

在前面的图 6.57 中,是在总线上直接连接 D/A 变换器芯片。但是,当微型计算机应用系统中需要多片 D/A 变换器时,这种直接连接将会对总线构成较大的负载,这时就应加板内驱动。图 6.58 就是用 8 片 DAC0832 构成的 8 路 8 位 D/A 变换器电路。

在图 6.58 中,利用 74LS244 作为数据总线驱动器,译码器采用两片 74LS138。

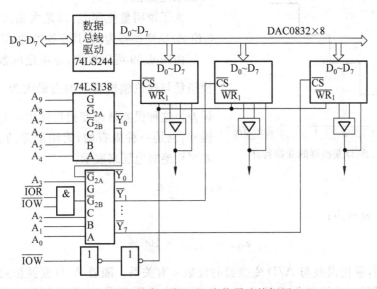

图 6.58 8 路 8 位 D/A 变换器连接框图

6.9 模/数(A/D)变换器接口

从前面图 6.52 中已经明确了 A/D 变换器在微型计算机测量及控制系统中的位置及作用。正如其他一些集成电路芯片那样,现在 A/D 及 D/A 均已集成为单片 IC。其内部的工作机理对用户来说并不重要。从应用角度来说,更强调用户掌握其外特性并将其用好。

要用好 A/D 或其他任何广义上的外设,应注意做好如下几件事。

(1)熟悉它们的主要技术指标,以便根据需求去选择合适的芯片(或外设)。

(2)熟悉厂家提供的外部引脚及其功能,以便选择合适的接口将其接到系统总线上。

(3)对复杂的外设(如打印机和 A/D 变换器等)必须熟悉厂家提供的工作时序,以便以此为依据编写外设的驱动程序。

(4)在硬件接口及软件驱动程序的基础上对外设接口进行调试,使其能正常工作。

下面将根据上述所说的几个问题,对 A/D 变换器逐一加以说明。

6.9.1 A/D 变换器的主要技术指标

1. 精度

A/D 变换器的总精度(或总误差)由各种因素引起的误差所决定,主要有以下 6 个方面。

1) 量化间隔和量化误差

能使 A/D 变换器最低有效位(LSB)改变的模拟电压,也就是最低有效位所代表的模拟电压就称为量化间隔。通常用式(6-8)表示:

$$\Delta = 最大输入电压 /(2^n - 1) \approx 最大输入电压 /2^n \tag{6-8}$$

其中 n 为 A/D 变换器的位数。通常 n 较大,所以可以取近似值。

为了说明量化误差,以最大输入电压为 7V 的 3 位 A/D 变换器为例,其变换特性如图 6.59 所示。

由图 6.59 可以看到,在给定的数字量下,实际模拟量与理论模拟量之间有最大为 $0.5V\left(\dfrac{1}{2}\Delta\right)$ 的误差。这种误差是由变换特性决定的,是一种原理误差,也是一种固有的、无法消除的误差。量化误差可用绝对电压来表示:

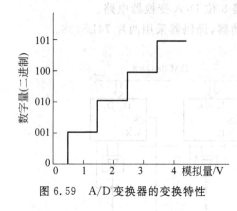

图 6.59 A/D 变换器的变换特性

$$\varepsilon_{绝对} = \frac{1}{2}\Delta \tag{6-9}$$

用相对误差来表示为:

$$\varepsilon_{相对} = \frac{1}{2^{n+1}} \times 100\% \tag{6-10}$$

可以看到,量化误差与 A/D 变换器的位数 n 有关系。随着 A/D 变换位数的增加,量化误差会不断降低。尽管量化误差是一个不可消除的原理误差,但总可以选择一个适当的 n,使量化误差小到用户可以满意的程度。

有时也用 1/2 LSB(最低有效位)来表示量化误差。

2) 非线性误差

A/D 变换器的非线性误差是指在整个变换量程范围内任一数字量所对应的模拟输入量的实际值与理论值之差。例如 AD574 的非线性误差为 ±1LSB。

3) 电源波动误差(电源灵敏度)

由于 A/D 变换器中包含有运算放大器,有的还带有参考电源,因而,供电电源的变化就会直接影响 A/D 变换器的精度。

4) 温度漂移误差

这是由于温度变化使 A/D 变换器发生变化而产生的误差。

5) 零点漂移误差

这是由于输入端零点漂移引起的误差。

6) 参考电压误差

由于在 A/D 变换器内变换均以参考电压为基准,若是参考电压出现波动或漂移,则必然影响到 A/D 变换器的转换精度。

上述这些误差构成了 A/D 变换器的总误差。在计算 A/D 变换器总误差值时，应用各种误差的均方和的根来表示。例如，总误差可表示为

$$\varepsilon_{总} = \sqrt{\varepsilon_1^2 + \varepsilon_2^2 + \varepsilon_3^2 + \varepsilon_4^2 + \varepsilon_5^2} \qquad (6\text{-}11)$$

其中，$\varepsilon_1 \sim \varepsilon_5$ 为各因素引起的相应误差，$\varepsilon_{总}$ 为 A/D 变换器的总误差。

2. 变换时间（或变换速率）

完成一次 A/D 变换所需要的时间为变换时间。变换速度（频率）是变换时间的倒数。现在厂家已生产出多种位数（如 8、10、12、14 和 16 位，直到 24 位）、各种型号的 A/D 变换器，其变换速度的跨度可以从几百毫秒直到小于 1 纳秒的各类 A/D 变换器供用户选择。

3. 变换位数及输出方式

上面提到有多种位数的 A/D 变换器，且其输出形式有并行的，也有串行的。

4. 输入动态范围

一般 A/D 变换器的模拟电压输入范围大约为 0～5V 或 0～10V。在某些 A/D 变换器芯片中备有不同的模拟电压输入范围的引脚。例如 AD574 的 10 针引脚可输入 0～10V 电压，而 20 针引脚可输入 0～20V 电压。

5. 其他指标

其他指标还有许多，如供电电压、封装形式、安装方式、功耗大小和环境要求等。在选用时要根据用户的需求合理地选择。

6.9.2 典型 A/D 变换器芯片的应用

目前常用的 A/D 变换器芯片有很多种，这里以一个 8 位 A/D 变换器芯片为例，说明其应用。

1. 8 位 A/D 变换器 ADC0809

8 位 A/D 变换器芯片 ADC0809 的引脚定义如图 6.60 所示。它共有 28 个引脚，其中：

$D_0(2^{-8}) \sim D_7(2^{-1})$ 为输出数据线，是经由 OE 控制的三态门输出。

$IN_0 \sim IN_7$ 为 8 路模拟电压输入端。

ADDA、ADDB 和 ADDC 为路地址输入。

其中，ADDA 为最低位，ADDC 为最高位。

START 为启动信号输入端，下降沿有效。

ALE 为路地址锁存信号，用来锁存 ADDA～ADDC 路地址，上升沿有效。

EOC 为变换结束状态信号，高电平表示一次变换结束。

OE 为读允许信号，高电平有效。

CLK 为时钟输入端。

$V_{REF}(+)$，$V_{REF}(-)$ 为参考电压输入端。

V_{CC} 为 5V 电源输入。

GND 为地。

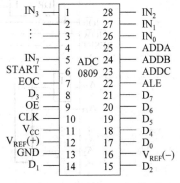

图 6.60　ADC0809 引脚图

ADC0809 的时钟为 10kHz～1.2MHz。在时钟频率为 640kHz 时,其变换时间为 100μs。

值得注意的是,在 ADC0809 内部集成了一个 8 选 1 的模拟门,利用路地址编码输入(ADDA、ADDB 和 ADDC),可以控制选择 8 路模拟输入 IN_0～IN_7 中的某一路。路地址编码 000～111 分别选择 IN_0～IN_7。

ADC0809 的工作时序如图 6.61 所示。

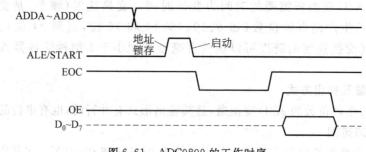

图 6.61 ADC0809 的工作时序

由图 6.61 可以看到,在进行 A/D 变换时,路地址应先送到 ADDA～ADDC 输入端。然后在 ALE 输入端加一个正跳变脉冲,其上升沿将路地址锁存到 ADC0809 内部的路地址寄存器中。这样,对应路的模拟电压输入就和内部变换电路接通。为了启动变换工作序列,必须在 START 端加一个负跳变信号,启动变换开始。此后变换工作就开始进行,标志 ADC0809 正在工作的状态信号 EOC 由高电平(闲状态)变成为低电平(工作状态)。一旦变换结束,EOC 信号就又由低电平变成高电平。此时只要在 OE 端加一个高电平,即可打开数据线的三态缓冲器,从 D_0～D_7 数据线读得一次变换后的数据。

2. ADC0809 的应用

前面已经介绍了 ADC0809 的引脚及其时序,下面就具体说明其应用。

1) 硬件连接电路

一种通过接口芯片 8255 将 ADC0809 接到 8088 系统总线上的连接图如图 6.62 所示。很显然,只要将 $\overline{IOR}$ 和 $\overline{IOW}$ 换成 MCS-51 的 $\overline{RD}$ 和 $\overline{WR}$,则图 6.62 就变成了与 MCS-51 扩展

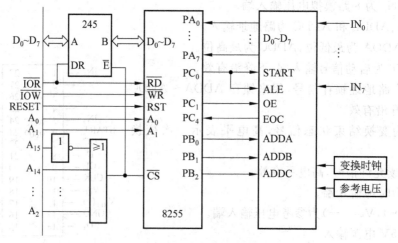

图 6.62 ADC0809 与系统总线的接口连接

总线的连接。

在图 6.62 中利用了接口 8255 来完成连接,实际上完全可以用三态门、锁存器或其他接口芯片来代替 8255。接口地址译码器也只是逻辑上的示意,在实际连接中,可选合适的译码电路。

ADC0809 需要外接变换时钟和参考电压。实际应用中变换时钟常将 CPU(或单片机)的时钟经分频得到,而参考电压常用由厂家提供的现成的高精度电源集成块。

若板内再无其他接口,则板内的双向数据驱动器就可如图 6.62 那样控制。

在 ADC0809 芯片内部集成了一个 8 选 1 的模拟门,可选 8 路模拟输入($IN_1 \sim IN_7$)的任何一路进行 A/D 变换。模拟输入信号路的选择由 ADDA $\sim$ ADDC 的编码来决定。在图 6.62 中,利用 B 接口输出路地址,选择要进行 A/D 变换的某一路模拟信号。接口输出控制信号及 ADC0809 的状态信号输入均由 8255 的 C 接口来完成。A 接口的作用就是读入变换后的数据。

2) 采集程序

在使用可编程接口之前必须先对其初始化。具体的初始化程序此处不再给出,在这里同样是使 8255 工作在方式 0 之下,A 接口输入,B 接口输出,C 接口的低 4 位输出,高 4 位输入,并且使 $PC_0 = 0, PC_1 = 0$。

采集程序的依据是 ADC0809 的工作时序。首先要做的是送出路地址,选择要变换的模拟信号;接着送出路地址锁存和启动变换信号;再接下来等待变换结束;变换结束后,还要使 OE 有效(高电平),使 ADC0809 变换好的数据输出;最后是取得变换好的数据并存放在某个地址(或寄存器)中。具体的采集程序如下:

```
PRMAD  PROC  NEAR
       PUSH  BX
       PUSH  DX
       PUSH  DS
       PUSH  AX
       PUSH  SI
       MOV   DX,SEG  ADATA
       MOV   DS,DX
       MOV   SI,OFFSET  ADATA
       MOV   BL,00H
       MOV   BH,08H
GOON:  MOV   DX,8001H
       MOV   AL,BL
       OUT   DX,AL              ;送路地址
       MOV   DX,8002H
       MOV   AL,01H
       OUT   DX,AL
       MOV   AL,00H
       OUT   DX,AL              ;送 ALE 和 START 脉冲
       NOP
WAITR: IN    AL,DX
```

```
        TEST    AL,10H
        JZ      WAITR                           ;等待变换结束
        MOV     AL,02H
        OUT     DX,AL                           ;使 OE=1
        MOV     DX,8000H
        IN      AL,DX                           ;读数据
        MOV     [SI],AL
        MOV     DX,8002H
        MOV     AL,00H
        OUT     DX,AL
        INC     SI                              ;存数据内存地址加 1
        INC     BL                              ;路地址加 1
        DEC     BH
        JNZ     GOON
        POP     SI
        POP     AX
        POP     DS
        POP     DX
        POP     BX
        RET
PRMAD   ENDP
```

上面的采集子程序每调用一次便按顺序对 8 路模拟输入 $IN_0 \sim IN_7$ 进行一次 A/D 变换,并将变换的结果存放在内存 ADATA 所在段、偏移地址为 ADATA 的顺序 8 个单元中。

在 ADC0809 的硬件电路设计中,其连接还有其他形式。例如,OE 可以接高电平使它总有效,EOC 也可以不接 PC_4 而悬空。此时,用于控制 OE 的程序部分可以省略。同时,等待变换结束也不用查询而用时间准则来实现。当 ADC0809 的变换时钟频率确定之后,其变换时间便可估计出来,在启动变换后调用一个比变换时间长的延时子程序,保证延时时间比变换所要求的时间应更长一些,以确保其变换结束,然后再去读取变换好的数据。

在前面 ADC0809 的应用中是以 8088 系统总线及其指令系统为例加以说明的,将这种应用转到其他 CPU 或单片机上应当是非常容易的事。限于篇幅,此处不再说明。

习   题

1. 若 8253 芯片可利用 8088 的外设接口地址 D0D0H~D0DFH,试画出电路连接图。若加到 8253 上的时钟信号为 2MHz,

(1) 若利用计数器 0、1 和 2 分别产生周期为 $100\mu s$ 的对称方波以及每 1s 和 10s 产生一个负脉冲,试说明 8253 如何连接并编写相应的程序。

(2) 若希望利用 8088 程序通过接口控制 GATE,从 CPU 使 GATE 有效开始,$20\mu s$ 后在计数器 0 的 OUT 端产生一个正脉冲,试设计完成此要求的硬件和软件。

2. 规定 8255 并行接口地址为 FFE0H~FFE3H,试将其连接到 8088 的系统总线上。

(1) 若希望 8255 的 3 个接口的 24 条线均为输出,且输出幅度和频率为任意的方波,试

编程序。

（2）若 A/D 变换器的引脚图及工作时序图如图 6.63 所示。试将此 A/D 变换器与
8255 相连接,并编写包括初始化程序在内的、变换一次数据并将数据放在 DATA 的程序。

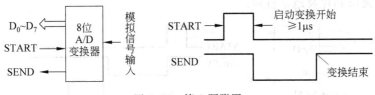

图 6.63　第 2 题附图

3. 说明 8253 的 6 种工作方式。若加到 8253 上的时钟频率为 0.5MHz,则一个计数器
的最长定时时间是多少? 若要求每 10 分钟产生一次定时中断,试利用 8253 提出解决方案。

4. 串行通信接口芯片 8250 的给定地址为 03E0H~03E7H,试画出其与 8088 系统总线
的连接图。

5. 说明 8250 自测试工作方式是如何进行的。

6. 在第 4 题中,若利用查询方式工作,由此 8250 发送当前数据段、偏移地址为
BUFFER 的顺序 50 个字节,试编写此发送程序。

7. 在第 4 题中,若接收数据采用中断方式进行,试编写中断服务程序将中断接收到的
数据放在数据段 REVDT 单元。同时,每收到一个字符,将数据段中的 FLAG 单元置
为 FFH。

8. 若将 98C64(E²PROM)作为外存储器,限定利用 8255 作为其接口,试画出连接电
路图。

9. 若在第 8 题的基础上,通过所画接口电路将 55H 写入整个 98C64,试编程序。（注:
以上两题中 98C64 的 BUSY 可根据读者自己的意愿进行连接和编程）。

10. 若将 27C040 作为外存储器,利用 8255 接口芯片将其连在系统总线上,试画出其连
接图。

11. 在图 6.45 中,若要求 LED 数码管顺序显示 0~9 这 10 个数字,试编程序。

12. D/A 变换器有哪些技术指标? 有哪些因素对这些技术指标产生影响?

13. 若某系统分配给 D/A 变换器的误差为 0.2%,考虑由 D/A 分辨率所确定的变化
量,该系统最低限度应选择多少位 D/A 变换器芯片。

14. 某 8 位 D/A 变换器芯片,其输出为 0~+5V。当 CPU 分别送到 80H、40H 和 10H
时,其对应的输出电压各为多少?

15. 影响 D/A 变换器精度的因素有哪些? 其总误差应如何求?

16. 现有两块 DAC0832 芯片,要求连接到 IBM PC/XT 的总线上,其 D/A 输出电压均
要求为 0~5V,且两路输出在 CPU 更新输出时应使输出电路同时发生变化,试设计该接口
电路。接口芯片及地址自定。

17. A/D 变换器的量化间隔是怎样定义的? 当满刻度模拟输入电压为 5V 时,8 位、
10 位和 12 位 A/D 变换器的量化间隔各为多少?

18. A/D 变换器的量化间隔和量化误差有什么关系? 若输入满刻度为 5V,8 位、10 位
和 12 位 A/D 变换器的量化误差用相对误差来表示时应各为多少? 用绝对误差来表示又各

为多少?

19. 若某 10 位 A/D 变换器芯片的引脚简图及工作波形如图 6.64 所示。试画出该 A/D 芯片与 8088 系统总线相连接的接口电路图,并编制采集子程序,要求将采集到的数据放入 BX 中。接口芯片及地址自定。

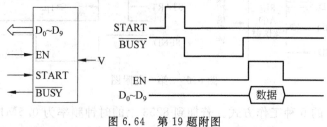

图 6.64　第 19 题附图

20. 矩阵结构的键盘是怎样工作的? 请简述键盘的扫描过程。

21. 在键盘扫描过程中应特别注意哪两个问题? 这些问题可采用什么办法来解决?

22. 在键盘扫描中查表值是如何形成的? 怎样从查表值求得真正的键值?

23. 在微型计算机应用系统中,采用光电隔离技术的目的是什么?

24. 在某一微型计算机系统中,按键输入需要光电隔离。要求在键按下去时 CPU 总线上的状态为低电平,抬起来时为高电平。若指定其端口地址为 270H,试用光电隔离器件构成该按键的输入电路。

25. 如图 6.65 所示,光电隔离输出接口使继电器工作。试画出利用继电器常闭节点进行信息反馈的电路逻辑图,并要求编写满足下述要求的程序:当 CPU 送出控制信号使继电器绕组通过电流(常闭触点打开),利用反馈信息判断继电器工作是否正常。若正常,则程序转向 NEXT;若不正常,则转向 ERROR。

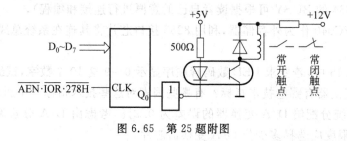

图 6.65　第 25 题附图

附录 A ASCII 码

ASCII 码是美国信息交换标准码，该编码被国际标准化组织 ISO 采纳，已经成为一种国际通用的信息交换用标准代码。

ASCII 码采用 7 个二进制位对字符进行编码，可表示 128 个符号：低 4 位组 $d_3 d_2 d_1 d_0$ 用作行编码，高 3 位组 $d_6 d_5 d_4$ 用作列编码，其格式如下图所示。

高3位组			低4位组			
d_6	d_5	d_4	d_3	d_2	d_1	d_0

ASCII 码表如下。

高3位 低4位	000	001	010	011	100	101	110	111
0000	NUL	DEL	SP	0	@	P	`	p
0001	SOH	DC1	!	1	A	Q	a	q
0010	STX	DC2	"	2	B	R	b	r
0011	ETX	DC3	♯	3	C	S	c	s
0100	EOT	DC4	$	4	D	T	d	t
0101	ENQ	NAK	%	5	E	U	e	u
0110	ACK	SYN	&	6	F	V	f	v
0111	BEL	ETB	'	7	G	W	g	w
1000	BS	CAN	(	8	H	X	h	x
1001	HT	EM	)	9	I	Y	i	y
1010	LF	SUB	*	:	J	Z	j	z
1011	VT	ESC	+	;	K	[	k	{
1100	FF	FS	,	<	L	\	l	|
1101	CR	GS	—	=	M	]	m	}
1110	SO	RS	.	>	N	^	n	~
1111	SI	US	/	?	O	—	o	DEL

注：表中的控制字符含义如下：

LF	换行	NAK	否定回答		
NUL	空行	VT	纵向制表	SYN	同步空转
SOH	标题开始	FF	改换格式	ETB	信息组传送结束
STX	文件开始	CR	回车	CAN	作废
ETX	文件结束	SO	移出	EM	记录媒体结束
EOT	传送结束	SI	移入	SUB	代替
ENQ	询问	DEL	删除	ESC	脱离
ACK	回答	DC1	设备控制 1	FS	字段分隔
BEL	报警	DC2	设备控制 2	GS	字组分隔

附录 B   实验实训说明

本课程是一门重要的专业基础课,目的在于培养学生的工程思维能力,即通过本课程的学习,使学生能够利用所学的基本概念和基本方法去解实际的工程问题。要达到这样的目的,配合本教材的实验实训是非常重要的手段。学生通过实验实训来巩固所学的知识,使学生的实际动手能力和解决工程问题的能力得到提高。

1. 实验实训平台

由于本课程是一门十分重要的专业基础课,国内有数十家厂商提供了与本课程配套的实验实训平台,如清华同方、上海复旦、江苏启东等。

不同厂家的实验实训平台不尽相同,在结构上主要有 3 种形式。

1) 独立的实验实训箱

这种实验箱接上电源就能独立工作,实现实验实训平台的功能。

2) 实验实训箱与 PC 配合使用

厂家提供的实验箱必须通过接口(通常为串行口)与 PC 相连接,在 PC 的支持下实现实验实训平台的功能。

3) 功能更强的实验实训箱

这种实验实训箱兼有上述两种的功能,它既可以独立工作以实现实验实训平台的功能,又可以与 PC 相连接,在 PC 的支持下实现实验实训平台的功能。

不同厂家的实验实训平台在功能和性能等方面会稍有不同。学校可根据自己的情况选用。

2. 实验实训内容

尽管不同厂家的实验实训平台有差异,但任何一种实验实训平台都能提供几十种实训实验。从教学实施过程来看,分配给本课程的实验实训时间是有限的。实验实训平台所提供几十种实训实验不可能全部完成,而且也是不必要的。因此,可根据情况有选择地进行实训实验。笔者认为最低限度应进行两个方面的实训:

1) 汇编语言程序设计与调试

两个实训实验,每个 4 小时,可以作业题为例在实验实训平台上进行调试。

2) 硬件接口连接与调试

至少做 4 个实验,例如存储器接口、8255 并行接口、8253 定时/计数器以及 8259 中断控制器。当然也可以选择其他硬件接口连接与调试。4 个实训实验,每个 4 小时。

综上所述,本课最少应有 24 小时的实训实验时间。如果有可能,可以多做一些实验,任何厂家的实验实训平台都可以支持多种实验。

参考文献

1. 李伯成,等. 微型计算机原理及应用. 西安：西安电子科技大学出版社,1998.
2. 李伯成,等. 微型计算机应用系统设计. 西安：西安电子科技大学出版社,2001.
3. 李伯成. 微型计算机原理及应用辅导. 西安：西安电子科技大学出版社,2000.
4. 李伯成. 微型计算机原理及应用习题、试题分析与解答. 西安：西安电子科技大学出版社,2001.
5. 李伯成. 微型计算机原理及接口技术. 北京：电子工业出版社,2002.
6. Barry B Brey. The Intel Microprocessors Architecture Programming and Interfacing. 5th ed. 北京：高等教育出版社,2001.
7. 戴梅萼,等. 微型计算机技术及应用. 北京：清华大学出版社,1996.
8. 侯伯亨,等. 微型计算机原理及应用. 2版. 西安：西安电子科技大学出版社,2007.
9. 裘雪红,等. 微型计算机原理及接口技术. 2版. 西安：西安电子科技大学出版社,2007.
10. 朱玉春,等. 微型计算机原理及接口技术. 2版. 大连：大连理工大学出版社,2008.
11. 雷印胜,等. 微型计算机原理及接口技术. 3版. 大连：大连理工大学出版社,2010.
12. 赵佩华,等. 微型计算机组成与接口技术. 2版. 西安：西安电子科技大学出版社,2009.
13. 丁新民. 微型计算机原理及应用. 北京：高等教育出版社,2001.

高等学校计算机专业教材精选